中国卓越工程师培养联合体丛书

新时代产教融合
培养卓越工程师改革探索
（第2版）

顾　问　赵长禄　王云鹏
主　编　赵巍胜　王　扬　吕卫锋

北京航空航天大学出版社
BEIHANG UNIVERSITY PRESS

图书在版编目(CIP)数据

新时代产教融合培养卓越工程师改革探索 / 赵巍胜，王扬，吕卫锋主编. -- 2版. -- 北京：北京航空航天大学出版社，2025.3. -- ISBN 978-7-5124-4725-7

Ⅰ.T-29

中国国家版本馆CIP数据核字第20252X54M6号

版权所有，侵权必究。

新时代产教融合培养卓越工程师改革探索（第2版）

顾　问　赵长禄　王云鹏
主　编　赵巍胜　王　扬　吕卫锋
策划编辑　胡晓柏　　责任编辑　胡晓柏

*

北京航空航天大学出版社出版发行

北京市海淀区学院路37号（邮编100191）　http://www.buaapress.com.cn
发行部电话：(010)82317024　传真：(010)82328026
读者信箱：emsbook@buaacm.com.cn　邮购电话：(010)82316936
北京九州迅驰传媒文化有限公司印装　各地书店经销

*

开本：710×1 000　1/16　印张：21　字数：323千字
2025年5月第2版　2025年9月第4次印刷
ISBN 978-7-5124-4725-7　定价：99.00元

若本书有倒页、脱页、缺页等印装质量问题，请与本社发行部联系调换。联系电话：(010)82317024

编委会

顾　问　赵长禄　王云鹏
主　编　赵巍胜　王　扬　吕卫锋
副主编　马永红　曹庆华　贺　飞　卢　俊　吴江浩
委　员　（按姓氏笔画为序）
　　　　马　骏　马文婷　王　涛　王　磊　王文文
　　　　王传毅　付丽莎　刘景超　刘科生　宋晓东
　　　　周文辉　郑　磊　单　伟　姬瑞鹏　韩　钰

序

  人才是第一资源，创新是第一动力。国家发展靠人才，民族振兴靠人才。习近平总书记指出，要培养大批卓越工程师，努力建设一支爱党报国、敬业奉献、具有突出技术创新能力、善于解决复杂工程问题的工程师队伍。党的二十大报告提出，努力培养造就更多卓越工程师。2024年1月19日，习近平总书记在"国家工程师奖"首次评选表彰之际作出重要指示强调，要进一步加大工程技术人才自主培养力度，加快建设规模宏大的卓越工程师队伍。习近平总书记的重要讲话精神，为新时代产教融合培养卓越工程师提供了根本遵循。

  我国是世界上唯一拥有全部工业门类的国家，同时我国制造业总体上仍处于全球价值链的中低端，许多产业面临工程师数量不足、质量不高的问题。卓越工程师是推动工程科技发展的创新主体，是推动我国制造业水平向高端迈进的基础性、战略性支撑力量。培养造就大批卓越工程师是推进新型工业化、推进中国式现代化的必然选择。当前，我们正处于新一轮科技革命、产业变革与我国高质量发展形成历史交汇的重要时期，面对以中国式现代化推进中华民族伟大复兴的职责使命，就必须进一步加强科学教育、工程教育，全方位提升拔尖创新创造人才自主培养能力。

  2022年3月，教育部启动卓越工程师产教联合培养行动。2022年9月，教育部、国务院国资委在北京航空航天大学召开卓越工程师培养工作推进会，全面推动卓越工程师培养改革。卓越工程师培养计划是从国家战略层面提出的具有突破性、创新性和示范性的培养计划，对我国工程教育范式的改革和发展起着引领和示范作用，其重要性和长期性也应该从战略高度予以充分认识。

在中国卓越工程师培养联合体的指导下，由学位管理与研究生教育战略研究基地"卓越工程师产教联合培养研究基地"组织相关高校和企业专家编著的《新时代产教融合培养卓越工程师改革探索》第一版已于 2024 年 1 月发行，得到了国内专家学者的广泛认可。本次再版是全面落实全国教育大会精神和《教育强国建设规划纲要（2024—2025 年）》部署，以国际的视野、创新的理念、多学科的视角，进一步对已有研究和实践经验的梳理和总结，丰富和深化了工程教育的理论，对今后的工作提出了颇有见地和参考价值的建议。

产教融合培养卓越工程师是一项需要全链条、全要素、全方位统筹的系统工程，作为同在工程教育领域多年的科技工作者，我深知，工程教育不但与培养相关人才的院校有关，更需要相关工业领域专家、广大师生以及教育管理人员通力合作，实现教育教学、产业资源的重组和优化配置，同时也需要社会各界的关注、参与和监督，形成共同奔赴的良好局面。

相信本书会对卓越工程师培养的创新发展起到推动作用，希望教育界、工业界和社会各界同仁勠力同心，坚定走好卓越工程师自主培养之路，为党育人、为国育才，以高质量的工程教育为实现中华民族伟大复兴的中国梦贡献力量。

中国工程院院士
教育部原副部长
2025 年 5 月

第2版前言

"工程科技作为改变世界的重要力量,驱动着历史车轮飞速旋转,为人类文明进步提供了不竭动力源泉。"发展工程科技是人类应对全球挑战、实现可持续发展的战略选择。当前,以云计算、大数据、人工智能等新技术为主的第四次工业革命正在蓬勃兴起,人类文明进入了智能化时代。工程科技更加深刻地影响着国家前途命运和人民福祉。

制造业是我国的立国之本、强国之基。我国制造业要实现高端化、智能化、绿色化发展目标,迫切需要一支规模宏大、结构合理的卓越工程师队伍。习近平总书记在中央人才工作会议上强调,培养卓越工程师必须调动好高校和企业两个积极性,实现产学研深度融合。党的二十大将教育、科技、人才工作"三位一体"统筹安排,进一步要求社会各界努力培养造就更多卓越工程师等拔尖创新创造人才。

产教融合培养卓越工程师是世界各国面临的共同课题,发达国家历经百年探索仍面临新的挑战。在以新质生产力实现高质量发展的重要时期,产教融合自主培养大批卓越工程师至关重要。中组部等九部委启动工程硕博士培养改革专项试点,教育部、国务院国资委多次召开卓越工程师培养相关工作推进会,部署成立一批国家卓越工程师学院和国家卓越工程师创新研究院,加快构建中国特色、世界水平的卓越工程师培养体系,全面打造卓越工程师培养改革"样板间"。

本书在中国卓越工程师培养联合体的指导下,依托学位管理与研究生教育战略研究基地"卓越工程师产教联合培养研究基地",汇聚国家卓越工程师学院和国家卓越工程师创新研究院建设单位的经验,系统论述了产教融合培养卓越工程师的改革探索。

本书自 2024 年 1 月发行第 1 版以来,已被纳入卓越工程师培养校企导师研修班的培训教材,受到卓越工程师培养相关专家学者和教育管理人员的广泛认可。为进一步学习贯彻习近平总书记在"国家工程师奖"首次评选表彰中关于"加快建设规模宏大的卓越工程师队伍"的重要指示精神,贯彻落实《教育强国建设规划纲要(2024—2045 年)》部署,本书于 2025 年 5 月进行了整体修订,新增了工程伦理教育章节,并精选收录了部分国家卓越工程师学院的典型案例以飨读者。

全书首先回顾了卓越工程师培养的历史演进,以新时代要求为指引,从卓越工程师培养通用能力标准和多元培养主体建设指南等方面出发,探讨关键要素、关键群体、关键平台等的建设路径,研究领导力培养、工程伦理教育、评价与质量保障、衔接互认等机制建议,并提出卓越工程师培养联合体建设路径。全书共 12 章,具体如下:

第 1 章梳理了世界主要工业强国工程教育历程,结合我国工程教育的主要成绩,提出培养卓越工程师所面临的挑战,为我国工程教育高质量发展提供启示。

第 2 章结合新时代卓越工程师培养的目标定位,概述了产教融合培养卓越工程师的重要意义、总体思路及重点任务。

第 3 章介绍了卓越工程师培养通用能力标准的研制过程和主要内容,提出了卓越工程师培养通用能力标准和多元培养主体建设指南。

第 4 章聚焦卓越工程师培养关键要素,从项目制育人机制设计、工学交替的培养方式探索以及多元主体的课程教材建设等方面,提出了卓越工程师培养要素再造的总体思路和行动建议。

第 5 章聚焦卓越工程师培养的校企导师关键群体,梳理了校企导师队伍的选聘、培育、考评等制度流程,重点介绍了校企导师双向流动机制和导师组育人机制。

第6章介绍了卓越工程师培养中的学生工作体系,提出了"一体化校企组"思政教育体系、全周期成长服务平台和多频段日常管理模式,推动构建产教融合共创的"大思政"育人格局。

第7章分析了国内外相关工程师实践平台建设情况,从目标定位、建设模式、建设任务和保障机制等方面提出了工程师技术中心的建设路径。

第8章介绍了卓越工程师领导力培养路径,提炼出了立足"大国工程"的领导力培养核心要素和培养路径。

第9章阐述了工程伦理教育在卓越工程师培养中的重要意义,提出了工程伦理教育的目标要求和探索路径。

第10章论述了卓越工程师培养评价的总体思路、评价主体、评价内容和评价环节等内容,阐述了卓越工程师培养的质量保障机制。

第11章介绍了卓越工程师培养与职业资格的衔接互认体系,在学习国内外先进经验的基础上,提出了我国卓越工程师培养认证基本框架以及与职业资格衔接的建议。

第12章介绍了卓越工程师培养联合体的建设意义、构建机理,从构建原则、组织目标、交流机制、组织设计角度提出了卓越工程师培养联合体的构建策略,并明确了重点任务。

本书由赵长禄、王云鹏担任顾问,由赵巍胜、王扬、吕卫锋主编。第1章由单伟、程长风、孙一中、李文娟、马骏共同撰写。第2章由王扬、马文婷、马骏、单伟、李斯涵共同撰写。第3章培养通用能力标准由工程教育指导委员会委托清华大学等共同研制,多元培养主体建设指南由马永红、刘贤伟、高文娟等共同撰写。第4章由王磊、秦安安、何静、樊文强、宋友、刘火星、陈杰、宋丹等共同撰写。第5章由韩钰、郑丽娜、张江龙、叶金鑫、杜鹏程、刘润泽、田贵双、祁文等共同撰写。第6章由宋晓东、刘科生、王涛、石存、张绍丽、王萌、陈炜、姜祎、崔朔等共同撰写。第7章由姬瑞鹏、范卓怡、任秀华、王新河、贾小涛、赵媛等共同撰写。第8章由付丽莎、梁天屹、吴雨蕊、昂然共同撰写。

第9章由张恒力、南铭琪、程晶、马文婷、王扬共同撰写。第10章由郑磊、周婧琳、舒慧桢共同撰写。第11章由于苗苗、王新悦共同撰写。第12章由赵巍胜、王扬、马骏、刘景超、倪义坤、聂一鸣共同撰写。

本书各章之间的组织逻辑关系如下图所示:

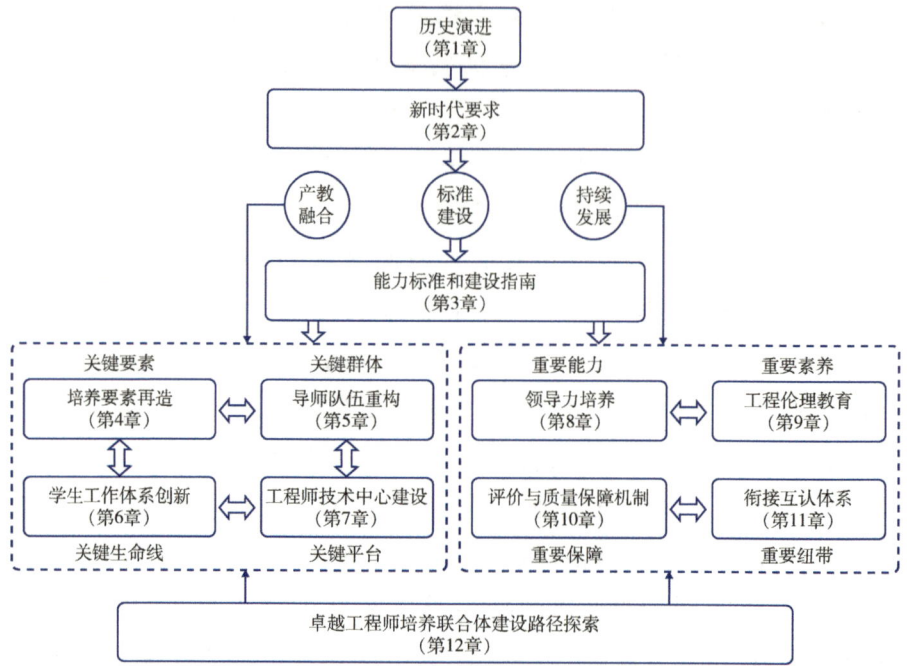

本书有如下特点:一是系统性。本书以产教融合为主线,聚焦卓越工程师培养核心任务,涉及培养过程主要环节和关键要素,各章之间既有机联系又各有侧重,较为系统地介绍了产教融合培养卓越工程师的全链条解决方案。二是实践性。本书总结了北京航空航天大学等国家卓越工程师学院和国家卓越工程师创新研究院建设单位实践成果和改革经验,聚焦卓越工程师培养过程中的关键问题,提出了相应的对策建议。三是时代性。本书主要立足当下发展阶段的实践探索,随着卓越工程师培养改革在持续发展、持续深耕,书中的相关理念和举措也应结合时代需求动态优化、调整与完善,形成可持续发展的人才培养范式 。

本书是"中国卓越工程师培养联合体丛书"的首册,由北京航空航天大学、清华大学等高校和中国航空工业集团有限公司、中国航天科技集团有限公司等企业的专家共同成立编委会,首批国家卓越工程师学院和国家卓越工程师创新研究院等建设单位对本书的出版给予了支持和指导。在此,我们向所有参与编纂、支持出版的单位与个人致以最诚挚的谢意。

由于产教融合培养卓越工程师的系统性、复杂性和长期性,书中难免存在疏漏和不足之处,恳请各位读者不吝指正。我们在此抛砖引玉,以期有更多相关领域的实践者和研究者加入,为新时代产教融合培养卓越工程师汇聚更多的智慧与力量。

本书编委会
2025 年 5 月

目　录

第1章　卓越工程师培养的历史演进 ················· 1

　1.1　工程教育的国际历程 ······················· 2
　1.2　工程教育的中国发展 ······················ 16
　1.3　卓越工程师培养面临的挑战 ·················· 38

第2章　卓越工程师培养的时代要求 ················ 44

　2.1　卓越工程师培养的重要意义 ·················· 45
　2.2　卓越工程师培养的总体思路 ·················· 47
　2.3　卓越工程师培养的重点任务 ·················· 50

第3章　培养通用能力标准及多元主体建设指南 ········· 58

　3.1　卓越工程师培养通用能力标准 ················· 59
　3.2　卓越工程师多元培养主体建设指南 ·············· 73

第4章　培养要素再造 ························ 87

　4.1　培养要素再造的总体思路 ···················· 88
　4.2　项目制育人机制设计 ······················ 92
　4.3　工学交替培养方式探索 ···················· 102
　4.4　多元主体课程教材建设 ···················· 108

第5章　校企导师队伍重构 ···················· 122

　5.1　国内外经验与启示 ······················ 123
　5.2　校企导师队伍建设制度设计 ················· 125

1

  5.3 校企导师双向流动机制 …………………………………… 132
  5.4 校企导师组育人机制 ……………………………………… 141

第6章 学生工作体系创新 …………………………………… 148

  6.1 学生工作体系创新的总体思路 …………………………… 149
  6.2 基于校企融合"一体化设计"的党建思政体系 ………… 153
  6.3 基于校企协同"全周期育人"的成长服务体系 ………… 157
  6.4 基于工学交替"多频段视域"的管理保障体系 ………… 167

第7章 工程师技术中心建设 …………………………………… 178

  7.1 国内外经验与启示 ………………………………………… 179
  7.2 工程师技术中心的建设意义 ……………………………… 182
  7.3 工程师技术中心的建设路径 ……………………………… 183

第8章 领导力培养路径探索 …………………………………… 192

  8.1 国内外经验与启示 ………………………………………… 193
  8.2 "大国工程"领导力培养核心要素 ……………………… 197
  8.3 领导力培养体系及其"数智化"路径 …………………… 206

第9章 工程伦理教育研究 ……………………………………… 218

  9.1 国内外经验与启示 ………………………………………… 220
  9.2 卓越工程师工程伦理教育的目标要求 …………………… 223
  9.3 卓越工程师工程伦理教育路径 …………………………… 226

第10章 培养评价与质量保障机制研究 ……………………… 233

  10.1 卓越工程师培养评价的总体思路 ……………………… 234
  10.2 卓越工程师培养的评价主体 …………………………… 240
  10.3 卓越工程师培养的评价内容 …………………………… 243
  10.4 卓越工程师培养的评价环节 …………………………… 258
  10.5 卓越工程师培养的质量保障机制 ……………………… 262

第11章 衔接互认体系研究 ······ 265

- 11.1 国际工程教育认证制度的经验与启示 ······ 266
- 11.2 卓越工程师培养认证的框架构建 ······ 269
- 11.3 国际工程师职业资格衔接体系的典型经验 ······ 277
- 11.4 卓越工程师培养与职业资格衔接的模式路径 ······ 282

第12章 卓越工程师培养联合体构建路径探索 ······ 287

- 12.1 卓越工程师培养联合体的建设意义 ······ 288
- 12.2 卓越工程师培养联合体的构建机理 ······ 290
- 12.3 卓越工程师培养联合体的构建策略 ······ 294
- 12.4 卓越工程师培养联合体的重点任务 ······ 298

参考文献 ······ 306

第1章
卓越工程师培养的历史演进

习近平总书记深刻指出:"'两个一百年'奋斗目标的实现、中华民族伟大复兴中国梦的实现,归根到底靠人才、靠教育。"进入 21 世纪以来,新一轮科技革命和产业变革蓬勃兴起,卓越工程师在推动工程科技创新、促进社会发展进步中的作用日益显现。如何培养满足国家战略需要、适应产业发展需求的卓越工程师,是全球工程教育面临的共同挑战。面对全球科技创新空前密集活跃的时代特点,产教融合培养卓越工程师已成为全球共识。

世界卓越工程师培养的发展历程启示我们,每一次工业革命和科技进步,都与工程教育体系的改革升级紧密联系。产业发展的需求催生出卓越工程师培养的需求,卓越工程师培养的成效同时也反哺产业发展的进步。历史是最好的营养剂,产教融合培养卓越工程师改革探索有必要从历史中汲取智慧、获得启迪。我们既要放眼世界,梳理世界工程教育与工业革命相辅相成的嬗变逻辑;又要立足中国,厘清我国工程教育的历史发展脉络,为新时代产教融合培养卓越工程师筑牢历史根基。

本章通过回顾四次工业革命中的法国、美国、德国、英国等国家的工程教育发展历程,总结形成了一系列重要启示;同时梳理了我国自洋务运动以来的部分重大事件或行动举措,在勾勒我国工程教育发展脉络的基础上,剖析了我国工程教育面临的挑战。

1.1 工程教育的国际历程

1.1.1 国际历程

工程教育与经济技术发展密不可分。历史上,生产力的发展潜移默化地影响着工程教育的发展,工程教育也会随着社会需求变化而不断发展和革新。以人类经历的四次工业革命为关键节点,可以由表及里地总结归纳出世界各国工程教育的发展轨迹和历史经验:世界各国经历三次工业革命后,逐步发展形成了较为成熟完善的现代工程教育体系,并在第四次工业革命的时代背景下,发展形成了各具特色的工程教育模式。

1. 第一次工业革命

18世纪60年代，第一次工业革命开创了人类历史上的"蒸汽时代"，机器的应用使各个行业都对生产力的发展提出了更高的要求，主要生产方式从人工劳动转向自然科学技术，实现了农业社会逐渐向工业社会的转变。此时期是工业化、现代化的初期，各国迫切需要高水平劳动力，尤其对工业领域工程师的需求开始提升，工程教育也随之发展。这期间，统一的工程师培养标准与认证尚未出现，工程教育仍处在初步发展阶段，多以土木工程、采矿冶金、传统基建为主，以英国、法国、德国为代表的欧洲各国最先开始发展工程教育。

英国作为第一次工业革命的起源国，其社会结构和生产关系因工业革命发生了重大改变，迅速崛起为工业强国，成为"世界工厂"。但此时英国主流大学的教学理念仍旧较为传统，注重理性培养和性格养成，相对排斥科学类教育，工程学科的教育在相当长的时期内并未受到过多重视，直到1836年伦敦大学建立，即现在的伦敦大学学院（University College London，UCL）。伦敦大学明显与传统大学不同，其在院系设置上取消了神学院，设立了理学院和工学院，并开设了大量新型课程，引入了许多科学和技术课程。自此，英国的高等教育正式开始了近代化发展。

相比英国，法国的工程师培养起步更早，发展也更加迅速。在第一次工业革命以前，法国就成立了工程师学校。1747年，法国国王路易十五下令建立一所隶属于皇室的高等工程师学校，以培养土木工程领域的优秀人才，由此催生了全世界最早的工程师学校——皇家路桥学院（Ecole Royale des Ponts et Chaussées，ENPC）。第一次工业革命推动了法国大革命的爆发，新生的资产阶级建立了各类专业化学校以培养应用型人才，许多著名的工程师学校由此建立，如1794年建立的中央公共工程学院（后改名为巴黎综合理工学院，École Polytechnique，EP）和巴黎高等师范学院（École Normale Supérieure，ENS）等。

德国也在第一次工业革命之后开始建立专门开设工程课程的学院，如1765年成立的弗莱贝格矿业学院（后改名为弗莱贝格工业大学，Technische Universität Bergakademie Freiberg）和1770年成立的柏林采矿学院

（现柏林工业大学的前身之一，Technische Universität Berlin），其课程涵盖面极广，包括数学、物理、地理、采矿、冶金等。在19世纪前期，随着对工程类人才需求的增多，德意志的许多邦国也都纷纷建设起了专门学院。1856年，德国工程师协会（Verein Deutscher Ingenieure，VDI）成立，VDI十分重视工程知识的传播，推动了德国工程教育的发展。

2. 第二次工业革命

19世纪60年代后期，第二次工业革命开始，电力开始取代蒸汽机作为主要动力，人类进入了"电气时代"。更先进的机器问世，催生了电力工业、石油工业、汽车工业等一系列的新兴工业，社会生产力极大提高。全新的工业发展形势对工程教育提出了新的需求，工程学校的数量飞速增多以满足不断增多的工程类岗位需求，各国的工程教育继续发展，部分国家出现了新的学校形式。为保证工程人才的培养质量，工程教育的相关标准开始在各国出现，部分国家开始改良工程教育体系，从初期的仅注重土木机械、冶金基建等的教育模式向注重人文自然、工程技术、基础理论综合体系的教育模式转变。由此，工程教育发展进入成熟期。

自19世纪70年代起，英国各大城市出现了一批城市大学，这一类大学中的绝大多数都不开设文学院等传统学院，而是根据当地工业发展情况开设相应课程，以满足当地工业发展的人才需求。虽然这一类大学在当时无法颁发和传统大学等效的毕业文凭，但也培养出了相当一部分推动当地发展的工程人才。到19世纪后期，以牛津大学、剑桥大学为代表的传统大学也出现了工程和自然科学课程，以适应国家工业发展趋势，推动英国工业更好地发展。

第二次工业革命推动法国开始了全面的现代化建设，为了适应工业发展和现代化建设的需要，这一时期涌现了一大批新的工程师教育机构。1919年，《阿斯蒂埃法案》（La Loi Astier）颁布，该法案规定未满18岁的学徒必须接受一定时长的职业教育，这标志着法国的职业教育正式受到国家统一管理，并开始向全民普及。到第二次世界大战前夕，法国在职业教育方面已经基本形成了以实用学校和大学校为主的教育体系，高等教育"大学"（综合大学）与"大学校"（高等专门院校）并行的双轨制教育体系也已经基本构建完成(法国现代双轨制教育体系如图1.1所示)。由于这一时期工程师学校的数量不断增多,法国政府决定提高工程师文凭的含金量。1934年,法国政府规定,法国工程师职衔委员会(Comission des Titres d'Ingénieur,CTI)为工程师学历教育认证机构。这是欧洲最早的针对工程师学历教育的评估和认证体系,此举为法国工程师培养的精英化奠定了基础。

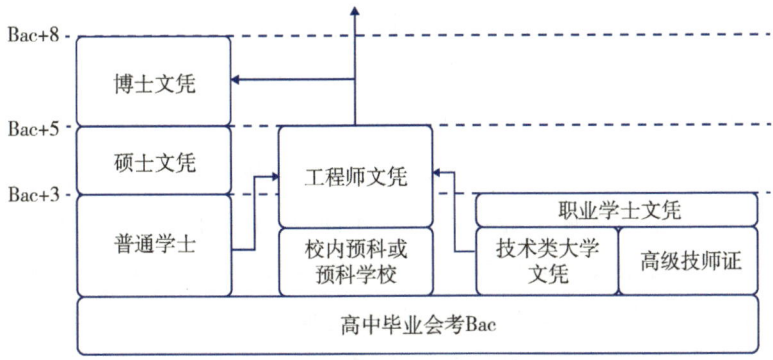

图1.1 法国现代双轨制教育体系

德国的工业化进程也在第二次工业革命时期飞速推进,国内工程人才"供不应求",各类技术学院的学生人数增长迅猛。19世纪60年代,各类专门学院和技术学校开始联合形成组织,并且起草了发展多科技术学校(Polytechnikum)的声明。19世纪70年代以后,多科技术学校开始相继升级为技术大学(Technische Hochschule)。技术大学在当时不仅提供土木、机械、冶金、采矿等工程知识,同样也开设人文类课程和自然科学类课程;此外,还在校内设置进行工程技术和科学技术研究的研究所,这些技术大学研究所的数量根据当时德国不同工程领域的需求快速增长。1945年以后,技术大学(Technische Hochschule)中的大部分又相继升级为技术类大学(Technische Universität),成为德国培养工程人才的主要力量。

受第二次工业革命的影响,美国对新兴工程专业人才的需求急速上升。在这一时期,美国颁布了多项对工程教育影响深远的法案,如1862年美国国会通过的《宅地法》(*Homestead Acts*)。这一法案使得大量美国民众向西部移民,人口移动衍生出庞大的工程需求;第二个代表性法案是《土地拨赠法案》(Morrill Land-Grant Colleges Act),它规定联邦政府分配共有土地给每个州用以建设院校,特别是与农业和机械工艺有关的院校。在工业发展和法案推动的双重作用下,美国工程院校的数量从1862年的12所飞速增长到了1872年的70所,美国的工程教育正式进入了高速成长时期。

3. 第三次工业革命

以原子能、电子计算机、空间技术和生物工程等为代表的第三次工业革命带来了科学技术前所未有的巨大发展。在第三次工业革命的影响下,世界各国第一产业、第二产业在国民经济中所占的比重下降,第三产业所占的比重上升。产业结构的调整促使工程教育开始变革,社会对工程师的要求也不再是单纯掌握工程技术的人才,而是在注重专业知识的基础上,更加注重工程师解决实际问题的能力。工程教育的重心和发展范式也产生了变化,进入了"变革期",最典型的体现即美国20世纪从"科学范式"到"工程范式"的转变。这一时期各国不断进一步完善自身工程教育方法与体系,并尝试开创全新的教育模式,以提升所培养人才的综合素质。

第二次世界大战结束后,法国很快进入"光辉30年",法国工程教育紧密围绕国家建设需求迅速发展,在规模不断扩大的同时,基础设施逐步改善,每年发放的工程师文凭数量也不断增加,但高校的教学制度和教学法案仍过于传统。1968年,法国历史上著名的学生与工人运动"五月风暴"爆发,该运动推动了法国教育界前所未有的改革。法国政府相继颁布了《高等教育方向指导法》与《艾得佳·福尔法》,逐步解决了高校课程设置落后、授课方式僵化、考试制度改革不到位等问题,同时促使法国开始探索多种工程师培养方式。1984年法国颁布的全新高等教育法(也称《萨瓦里法》)规定,工程师培养机构必须在获得CTI认可后才能发放工程师文凭并获得国家高等教育部认证,这进一步保证了法国工程师培养的整体质量。1994年,CTI颁布了第一部认证指南,法国工程师质量评估体系逐步标准化。20世纪的最后10年,法国工程师教育飞速发展,CTI颁发了占法国18%的工程师文凭。

在德国,随着经济建设和科学技术的发展,对具有一定理论基础又有较强实践能力的技术人员的需求不断增多。技术类大学由于主要培养学术型人才,因而修业年限较长,费用较高,与当时德国对于实践型技术人员的需求高于对理论专家的需求的状况不适配,因此建立一种新型的高等学校来培育实践型技术人才成为必然趋势。1968年10月31日,德国通过了《德意志联邦共和国各州有关统一应用技术大学的协定》,决定建立有别于技术类大学的应用技术大学(Fachhochschule)这一高等教育机构,技术类大学和应用技术大学的差异如表1.1所列。

表1.1 技术类大学与应用技术大学的差异

	技术类大学 (Technische Universität)	应用技术大学 (Fachhochschule)
授予学位层次	最高可授予博士学位	大多数最高可授予硕士学位
课程定位	把学生培养成一个有潜力的研究者	根据市场需求和业务需求量身定制
教学人员	聘用具有博士学位的学者,不严格要求其相关企业经验	教学人员必须至少具有3~5年的企业工作经历,许多老师都在领先的德国公司(如大众、西门子等)有丰富的工作经验
理论和实践的比例	更为侧重理论研究,并非全部课程强制实习	重视实践和课程的应用性,所有学位课程都要求进行18周左右的实习

1971年前后,德国各州将原本的工程师学校、中等技术学校、各类学院合并组建了应用技术大学。1990年东西德统一后,原东德的高等教育系统均按照原西德的模式改革,并且按照原西德的标准建立了一批应用技术大学。1999年《博洛尼亚宣言》签订后,德国不断推进其高等教育改革以与欧洲其他国家接轨,其中最具标志性的改革便是将原本本硕一体的高等教育结构转向国际通用的学士、硕士学制,德国现代工程教育体系也随之形成。

1945年,美国万尼瓦尔·布什发表了《科学:没有止境的边疆》(Science: Endless Frontier,也称《布什报告》),强调应该把科学技术作为美国战后建设的核心任务之一。1958年,美国国会通过了《国防教育法》(National Defense Education Act),将高等教育的发展提升到了国防层次,强调科学研究的重要性,并主张联邦政府资助高校的科学研究。《国防教育法》对美国教育产生了极为深远的影响,其中注重研究生教育、优化高等教育结构、推动高等教育国际化等举措依然影响着现代的美国高等教育。受《国防教育法》和《布什报告》的影响,这一时期的美国工程教育开始向注重科学研究、极度强调科学性的"科学范式"偏移。

然而,"科学范式"下美国工程教育的毕业生虽然对科学知识了如指掌,却缺乏关键的工程实践经验,导致其并不能很好地胜任工程师工作。针对这一情况,美国工程教育界开始了全面反思。1989 年,麻省理工学院出版了《美国制造:重新获得生产优势》(*Made in America:Regaining the Productive Edge*),这一时期,以麻省理工学院为代表的各大高校纷纷开始工程教育改革。1993 年,麻省理工学院院长约尔·莫西斯(Joel Moses)提出了著名的"大工程观"(Engineering With A Big E),强调在学习基础科学知识的基础上,工程教育应该面向实践应用的需求。2000 年,美国出现了构思、设计、实现和运作(Conceive、Design、Implement、Operate,CDIO)等先进工程教育模式,这标志着美国的工程教育开始将科学与技术、非技术融为一体,提出了全新的工程范式。美国经历了两次工程教育范式变迁,即从"技术主导"到"科学主导",再到"回归工程",最终形成了如今的美国工程教育体系,详见表1.2所列。

表1.2 美国工程教育范式演变

时 间	范式转变特点
20世纪早期	强调技术与实践
1945 年	《布什报告》发表,强调美国战后应以科学研究为重心
1958 年	受《国防教育法》影响,科学研究的重要性被不断提高
1989 年	以麻省理工学院为代表,各大高校开始改革
1993 年	大工程观被提出,主张工程教育回归实践
2000 年	CDIO模式出现,技术性和科学性都被重视

1996 年,澳大利亚昆士兰大学首创了项目中心型课程,在多年的建设和改进后,项目中心型课程在 2012 年被英国皇家工程院评为全球最佳的

工程教育实践之一。项目中心型课程以小组工程训练作为必修课,通过社会实际存在的问题来设计工程实践的模拟课程,以此提升学生解决工程实际问题的能力。以昆士兰大学化学工程学院为例,在项目中心型课程改革后,每位学生每个学期都必须选修一门项目中心型课程。该学院的所有项目中心型课程都高度模拟真实社会问题,要求学生以小组为单位设计出解决现实问题的可行方案,课程还会邀请校内外专家指导学生,解答学生在项目实施过程中遇到的问题。除了改进课程教学方法外,项目中心型课程还积极收集学生反馈,基于学生的真实感受改进具体课程,保证了学生对项目中心型课程的满意度。项目中心型课程在确保学生掌握工程知识基础的同时,提升了学生的工程实践能力和团队合作能力,这项改革得到了澳大利亚乃至全球工程教育界的一致认可。

4. 第四次工业革命

工业4.0(第四次工业革命)的概念由德国在2013年提出,并被列入了德国十大未来项目。工业4.0的主题是利用信息化技术促进产业变革,并将可持续发展作为一大主题。在全新的技术背景和主题下,人工智能、大数据、物联网、5G等技术飞速发展。以我国为代表,各个国家纷纷建设5G独立组网网络,远程手术、自动驾驶等技术在5G的保障下日渐成熟,预计到2030年5G将为全球经济增值近万亿美元。2022年底,美国OpenAI公司推出聊天机器人程序ChatGPT,它能够理解和学习人类的自然语言,并与人类进行对话,甚至替代人类完成撰写邮件、文案、论文等任务。最新的GPT4更是能够高分通过CPA等考试,由此,关于"人工智能在某些岗位能否取代人类"的话题引起了社会的广泛热议。2025年1月,由我国深度求索公司开发的DeepSeek正式上线。高等教育领域的学者们随之开始讨论人工智能技术在高等教育领域的可能性,探索其应用是否能够推动教学过程、教学方法等方面的革新。聚焦工程教育,一系列技术的迭代对工程师的综合能力提出了更高的要求,新一代工程师必须做到在快速发展的时代迅速掌握新的科学技术,从技术前沿、可持续发展的角度更好地解决复杂问题。伴随社会对工程师需求的变化,许多西方国家均形成了独具特色的卓越工程师培养体系,多个国家的高校通过与企业合作共同培养工程师的方式,在推动企业创新研究的同时,更好地提升了工程师解决实际问题的能力,代表性的高校包括法国巴黎萨克雷大学和荷兰埃因霍温理工大学等。工程师的批判性思维、创新能力、领导力等素质在这一时期也得到了格外的重视,许多高校都开创了独特的模式以培养出综合能力突出的工程人才,代表性的高校包括美国麻省理工学院和德国慕尼黑工业大学等。

为保持科技创新能力在欧洲及世界范围内的领先地位,法国自 2010 年以来积极实施"卓越大学计划"(Initiatives d'Excellence,IDEX),以建立世界一流的高等教育研究机构。截至 2020 年,已有 6 所高等院校获得 IDEX 永久资格,5 所院校获得 IDEX 试行期资格。巴黎萨克雷大学是 IDEX 中的典型成功案例,最有代表性的是其带领众多研究机构在产业研发园内扎根,鼓励其硕士与博士学生积极参与"学校与地方企业联合研发项目的产教融合"模式的工程教育。巴黎萨克雷大学还围绕地区创新型企业创建了科技成果转化加速公司、科技孵化中心及创新型企业活动中心。包括通用电气、法国电气集团在内的许多大型企业都与巴黎萨克雷大学合作,联合校内工程师共同开发了大量创新性科技产品。

巴黎萨克雷大学的人才培养模式也十分具有代表性,其一直着力构建从学士到博士的连贯培养体系,并且重点关注博士阶段的培养。与其他大学采用的单一导师模式不同,巴黎萨克雷大学的博士生培养采用多主体参与制,由博士生校主任、博士生导师、科研实验室主任、个人指导委员会共同保证博士生的培养质量。在博士生的培养方案中,不仅要求博士生的卓越学术理论与实践能力,也要求博士生的创造力、领导力、职业规划能力等综合素质,以培养全新科技背景下的高水平复合型人才。

在工业 4.0 的背景下,德国工程教育认证学会将研究生阶段的工程人才定位为"精英高等工程人才",这一类人才在拥有过硬专业能力的同时,还拥有专业领域内的前沿视野与对工程的掌控能力,以及创新和反思能力等,以便更好地在未来引领工程发展。为了高效地培养精英高等工程人才,德国探索出了协同培养的方法。以慕尼黑大学、慕尼黑工业大学、奥格斯堡大学协同培养的软件工程专业精英硕士为例,该项目整合巴戈利亚州的三所有代表性大学的优势,不仅能够培育出更加优秀的精英工程人才,也能够保持三所大学在对应学科领域的优势。在该项目中,通过三校合作,学生既能接受在对应领域最高质量的教育,也能获得来自企业高层的授课。为了提升学生们的自主创新能力,学校还会安排学生参加创新性的研究项目,在教学过程中穿插有不同形式的实践安排,包括实践课程、企业内实习、校企合作项目等。通过实践项目和课程讲授的有机结合,培养出工业 4.0 背景下德国急需的精英高等工程人才。

在美国,工业 4.0 时期工程教育的发展主要集中在几所有代表性的顶尖大学。麻省理工学院拥有全美最好的工程学院,美国工程教育史上十分重要的 CDIO 工程教育理念就是由其提出的。2017 年,麻省理工学院启动"新工程教育转型(New Engineering Education Transformation,NEET)"计划,该计划具有独特的人才培养理念,不再局限于专业课程的教学,而是致力于培养解决世界重要问题的"实干家"。

除了 NEET 之外,斯坦福大学颁布的《斯坦福大学 2025》计划也被视为高等教育的一次颠覆性创新,其为未来工程教育乃至高等教育的人才培养提供了发展方向与变革路径。计划中最关键的培养模式就是"开环大学(Open-loop University)",其具有鲜明的开放性特点,在学习机会、学习年限、学习空间等方面不受限制,教学与社会广泛联系。开环大学和传统大学的差异如表 1.3 所列。

表 1.3 开环大学与传统大学的差异

项　目	传统大学	开环大学
教育年限	18~22 岁的连续四年	一生之中的任意六年,学习和工作交替
教学场所	正式的学习仅发生在课堂上,实践学习以实验课为主	可以从课堂以及各类实践活动中汲取知识
校友发展	校友仅回到学校参加特定活动	校友作为返校实践专家,丰富了校园生活和教学内容

普渡大学作为美国工科传统强校,也进行了一系列工程教育创新与改革,形成了其独特的跨学科工程教育人才培养体系。普渡大学的所有工科专业,如航空航天工程、农业工程、土木工程等都归属于工程学院,这种"大工程学院"的结构为大类专业培养方案实施提供了组织基础,需求导向的培养方式能够使学生从不同视角看待工程世界,发现和思考工程问题。可以看出,

美国的工程教育正在向重视解决实际问题的开放式培养模式不断发展。

埃因霍温理工大学是全球著名的校企合作典范,在全球 25 所与创新企业合作最紧密的大学中,埃因霍温理工大学排名第一。依托在能源、生物与生命科学、智能移动等领域的强大学术实力,埃因霍温理工大学与工业界一直以来都有着密切合作。在埃因霍温理工大学内,共有 14 个大型研究实验室和 40 个小型研究实验室,每一个实验室都可以单独与外部企业合作,企业沟通和成果转化由实验室内部专人负责。这些实验室与几十家企业建立了合作研究中心,在荷兰本土许多著名企业的基础研究中扮演了重要角色,包括阿斯麦尔、壳牌、飞利浦等诸多世界知名企业。受到多方深入校企合作的影响,埃因霍温理工大学内部的许多教授都是来自企业,具有丰富的工程实践经验。正是在这样的氛围中,埃因霍温大学为荷兰乃至世界的各大企业输送了许多卓越的工程师。

西方各国在四次工业革命期间的重大工程教育事件如表 1.4 所列。

表 1.4 西方各国重大工程教育事件

阶 段	年代/年份	重大工程教育事件
第一次工业革命	1747	法国国王路易十五下令建立皇家路桥学院
	1836	伦敦大学建立,设置理学院和工学院,开设大量新课程
	1856	德国工程师协会 VDI 建立
第二次工业革命	1862	美国国会颁布了《宅地法》,使得大量美国民众向西部移民;还颁布了《土地拨赠法案》,规定联邦政府分配共有土地给每个州用以建设院校
	19 世纪 60 年代—19 世纪 70 年代	德国各类专门学院和技术学校完成了到多科技术学校再到技术大学的转变
	19 世纪 70 年代	英国出现了一批城市大学,根据当地工业发展开设对应课程
	1919	法国《阿斯蒂埃法案》颁布,规定未满 18 岁的学徒应接受一定的职业教育
	1934	法国政府规定法国 CTI 为工程师学历教育认证机构

续表 1.4

阶 段	年代/年份	重大工程教育事件
第三次 工业革命	1968	法国"五月风暴"爆发,法国政府先后出台《高等教育方向指导法》与《艾得佳·福尔法》
	1968	德国通过了《德意志联邦共和国各州有关统一应用技术大学的协定》,决定建立应用技术大学
	1984	法国颁布《萨瓦里法》,规定工程师培养机构必须在获得CTI认可后才能发放工程师文凭和获得国家高等教育部的认可
	1996	澳大利亚昆士兰大学首创了项目中心型课程,基于社会真实问题设计工程实践的模拟课程
	1945—2000	受第二次世界大战和冷战等的影响,美国国内发生了工程范式的转变与回归,经历了向"科学范式"的偏移,在21世纪初正式回归了"工程范式"
第四次 工业革命	2013	工业4.0的概念由德国提出,并被列入德国十大未来项目
	2015	美国斯坦福大学启动《斯坦福大学2025》计划,代表性的举措为建立"开环大学",其具有鲜明的开放性特点,在学习机会、学习年限、学习空间等方面不受限制,教学与社会广泛联系
	2017	美国麻省理工学院启动NEET,不再局限于专业课程的教学,而是致力于培养解决世界重要问题的"实干家"
	2024年	美国白宫科技政策办公室(OSTP)发布了新一期联邦政府关于STEM教育的五年规划——《推进STEM教育和培养STEM人才的联邦战略计划》(Federal Strategic Plan For Advancing STEM Education and Cultivating STEM Talent)
	2025年	2025年,欧盟委员会发布《STEM教育战略计划:竞争力和创新技能》(A STEM Education Strategic Plan: skills for competitiveness and innovation)通讯文件,旨在通过加强科学、技术、工程和数学(STEM)领域的教育与培训,提升欧盟的竞争力和创新力,确保其在全球科技竞赛中保持领先地位

1.1.2 工程教育的国际启示

由工程教育的发展历史可以看出,工程教育在不同国家受到时代背景、历史文化、区域体制等因素影响,呈现出多样性。本节总结提炼了各国独特的工程教育发展经验,旨在为我国未来工程教育的发展提供启示和借鉴。

1. 聚焦产教深度融合

在工程领域,不论是科学研究,还是项目开发实践,都是学生发展和创新的关键要素。相比高校教师,企业专家具有更丰富的实践经验,更能培养学生解决实际问题的能力。在美国、德国、法国的工程教育中,均存在不同形式的校企合作模式,比如美国组织学生在毕业后开展两年左右的企业培训机构实习;德国加强学生在校期间的企业工程实践;法国则对学生的在校实践和毕业实习都提出了要求。除了规定的校内实践环节之外,一些高校,如法国巴黎萨克雷大学,还联合校内工程师共同开发创新科技产品,荷兰埃因霍温理工大学实验室还与企业共建合作研究中心等,上述校企深度合作并将企业实践融入培养过程的方式,能够真正培养出具有丰富实践经验的工程人才。在2035年建成教育强国、科技强国、人才强国的战略需求下,我国工程教育应以培养适应产业发展与变革的工程人才为目标,建立产、学、研、用一体的深度合作育人机制,多方共同发力,充分培养学生的实践能力。

2. 重视精英工程人才

工业4.0时代到来,技术发展日新月异,全球对各行各业引领变革的精英人才的需求日益增多,尤其是对人工智能、量子技术等新兴领域的精英工程人才的需求迫在眉睫。对精英工程人才的要求已不再仅局限于过硬的专业能力,对其批判性思维、领导力等综合素质能力的培养也提出了高要求。如法国CTI对工程师教育的主要标准中要求,工程师的培养应将中长期社会问题(可持续发展、气候问题、生态和能源转型、组织的社会责任等)纳入视野,培养适应公司和社会需要的工程人才;德国VDI对未来工程师的定义为技术创新的开发者和驱动者,尤其是"精英战略",在注重培养工程师专业知识的同时也培养其批判性思维等综合能力,为工程领域输送了出色的精英人才。工程教育培养精英工程人才的重要性已在各国达成共识。当前,我国卓越工程师培养应以培养精英人才为中心,以适应社会、胜任工作岗位为目标,构建切合工程实际及社会发展需要的培养体系,注重多维度、全方位培养,以真正达到"卓越"的标准,为各行各业输出善于解决复杂问题的精英人才,助力我国科技自立自强。

3. 注重学科交叉融合

对于卓越工程师而言,优秀的综合能力是解决实际工程问题的必要条件。各国的工程教育都十分重视综合能力的培养,例如:美国麻省理工学院、普渡大学等高校在工程教育中安排通识学科课程的学习,以培养作为工程师所必需的宏观视野和工程思维,学生可根据个人情况进行不同方向的选择和对应课程的学习。在现代社会多学科交叉、工业发展加速的时代背景下,对工程师的综合创新能力提出了更高的要求,如德国慕尼黑工业大学在学生学习过程中增加创新性研究项目环节,以在检验学生专业知识掌握水平的同时培养其综合创新能力。工程教育中前沿交叉领域的综合学科教学和专业能力培养也受到了重视,如法国大学校的课程交叉覆盖多个门类的学科,包括机械、信息、材料、电子等工程方向,以及经济、法律、人文等社会学科,以保证学生能够在未来的职业生涯中协调多方面的工作。我国教育部、人力资源和社会保障部、工业和信息化部等部门2017年也发布了《制造业人才发展规划指南》,指出"推动高校探索建立跨院系、跨学科、跨专业交叉培养新机制",以在保证基础学科教育的同时,助推我国工程教育的课程结构交叉重构,加快培养复合型工程人才。

4. 提升人才培养层次

西方发达国家的工程教育历经四次工业革命,已发展形成较为成熟且可以满足不同社会需求、结构层级分布合理的工程教育体系。随着技术迭代和产业变革的深入发展,大语言模型(如 ChatGPT)等新技术的突破,给工程教育改革带来了巨大挑战,新一代工程师必须能够应对快速变化的现实世界,不断学习和创新。是否拥有一批能在先进技术方面做出贡献的高素质工程技术人才,直接决定了国家的工程技术水平、工业化水平以及现代工业竞争力。高素质、高层次工程技术人才的培养在新技术高速推进发展的情境下愈发重要,深刻影响了工程教育学习模式。法国巴黎萨克雷大学的产教联合培养项目主要侧重于对硕士、博士阶段的高层次学生的工程教育,通过鼓励学生参与企业联合研发项目,提升其实践操作能力;德国在工业4.0的背景之下启动了多个"精英计划",支持本科以上学历的优秀人才进行深造,以在对应科学领域的国际竞争中占据优势。面对新一轮工程教育改革,我国应重视高校和企业在工程教育中的主力军地位,构建高质量中国特色工程教育学科体系,健全体制机制保障,以培养卓越工程师后备人才为目标,助力我国从制造大国向制造强国转变。

5. 关注学生可持续发展

从学生到卓越工程师的转变,不仅仅要经历工程教育阶段,职业生涯的发展也同样重要。为保证学生后续的可持续发展,在工程教育阶段,一方面应加强对学生未来职业生涯所需综合能力的培养——如美国麻省理工学院开展的新工程教育转型计划,此计划不仅要求学生具备优秀的专业能力,还要求学生具有领导力、多样性思维等综合素质;另一方面,学校与各个对应行业的衔接互认体系同样是确保学生职业发展的重要因素,如在法国和德国的互认体系中,学生在接受完工程教育后即可获得企业认可的相应工程师文凭,从而能够应聘对应的工程师岗位。我国卓越工程师培养不仅仅是要培养在工程技术领域具有突出水平的卓越工程师,也应注重其综合能力的培养,同时更应该打通工程教育与职业资格的衔接通道,保证工程教育毕业生未来的可持续发展。

1.2 工程教育的中国发展

我国工程教育的发展与现代化建设的步伐息息相关,其历史可以分为新中国成立前、新中国成立至改革开放、改革开放至党的十八大和党的十八大以来四个阶段。我国工程教育在过去一百多年的发展历程中同样取得了许多举世瞩目的成就,实现了许多跨越式的发展,走出了一条中国特色社会主义教育改革发展道路,为实现中华民族的伟大复兴奠定了扎实的人才基础。

1.2.1 发展历程

1. 新中国成立前

由于第二次鸦片战争的影响,19世纪60年代清政府开始推行洋务运动,希望通过引进西方军事与科学技术来增强国力。随着洋务派兴办现代工业,一批新式的洋务学堂也随之建立,这是我国现代工程教育的开端。洋务运动期间,先后共建立了30余所洋务学堂,这些洋务学堂培养了许多海军军官、造船工程师、采矿工程师等,至此,我国开始有了自主培养的工程技术人才。

1912年1月,中华民国成立,同年南京临时政府教育部正式组建,并颁布了以《学校系统令》为代表的多条法令,其中《大学规程》规定工科分为土木工学、机械工学、船用机关学、造船学等11个学科,《实业学校令》规定在专科层面将实业学校分为甲种和乙种,为我国工程教育明确划分了层次和学科。

1928年,中华民国正式进入国民政府时期,国民政府推行"抑文重实"的高等教育改革基调,鼓励大学培养具有实用知识技能的人才。1931年"九一八"事变之后,国防建设对实用型人才的紧迫需求使得国民政府重视实用科学教育的倾向更加明显,这一时期的高等教育建设偏重实用科学教育,并规范了工程教育的课程标准、教师资格等。1927—1937年,相关实用科学类专业经费投入增长了一倍多,我国工程教育在这一时期取得了较大发展。

1927—1937年的土地革命时期,中国共产党通过工农武装割据建立了苏维埃政权。由于此时正处于革命战争时期,苏区的高等工程教育呈现出以军事斗争为中心的特点。在这样的背景下,为培养红军急需的通讯人才,红军无线电报务训练班正式创建,后在此基础上建立了红军无线电学校。红军无线电学校作为中国共产党领导下的第一所专门开展工程教育的学校,为红军培养了大批急需的无线电通讯人才。此外,苏维埃大学与工农红军大学也在这一时期成立。在苏区的艰苦条件下,教育活动与生产劳动、军事斗争相交融成为了苏区教育的最大特色,同时也奠定了中国共产党领导高等教育工作的基础,积累了现代教育改革的宝贵经验。

1937年"七七事变"爆发,社会对工程技术人才的需要使得各大高校不断增加工科科系种类,同时有许多优秀青年纷纷投身工科专业以报效祖国。这一时期,即使条件十分艰苦,我国工程教育仍旧在大后方取得了新的发展,1936年全国专科以上高校工科共有系数76个、科数23个,到1945年系数与科数分别增长至111个和44个,毕业生也从1322名增长至2463名。以西南联大、重庆大学为代表的各大高校培养出了大批优秀的科学和工程人才,为国家建设做出了卓越贡献。

解放战争期间,人民军队在中国共产党的领导下不断扩大解放区范围,各解放区内高等工程教育蓬勃发展。东北解放区为发展工程教育先后建立东北大学、哈尔滨大学、东北铁路学院等。华北解放区在接管张家口铁路学院、张家口工业专门学校、张家口商业学校等学校后,合并建立晋察冀边区工业交通学院,并于1948年建立华北交通学院。在各解放区,高等教育呈现出服务解放战争并培养解放战争和城市管理所需高级人才的特点,也为新中国成立后的高等工程教育事业积累了宝贵经验。在这期间,我国工程教育在探索中不断前行,直到1949年中华人民共和国成立,我国工程教育发展进入了全新的阶段。

2. 新中国成立至改革开放

新中国成立初期,百废待兴,我国通过大力发展重工业来推动由传统农业国家向工业国家的转型。当时的新中国较为贫困和落后,短缺的人才资源与不平衡的学科发展已远远不能满足国家发展新形势的需要,急需大量的技术工人和工程师来推动我国社会主义建设。中国共产党为了培养社会主义建设需要的大批人才,着力改造旧的文化教育模式,依照国家需求创建新型大学,在完善区域布局、学科设置、专业调整等方面做了大量工作,我国教育事业进入有序重构时期。

为了尽快明确新中国高等教育宗旨、任务,1950年6月,第一次全国高等教育会议在北京召开,并通过了《高等学校暂行规程》《专科学校暂行规程》等法规,1950年7月由政务院陆续批准。在党和国家对教育事业的大力推动下,新中国的高等教育制度初步建立。

此时,苏联援助大批工程技术人员支持我国实现社会主义工业化,给我国工程教育带来了潜移默化的影响,我国工程教育开始重视理论知识系统讲习、工程项目实践操作以及高级工程师队伍建设,这种工程人才培养教育模式对于我国工程教育事业产生了深远的影响。1951年,哈尔滨工业大学参考苏联模式率先建立先期改革试点,紧接着高等教育改革工作在我国全面铺开,20世纪50年代初,高等学校院系调整全面推开。1952年5月,教育部制定《关于1952年全国高等学校院系调整的计划》和《关于高等学校1952年的调整设置方案》,明确院系调整的方针是:"以培养工业建设人才和师资为重点,发展专门学院,整顿和加强综合大学。"1952—1953年院系调整形成的工科院校共38所,其中多学科大学6所,专门院校29所,专科院校3所,许多高校为我国的工程教育事业做出了突出贡献。例如,面向航空行业的工科专门学院——北京航空学院(现为北京航空航天大学,简称"北航"),在建校初期阶段,学校提出培养红色航空工程师理念,学生通过"真刀真枪"做毕业设计研制出"北京一号"至"北京五号",在我国航空工业史上影响深远。

随着1953年开始的第一个五年计划(简称"一五"计划),我国进入了经济建设的重要时期。"一五"计划作为系统建设社会主义的开始,对我国工程教育事业影响深远,这一时期中国工程教育的主要特点是调整与改造。为有效推进"一五"计划的实施,在适当发展农林师范类高等院校的同时,重点发展高等工科学校和综合大学理科,以改善严重缺乏技术人才的状况,同时将机械、土木、地质、矿藏、冶金等专业作为专业设置与质量提升的重点。1955年初,由于社会主义建设和国防建设的需要,同时为了支持西部社会经济发展,交通大学内迁西安,历时四年,共迁移15000余名师生。在交通大学由上海迁往西安的过程中,铸就了以"胸怀大局,无私奉献,弘扬传统,艰苦创业"为核心内涵的"西迁精神",是高教战线的宝贵财富。1955—1956年,党中央、国务院制定了《1956—1967年科学技术发展远景规划纲要(修正草案)》,这一纲要对新中国工程教育的发展具有重大历史意义。该规划纲要提出后,政府牵头在清华大学、北京大学、哈尔滨工业大学等高等院校增设以计算机、遥感技术、喷气技术为主的新技术专业。1956年1月,周恩来总理在《1956—1967年科学技术发展远景规划》中强调,我国要在提升科技水平的过程中有效融合西方国家的优秀技术,不断健全社会主义工业体系。总的来说,1952—1957年间在经历院系结构调整、学科增设、教学模式革新等一系列改造后,新中国工程教育体系基本建立。

1957年1月,高等教育部组织有关工业院校召开"修订高等工业学校教学计划座谈会",座谈会中各院校深入讨论了在借鉴苏联工程教育模式过程中所产生的问题,并针对发展速度过快的问题提出了建议。1958年5月30日,"两种教育制度"与"两种劳动制度"的概念被正式提出。由此,我国确定了普通学校与"半工半读"或"半农半读"类型的学校相并行的两种教育制度。同年9月9日,中央发布了《关于教育工作的指示》,指出此后我国的三类主要学校包括"半工半读"学校、全日制学校和业余学校。我国工程教育体系在这一过程中日趋完善。

1963年,中共中央国务院颁发的《关于加强高等学校统一领导、分级管理的决定》提出高校实行中央统一领导,中央和省、市、自治区两级管理的制度,同时规定中央各业务部门协同教育部门分工管理一部分高等学校。这一时期,我国产教融合培养行业内人才的特色十分鲜明,以大型国有企业为代表的各行业企业深度参与到了各高校的人才培养工作中,课程与专业设置契合各行业的需求与特色,学生在毕业后也会进入对应行业,为各行各业的发展提供了有力的人才支撑。

3. 改革开放至党的十八大

改革开放后,随着现代化进程的加快,我国经济和工业水平也随之飞速发展。我国工程教育紧随国家发展目标和规划,先后经历了恢复、改革、提质、创新等阶段,展现出了崭新的面貌。

随着1977年恢复高考和1978年恢复研究生招生,我国工程教育也进入了恢复阶段,院校和学生数量快速增长。在1978—1987年的十年间,高等院校数量从598所增至1063所,理工科院校数量由184所增至275所,工科类的本科生、研究生数量占据学生总数的较大比例。

在我国工程教育规模扩大的同时,其层次和专业也随之调整。1981年实行的《中华人民共和国学位条例》标志着我国正式建立了学士、硕士、博士层次的学位制度。1984年4月,教育部颁布了《关于高等工程教育层次、规格和学习年限调整改革问题的几点意见》,正式将我国工程教育分为博士研究生、硕士研究生、本科和专科四个层次。同年7月,教育部、国家计委公布了《高等学校工科本科专业目录》,将工科专业调整为255种,相比原来的664种更加清晰和规范。

在1985年全国教育工作会议后,我国工程教育正式进入了改革阶段。中共中央颁布《关于教育体制改革的决定》,指出教育体制改革的根本目的是提高国民素质,多出人才、出好人才,以及要针对现存的弊端,积极进行教学改革的各种试验。该决定还指出,应定期对高等学校的办学水平进行评估。1985年11月《关于开展工程教育评估研究和试点工作的通知》发布,我国工程教育质量评估工作逐步展开。

1993年2月,中共中央、国务院印发《中国教育改革和发展纲要》,首次提出"高等学校培养的专门人才适应经济、科技和社会发展的需求,集中力量办好一批重点大学和重点学科,高层次专门人才的培养基本上立足于国内,教育质量、科学技术水平和办学效益有明显提高",确立了新的教育发展目标。在这一时期,综合类大学开始增加,以理工类大学为代表的单科性院校减少,部分高校在行业办学阶段由业务部门建设的产教融合模式与行业特色逐渐被调整,但工程教育的规模仍旧保持扩大趋势。

在工程教育的专业结构和人才层次方面,我国也持续进行相关改革,使得学科和层次结构日趋明确、合理。1986年7月,国家教委发布了《高等学校工科本科专业目录》,统一了当时普通高等工业学校设置的工科本科专业的名称。1993年,国家教委发布了《普通高等学校本科专业目录》,将工科专业减少至181种。1997年4月,国务院学位委员会决定增设工程硕士专业学位,主要面向在职人员,向行业、企业招生,主要采用非全日制培养方式。1997年11月,国务院学位委员会批准首批54所高校率先开始培养工程硕士。1998年12月,为适应工程硕士研究生教育发展的需要,国务院学位委员会、教育部、人力资源和社会保障部决定成立全国工程硕士专业学位教育指导委员会。其主要职责包括指导、协调全国工程硕士教育活动,监督工程硕士教育质量,推动工程硕士教育与企业工程技术和工程管理人员队伍建设的联系与协作,指导开展工程硕士教育方面的国际交流与合作,促进我国工程硕士专业学位教育的不断完善和发展。

进入21世纪,我国各领域的发展也突飞猛进,随之也出现了一系列问题,其中包括人才供给侧与需求侧不匹配、高等教育质量欠佳等问题。为响应国家号召,我国工程教育进入了招生规模不断扩大、认证制度不断完善、国际合作不断推进的提质阶段。

1999年,我国正式开始了高校扩招,在1998—2007年的10年间,我国专科、本科、研究生层级的工科学生数量快速增长,如表1.5所列。截至2007年,专科、本科、研究生层级的工科学生相比1998年分别增长了9.05倍、3.18倍、5.02倍。在这一时期,我国工程硕士的数量也从1999年的44人增长到了2006年的超过20000人。不断增长的各层次工科人才为我国21世纪工业水平赶超世界做出了重要贡献。

表1.5 1998—2011年普通高校各层级工科学生招生数量

年份	专科		本科		研究生	
	专科工科/人	增长率	本科工科/人	增长率	研究生工科/人	增长率
2011	1443597	10.74%	1134270	2.29%	195082	26.92%
2010	1303640	−0.95%	1108832	8.32%	153704	−3.15%
2009	1316209	0.13%	1023678	8.47%	158703	2.07%
2008	1314507	10.02%	943738	5.98%	155484	6.26%
2007	1194782	0.04%	890510	11.58%	146318	1.02%
2006	1194320	11.64%	798106	7.90%	144841	10.28%
2005	1069758	34.27%	739668	10.44%	131345	8.77%
2004	796714	23.13%	669745	12.49%	120750	16.99%
2003	647028	25.93%	595398	9.56%	103212	29.85%
2002	513794	30.61%	543447	8.91%	79486	26.25%
2001	393372	7.30%	498984	7.19%	62958	13.88%
2000	366616	65.79%	465508	20.46%	55284	48.16%
1999	221139	67.41%	386458	37.87%	37314	27.96%
1998	132092	—	280301	—	29160	—

数据来源:教育部1998—2011年教育统计数据。

日益扩大的招生规模对工程教育质量监督提出了新的要求。2006年,教育部成立工程教育专业认证专家委员会,并于2007年审议通过了关于认证的系列文件,如《全国工程教育专业认证试点办法》等。2007年年底,为促进工程教育质量的提高,完善我国工程教育专业认证体系,规范专业认证试点工作,教育部成立了全国工程教育专业认证监督与仲裁委员会。这一系列举措标志着我国工程教育专业认证体系已经逐步建立,为我国工程教育高质量发展提供了有力保障。

伴随着经济全球化的浪潮,2001年我国加入了世界贸易组织(World Trade Organization,WTO),自此,我国工程教育开始与国际接轨。2004年,中国工程院、中国国家自然科学基金委员会、美国工程教育学会共同主办了第三届国际工程教育大会。大会明确提出,加入WTO对我国工程教育提出了新的要求,未来应与世界上的评估认证机构合作,推进工程教育的评估和工程师资格认证。这一时期,我国各大高校与国际的合作明显增多,并从不同国家引进了许多先进的工程教育模式,以推动我国工程教育的发展。

2009年,我国开始面向应届本科生招收专业学位学生,2010年1月,国务院学位委员会第27次会议审议通过了金融硕士等19种硕士专业学位设置方案。工程硕士也同样开始招收应届本科生,包含全日制和非全日制两种方案。

2010年6月23日,教育部在天津大学召开"卓越工程师教育培养计划"(简称"卓越计划1.0")启动会,联合有关部门和行业协(学)会,共同实施卓越计划,在人才培养机制、模式、方法方面全面改革创新。该计划主要面向本科生,对于改进、优化本科工程教育,针对社会需求培养工程人才,具有非常重要的示范和引领作用,标志着我国工程教育发展正式进入创新阶段。

2011年2月,国务院学位委员会审议通过了《工程博士专业学位设置方案》,批准北京大学、清华大学、北京航空航天大学等25个学位授予单位开展工程博士专业学位授予工作,以适应创新型国家建设的需要,完善工程技术人才培养体系,并于2012年正式开始招生。这一阶段,国家对工程教育提出了针对未来发展的全新要求,工程人才培养不再局限于传统的体制机制和高校单独培养模式,而是以校企合作的全新机制,培养大批适应社会发展的高质量工程技术人才,为建设创新型国家服务。

4. 党的十八大以来

党的十八大以来,党中央坚持把教育作为国之大计、党之大计,作出加快教育现代化、建设教育强国的重大决策,推动新时代教育事业取得历史性成就、发生格局性变化。国家在教育领域的全面改革深刻影响了我国工程教育模式改革的方向、方法和路径,使得我国工程教育呈现跨越式发展的良好态势。工程教育专业认证、质量工程计划、卓越计划、研究生教育质量提升等举措,有力提升了我国工科人才的国际竞争力,推动了我国工程教育高质量发展,为推进中国式现代化建设提供了坚实有力的基础保障,向世界展示了工程教育的中国模式。

同时,我国工程教育逐步接轨世界标准,开始探索具有中国特色、世界水平的工程教育体系。2016年6月2日,在吉隆坡召开的国际工程联盟大会上,中国成为国际本科工程学位互认协议《华盛顿协议》的正式会员,这标志着我国工程教育质量保证体系得到了国际认可。

2017年,面对新一轮科技革命和产业变革的挑战,教育部、工业和信息化部、中国工程院启动实施了卓越工程师教育培养计划2.0(简称"卓越计划2.0"),为卓越计划的升级版,即新工科建设。2012—2021年,我国共建设了688个教育部重点实验室和448个教育部工程研究中心,为我国工程人才队伍壮大与工程技术水平快速提升提供了坚实的基础保障。

2019年7月24日,习近平总书记主持召开中央全面深化改革委员会第九次会议,审议通过《国家产教融合建设试点实施方案》(简称"《实施方案》")。《实施方案》中指出,深化产教融合,促进教育链、人才链与产业链、创新链有机衔接,是推动教育优先发展、人才引领发展、产业创新发展、经济高质量发展相互贯通、相互协同、相互促进的战略性举措。《实施方案》

还明确要通过5年左右的努力,试点布局50个左右产教融合型城市,在试点城市及其所在省域内打造一批区域特色鲜明的产教融合型行业,在全国建设培育1万家以上的产教融合型企业,建立产教融合型企业制度和组合式激励政策体系。

2021年9月27日至28日,中央人才工作会议在北京召开。习近平总书记指出:"制造业是我国的立国之本、强国之基。我国是世界上唯一拥有全部工业门类的国家,同时我国制造业总体上仍处于全球价值链的中低端,许多产业面临工程师数量不足、质量不高问题。要探索形成中国特色、世界水平的工程师培养体系,努力建设一支爱党报国、敬业奉献、具有突出技术创新能力、善于解决复杂工程问题的工程师队伍。""培养卓越工程师,必须调动好高校和企业两个积极性。高校要深化工程教育改革,加大理工科人才培养分量,探索实行高校和企业联合培养高素质复合型工科人才的有效机制。这要作为高校特别是'双一流'大学建设的重要任务。企业要把培养环节前移,同高校一起设计培养目标、制定培养方案、实施培养过程,实行校企'双导师制',实现产学研深度融合,解决工程技术人才培养与生产实践脱节的突出问题。""要培养大批卓越工程师,努力建设一支爱党报国、敬业奉献、具有突出技术创新能力、善于解决复杂工程问题的工程师队伍。要调动好高校和企业两个积极性,实现产学研深度融合。"习近平总书记在中央人才工作会议上的讲话中为新时代卓越工程师培养指明了前进方向,提供了根本遵循。

2022年3月24日,教育部在北航召开卓越工程师产教联合培养行动座谈会,深入研究部署新时代卓越工程师教育培养。

2022年9月27日,中央人才工作会议召开一周年之际,教育部、国资委在北航共同组织召开卓越工程师培养工作推进会,成立18家国家卓越工程师学院和4家国家卓越工程师创新研究院,并联合发布《卓越工程师培养北京宣言》,《宣言》中指出:"完善中国特色的卓越工程师能力标准,推动并建立与职业资格认证有机衔接、与国际接轨、相得益彰的卓越工程师认证体系",全面启动卓越工程师培养改革。当天,首届卓越工程师培养高峰论坛在北京举办。

2022年10月16日，中国共产党第二十次全国代表大会在北京召开，报告中指出："加快建设国家战略人才力量，努力培养造就更多大师、战略科学家、一流科技领军人才和创新团队、青年科技人才、卓越工程师、大国工匠、高技能人才。"党的二十大报告首次把教育、科技、人才进行统筹安排。产教融合培养卓越工程师则是实现教育、科技、人才融合共进的重要途径，必将进一步促使人才在教育和科技之间更好地发挥连接作用，让教育链、人才链与产业链、创新链有机衔接，推动教育强国、科技强国和人才强国建设的有机统一。

2022年10月18日，工业和信息化部印发了《关于加强和改进工业和信息化人才队伍建设的实施意见》（简称《实施意见》）。《实施意见》中指出，创新卓越工程师培养模式，形成一批卓越工程师培养平台，遴选一批校企协同育人示范基地。

2023年4月25—26日，教育部在上海召开教育强国战略咨询会和卓越工程师培养现场交流推进会，并与上海市签署深入推进高等教育综合改革先行先试战略合作协议（2023—2025年）。

2023年5月29日，中共中央政治局就建设教育强国进行了第五次集体学习强调要一体统筹推进教育强国、科技强国、人才强国建设，形成推动高质量发展的倍增效应。进一步加强科学教育、工程教育，加强拔尖创新人才自主培养，为解决我国关键核心技术攻关提供人才支撑。统筹职业教育、高等教育、继续教育，推进职普融通、产教融合、科教融汇，源源不断培养高素质技术技能人才、大国工匠、能工巧匠。

2023年9月13日，教育部公布了第二批国家卓越工程师学院名单，国内14所高校入选。

2023年9月27日，卓越工程师产教融合培养工作推进会、首届卓越工程师培养国际会议在北京召开。会上成立了中国卓越工程师培养联合体，发布了卓越工程师培养核心课程、能力标准、工作指南，并就构建卓越工程师产教融合培养体系进行了深入研讨。同日，首届卓越工程师培养国际会议在北京召开。

2023年11月30日，为进一步深入推进学术学位与专业学位研究生教育分类发展、融通创新，教育部发布《关于深入推进学术学位与专业学位研究生教育分类发展的意见》，进一步强化定位、标准、招生、培养、评价、师资等环节的差异化要求，着力提升拔尖创新人才自主培养质量，建设高质量研究生教育体系。

2023年12月28日发布《工程类专业学位类别硕士学位论文基本要求》，对8个专业学位类别硕士学位论文提出具体要求。

2024年1月19日，召开"国家工程师奖"表彰大会，首次评选表彰授予81名个人"国家卓越工程师"称号、50个团队"国家卓越工程师团队"称号。习近平总书记在会上指出要进一步加大工程技术人才自主培养力度，不断提高工程师的社会地位，要加快建设规模宏大的卓越工程师队伍。

2024年1月20—21日，由中国卓越工程师培养联合体主办，北京航空航天大学和中国航空工业集团有限公司联合承办的首届中国卓越工程师培养院长论坛在北航杭州国际校园会议中心召开，共同探讨卓越工程师培养改革的新思路新举措，为建设中国特色、世界水平的卓越工程师培养体系贡献智慧和力量。首期卓越工程师培养校企导师研修班于同日举办。

2024年4月26日，第十四届全国人民代表大会常务委员会第九次会议表决通过《中华人民共和国学位法》，这是我国学位法律制度的首次全面修订。为深入推进工程专业学位研究生教育改革提供了行动指南。

2024年5月10日，卓越工程师培养现场交流推进会在天津召开。会议强调，要持续推进工程硕博士培养改革专项试点，为全面推进中国式现代化提供强有力的人才支撑。10—11日，由中国卓越工程师培养联合体主办，天津大学承办的校企导师研修班（第二期）在天津大学北洋校园召开。

2024年7月18日，党的二十届三中全会通过了《中共中央关于进一步全面深化改革 推进中国式现代化的决定》，将培养卓越工程师队伍作为国家战略人才力量建设的重要环节，着力加强创新能力培养。

2024年8月,工信部公布了工程硕博士培养"五个100"计划2024年度获奖名单,聚力打造一流学科专业、师资、课程、教材、平台基地,为培育发展新质生产力提供人才支撑。9月21日,工业和信息化部联合浙江省在杭州试点建设的首个国家卓越工程师实践基地(数字技术领域),探索卓越工程师"实践培养+能力评价"新模式,加强同世界各国工程技术人才的交流,建设全球工程技术人才共享交流平台。

2024年9月,全国教育大会上确立了到2035年建成教育强国的奋斗目标。要统筹实施科教兴国战略、人才强国战略、创新驱动发展战略,一体推进教育发展、科技创新、人才培养。

2024年9月27日,卓越工程师产教融合培养工作推进会在京召开。会议系统总结卓越工程师培养改革工作进展,发布了《卓越工程师培养认证标准体系框架》《工程类博士专业学位研究生学位论文与申请学位实践成果基本要求》《关键领域工程硕博士核心课程》《工程硕博士培养改革标准汇编(第二卷)》,颁发卓越工程师培养改革优秀校企导师组和优秀案例证书,并授牌第三批国家卓越工程师学院。2024年卓越工程师培养研讨会和校企导师研修班(第三期)在京举办。

2025年1月19日,中共中央国务院印发《教育强国建设规划纲要(2024—2035年)》,为一步增强高等教育综合实力,打造战略引领力量,培育壮大国家战略科技力量,有力支撑高水平科技自立自强提供了战略指引,为构建人才培养、科学研究和技术转移为一体的产教融合科教融汇新样本。

自2022年中央人才工作会议以来,教育部会同国务院国资委,支持高校联合企业建设3批共40家国家卓越工程师学院(如表1.6所列)。同时,支持北京、上海、粤港澳大湾区建设4个国家卓越工程师创新研究院。

表1.6 国家卓越工程师学院建设高校和企业名单

首批国家卓越工程师学院建设单位(18所)	第二批国家卓越工程师学院建设高校(14所)	第三批国家卓越工程师学院建设高校(8所)
清华大学		
浙江大学		
北京航空航天大学	北京科技大学	
北京理工大学	北京邮电大学	
哈尔滨工业大学	天津大学	
上海交通大学	大连理工大学	北京交通大学
东南大学	哈尔滨工程大学	华北电力大学
华中科技大学	同济大学	东北大学
重庆大学	南京航空航天大学	山东大学
西北工业大学	南京理工大学	武汉理工大学
中国航天科工集团有限公司	华南理工大学	湖南大学
中国航空工业集团有限公司	电子科技大学	中南大学
中国船舶集团有限公司	西安交通大学	西南交通大学
中国兵器工业集团有限公司	西安电子科技大学	
中国电子科技集团有限公司	中国石油大学(北京)	
中国石油天然气集团有限公司	南方科技大学	
中国宝武钢铁集团有限公司		
中国信息通信科技集团有限公司		

教育兴则国家兴,人才强则国家强。当前,我国卓越工程师培养改革已经步入了全新阶段,高校和企业应联合深化工程教育改革,探索产教融合自主培养卓越工程师的有效机制,真正实现校企共同招生、共同培养、共同选题、共享成果;做到师资互通、课程打通、平台融通、政策畅通,为建设世界重要人才中心和创新高地,建设教育强国、科技强国和人才强国,实现中华民族伟大复兴做出新的更大贡献。

我国工程教育发展的重要节点如表1.7所列。

表 1.7 我国工程教育发展重要事件表

阶 段	年代/年份	事 件
新中国成立前	19 世纪 60 年代	洋务运动建立了一批新式的洋务学堂,以培养企业所需的工业人才
	1912	南京临时政府教育部颁布了多条法令,为我国工程教育明确划分了层次和学科
	1931	"九·一八"事变使得对实用型人才需求紧迫,国民政府重视实用科学教育的倾向更加明显
	1937	"七七事变"爆发,社会对工程的需要使得各大高校不断增加工科科系种类
	解放战争期间	各解放区内高等工程教育蓬勃发展,高等教育呈现出在党的领导下服务解放战争,并培养解放战争和城市管理所需高级人才的特点
新中国成立至改革开放前	1952	教育部制定《关于 1952 年全国高等学校院系调整的计划》和《关于高等学校 1952 年的调整设置方案》
	1957	召开"修订高等工业学校教学计划座谈会",针对发展速度过快的问题提出了建议
	1963	中共中央、国务院颁发《关于加强高等学校统一领导、分级管理的决定(试行草案)》,中央各业务部门协同教育部门分工管理一部分高等学校
改革开放至党的十八大	1984	教育部颁布了《关于高等工程教育层次、规格和学习年限调整改革问题的几点意见》,正式将我国工程教育分为博士、硕士、本科和专科四个层次。同年颁布的《高等学校工科本科专业目录》将工科专业调整为 255 种
	1985	《关于开展工程教育评估研究和试点工作的通知》发布
	1993	中共中央、国务院印发《中国教育改革和发展纲要》,综合类大学开始增加,以理工类大学为代表的单科性院校减少
	1997	国务院学位委员会决定增设工程硕士专业学位,主要面向在职人员和行业、企业招生,主要采用非全日制培养方式

续表1.7

阶　　段	年代/年份	事　件
改革开放至党的十八大	2006—2007	教育部成立工程教育专业认证专家委员会及秘书处,审议通过了关于认证的多个系列文件,全国工程教育专业认证监督与仲裁委员会成立
	2010	教育部召开"卓越工程师教育培养计划"启动会,实施"卓越工程师教育培养计划",在人才培养机制、模式、方法方面进行全面改革创新
	2011	国务院学位委员会审议通过了《工程博士专业学位设置方案》,批准25个学位授予单位开展工程博士专业学位授予工作,以适应创新型国家建设需要
党的十八大以来	2015	教育部、发展改革委、财政部印发《关于引导部分地方普通本科高校向应用型转变的指导意见》,指出应推动转型发展,高校应把办学思路转到产教融合、校企合作上来,转到培养应用型技术技能型人才上来,转到增强学生就业创业能力上来,全面提高学校服务区域经济社会发展和创新驱动发展的能力
	2016	在吉隆坡召开的国际工程联盟大会上,中国成为国际本科工程学位互认协议《华盛顿协议》的正式会员
	2017	教育部、工业和信息化部、中国工程院启动实施了卓越工程师教育培养计划2.0
	2021年9月27—28日	中央人才工作会议在北京召开。习近平总书记指出:"要培养大批卓越工程师,努力建设一支爱党报国、敬业奉献、具有突出技术创新能力、善于解决复杂工程问题的工程师队伍。要调动好高校和企业两个积极性,实现产学研深度融合。"
	2022年3月24日	教育部举行卓越工程师产教联合培养行动座谈会,深入研究部署新时代卓越工程师教育培养,加快建设中国特色、世界水平的工程师培养体系,努力培养造就爱党报国、敬业奉献、具有突出技术创新能力、善于解决复杂工程问题的工程师队伍
	2022年9月27日	教育部、国资委共同组织召开卓越工程师培养工作推进会,18家国家卓越工程师学院建设单位联合发布《卓越工程师培养北京宣言》;清华大学、北京航空航天大学等主办首届卓越工程师培养高峰论坛

续表1.7

阶　段	年代/年份	事　件
党的十八大以来	2023年11月30日	为进一步深入推进学术学位与专业学位研究生教育分类发展、融通创新,教育部发布《关于深入推进学术学位与专业学位研究生教育分类发展的意见》,着力提升拔尖创新人才自主培养质量,建设高质量研究生教育体系
	2022年10月16日	中国共产党第二十次全国代表大会在北京人民大会堂开幕,习近平总书记代表第十九届中央委员会向大会作了题为《高举中国特色社会主义伟大旗帜　为全面建设社会主义现代化国家而团结奋斗》的报告
	2023年4月25—26日	教育部在上海召开教育强国战略咨询会和卓越工程师培养现场交流推进会,并与上海市签署深入推进高等教育综合改革先行先试战略合作协议(2023—2025年)
	2023年9月27日	卓越工程师产教融合培养工作推进会在北京召开。会上成立了中国卓越工程师培养联合体,发布了卓越工程师培养核心课程、能力标准、工作指南;中国卓越工程师培养联合体举办首届卓越工程师培养国际会议
	2024年1月19日	"国家工程师奖"表彰大会在北京召开。首次评选表彰授予81名个人"国家卓越工程师"称号、50个团队"国家卓越工程师团队"称号。会议强调要加快建设规模宏大的卓越工程师队伍
	2024年1月20—21日	中国卓越工程师培养联合体举办首届中国卓越工程师培养院长论坛、首期校企导师研修班,共同探讨卓越工程师培养改革的新思路新举措,为建设中国特色、世界水平的卓越工程师培养体系贡献智慧和力量
	2024年4月26日	2024年4月26日,第十四届全国人民代表大会常务委员会第九次会议表决通过《中华人民共和国学位法》,为深入推进工程专业学位研究生教育改革提供了行动指南
	2024年9月27日	卓越工程师产教融合培养工作推进会在北京召开。会上发布了《卓越工程师培养认证标准体系框架》《工程类博士专业学位研究生学位论文与申请学位实践成果基本要求》《关键领域工程硕博士核心课程》《工程硕博士培养改革标准汇编(第二卷)》,颁发卓越工程师培养改革优秀校企导师组和优秀案例证书,为8家单位授牌第三批国家卓越工程师学院

续表 1.7

阶　段	年代/年份	事　件
党的十八大以来	2025年1月19日	中共中央国务院印发《教育强国建设规划纲要（2024—2035年）》，为一步增强高等教育综合实力，打造战略引领力量，培育壮大国家战略科技力量，有力支撑高水平科技自立自强提供了战略指引。为构建人才培养、科学研究和技术转移为一体的产教融合科教融汇新样本

1.2.2　发展成绩

1. 工程教育规模持续扩大

党的十八大以来，我国高等教育不断发展，工程教育的规模也随之持续扩大。据教育部统计，2012—2021年，我国高等教育毛入学率从30%提高到2021年的57.8%，高等教育进入普及化发展阶段。十年里，共有265种新专业纳入本科专业目录，目前目录内专业有711种；新增本科专业点1.7万个，撤销或停招1万个，人才培养对新技术、新产业、新业态的适应度明显增强。在工程教育方面，通过多轮卓越工程师培养计划的推进，教育部立项了3.7万个产学合作协同育人项目，企业提供经费及软硬件支持约112亿元，目前我国工程教育规模居世界第一，整体实力已经进入世界第一方阵。

统计数据显示（见表1.8和1.9），2012—2022年，我国工学本科生、研究生数量一直呈增长趋势，工学本科生在校生人数每年增速趋于平稳，从2012年的4522917人增长至2022年的6742664人。工学研究生在校生人数增速近年仍保持增长态势，同时工学博士生增速开始提高，这意味着我国较高层次的工程教育整体水平稳步提高。

表1.8　2012—2022年普通高校本科生及工学在校生数量

年　份	本科生在校生/人	工学本科生在校生/人	工学在校生增长率
2022	19656436	6742664	4.70%
2021	18931044	6439996	4.84%
2020	18257460	6142436	4.47%
2019	17508204	5879763	3.29%

续表1.8

年 份	本科生在校生/人	工学本科生在校生/人	工学在校生增长率
2018	16973343	5692317	3.28%
2017	16486320	5511445	2.53%
2016	16129535	5375655	2.43%
2015	15766848	5247875	2.50%
2014	15410653	5119977	3.36%
2013	14944353	4953334	9.52%
2012	14270888	4522917	—

数据来源：教育部2012—2022年教育统计数据。

表1.9　2012—2022年普通高校研究生及工学研究生数量

年 份	普通高校研究生/人			工学研究生/人				
	研究生总数	博 士	硕 士	工学研究生数	博 士	博士增长率	硕 士	硕士增长率
2022	3653613	556065	3097548	1333008	240602	11.77%	1092406	11.55%
2021	3332373	509453	2822920	1194599	215273	9.92%	979326	−0.14%
2020	3139598	466549	2673049	1176528	195850	10.76%	980678	7.82%
2019	2863712	424182	2439530	1086378	176828	9.27%	909550	2.21%
2018	2731257	389518	2341739	1051682	161824	7.88%	889858	−1.88%
2017	2639561	361997	2277564	1056897	150009	5.81%	906888	58.94%*
2016	1981051	342027	1639024	712357	141776	5.07%	570581	2.87%
2015	1911406	326687	1584719	689597	134930	4.47%	554667	2.61%
2014	1847689	312676	1535013	669703	129161	5.46%	540542	2.81%
2013	1793953	298283	1495670	648218	122475	5.38%	525743	5.16%
2012	1719818	283810	1436008	616173	116219	—	499954	—

数据来源：教育部2012—2022年教育统计数据。

*2017年起硕士研究生统计包含全日制与非全日制，故数量有较大变化。

2. 工程教育结构不断优化

新中国成立70多年来，围绕工程教育模式，我国开展了卓有成效的探索创新,同时引领工程教育结构逐渐趋于完善,其主要体现在学科专业、人才层次和人才类型等方面。

从学科设置上看,中国工程教育已经不再是传统的单一学科,而是多学科交叉融合,面向国家高质量发展需求而设置,同时兼顾人文、经济等学科。2023年4月,教育部发布最新《普通高等学校本科专业目录》,这次目录修订在2012年发布版本的基础上,在工学门类下增设了交叉工程专业类,总体新增电动载运工程、飞行器运维工程等21种专业,构建了包含93个专业类、792种专业的专业框架,表1.10列出了2012年以后新增本科工学门类专业与新增年份。

表1.10 2012年后新增本科工学门类专业与新增年份

年 份	新增工学门类专业
2023	农林智能装备工程;材料智能技术;电子信息材料;软物质科学与工程;稀土材料科学与工程;大功率半导体科学与工程;智能视觉工程;工程软件;智能海洋装备;健康科学与技术;咖啡科学与工程;交叉工程
2022	生物材料;电动运载工程;飞行器运维工程;安全生产监管;未来机器人;医工学
2021	光电信息材料与器件;氢能科学与工程;可持续能源;智慧能源工程;智能建造与智慧交通;智慧水利;智能地球探测;资源环境大数据工程;碳储科学与工程;生物质能源与材料;智能运输工程;智慧海洋技术;空天智能电推进技术;木结构建筑与材料
2020	增材制造工程;智能交互设计;应急装备技术与工程;能源服务工程;能源互联网工程;柔性电子学;智能测控工程;智能工程与创意设计;密码科学与技术;城市水系统工程;智能采矿工程;智慧交通;智能飞行器技术;食品药品环境犯罪侦查技术;气象技术与工程;饲料工程;智能影像工程
2019	智能感知工程;智能材料与结构;储能科学与工程;海洋信息工程;智能装备与系统;工业智能;服务科学与工程;虚拟现实技术;区块链工程;土木、水利与交通工程;旅游地学与规划工程;智能无人系统技术;农业智能装备工程;康复工程;食品营养与健康;食用菌工程;白酒酿造工程;城市设计;智慧建筑与建造;合成生物学
2018	智能车辆工程;仿生科学与工程;新能源汽车工程;人工智能;土木、水利与海洋工程;精细化工;海洋机器人;家具设计与工程;应急技术与管理;职业卫生工程;数据警务技术;智能体育工程;防灾减灾科学与工程

续表 1.10

年 份	新增工学门类专业
2017	智能制造工程;精密仪器;复合材料成型工程;核电技术与控制工程;保密技术;智能建造;化工安全工程;涂料工程;化妆品技术与工程;轨道交通电气与控制;邮轮工程与管理;人居环境科学与技术;智能医学工程
2016	电机电器智能化;电缆工程;邮政工程;新媒体技术;电影制作;丝绸设计与工程;香料香精技术与工程;无人驾驶航空器系统工程;土地整治工程;临床工程技术;食品安全与检测
2015	材料设计科学与工程;机器人工程;数据科学与大数据技术;网络空间安全;水利科学与工程;地理空间信息工程;飞行器控制与信息工程;海警舰艇指挥与技术
2014	铁道工程

数据来源:根据教育部《普通高等学校本科专业目录》(2023 年 4 月发布)整理出所有学位授予门类中包含"工学"的专业名称,部分学科分类为"其他门类",但其学位授予门类中包含工学,故也纳入统计。

注:2013 年无新增工科专业,故未列出。

2022 年 9 月,国务院学位委员会第三十七次会议审议通过《研究生教育学科专业目录(2022 年)》,按社会需求,调整了工学门类一级学科,新增了交叉学科门类,包括集成电路科学与工程、国家安全学、遥感科学与技术、智能科学与技术等 7 门一级学科,其中 6 门授予工学学位。

从培养层次来看,我国经过多年的不断探索,目前工程教育形成了由专科、本科和研究生组成的层次结构。2012 年以来,专科工科、本科工科、研究生工科招生人数均稳步增长,形成了更加合理的层次结构。2012—2021 年专科工科、本科工科与研究生工科招生人数与增长率如表 1.11 所列。

表 1.11　2012—2022 年专科工科、本科工科与研究生工科招生人数与增长率

年 份	专科		本 科		研究生	
	专科工科/人	增长率	本科工科/人	增长率	研究生工科/人	增长率
2022	2801970	10.40%	1662036	6.35%	453870	8.35%
2021	2538004	8.52%	1562825	2.15%	418893	6.39%
2020	2338753	7.12%	1530004	3.01%	393734	21.83%

表 1.11

年 份	专科		本 科		研究生	
	专科工科/人	增长率	本科工科/人	增长率	研究生工科/人	增长率
2019	2183247	32.81%	1485293	1.59%	323173	8.06%
2018	1643883	6.84%	1462046	4.21%	299055	6.01%
2017	1538712	4.02%	1402970	1.77%	282095	21.27%
2016	1479218	−7.08%	1378558	4.07%	232624	2.40%
2015	1591940	0.86%	1324652	1.91%	227167	4.44%
2014	1578346	6.23%	1299865	1.96%	217500	0.07%
2013	1485832	1.51%	1274915	6.67%	217338	3.87%
2012	1463737	—	1195234	—	209244	—

数据来源：教育部2012—2022年教育统计数据。

注：2016年专科大类调整，故增长率呈异常。表中选择调整前的交通运输大类、生化与药品大类、资源开发与测绘大类、材料与能源大类、土建大类、水利大类、制造大类、电子信息大类、环保、气象与安全大类、轻纺食品大类，与调整后的资源与环境安全大类、能源动力与材料大类、土木建筑大类、水利大类、装备制造大类、生物与化工大类、轻工纺织大类、食品药品与粮食大类、交通运输大类、电子信息大类。2017年起硕士研究生统计包含全日制与非全日制，故数量有较大变化。

从人才类型上看，我国工程教育还在传统的人才类型上培养了工程硕士、博士，与传统的工学硕士、博士处于同一层次，但各有侧重。2021年专业学位硕士已经占全年硕士数量的61.2%，我国工程硕士数量持续增多。2011年2月，《工程博士专业学位设置方案》正式通过，并于2012年正式开始招生，初期试点包含25所高校，2018年、2019年新增16所，并规范了各单位专业学位类别。自2022年起，多所高校、企业展开了培养改革专项试点，并取得了相当出色的培养成果。

综上，我国工程教育的结构正逐渐向多学科、多层次、多类型人才培养转变，政府、各高校正不断探索、优化工程教育结构，为工程教育在新时代的高质量发展夯实框架基础。

3. 工程教育质量稳步提升

在工程教育规模不断扩大、结构不断完善的背景下，我国工程教育的质量也在稳步提升,主要体现在我国工程教育质量保障体系逐步完善,培养目标对标世界一流水平,培养了大批支撑国家现代化建设的人才。

第一,质量保障体系逐步完善。2006年,我国就初步建立了工程教育质量保障体系。2012年,中国工程教育专业认证协会开始筹建,并于2015年正式成立。2022年,《工程教育认证标准》被纳入国家标准体系,这是我国高等教育人才培养质量评估领域第一个被纳入国家标准体系框架内的团体标准,其规定了开展工程教育认证工作的组织体系、认证标准、认证程序、监督与仲裁工作,以保证工程教育的整体质量。

第二,工程教育培养目标对标世界一流水平。习近平总书记提到,必须支持和鼓励广大科学家和科技工作者紧跟世界科技发展大势,对标一流水平。我国工程教育发展至今,已经充分完成了"双向"国际化转变,不仅将优秀人才和资源"引进来"为我所用,也让人才"走出去"接受培养,在广度和深度上拓展国际间合作。在此背景下,我国对卓越工程师的要求逐步与国际接轨,包含了具有国际视野、全球化素质、专业能力强、工程技术水平高等素质。

第三,工程教育培养了大批支撑国家现代化建设的人才。我国科技进步贡献率已由2012年的52.2%提高到2021年的60%以上,大批卓越工程师参与了我国载人航天、量子通信、新基建等领域的重大创新创造,为我国现代化建设做出了许多突出贡献,助力我国工程领域技术从"追赶"到"领跑"。在大批卓越工程师的共同努力下,我国建成了全球规模最大、技术最先进的5G网络;2023年7月,我国第2000万辆新能源汽车正式下线,多家中国品牌新能源汽车在国内销量领先的同时也开始出口欧洲市场;我国自行研制的"神舟"载人飞船,达到或优于国际第三代载人飞船技术,拥有自主知识产权,在载人航天领域保持世界前列水平。在未来,各高校、企业将源源不断地为党和国家输送大批急需卓越工程师,为实现高水平科技自立自强、加快建设世界重要人才中心和创新高地提供有力的人才支撑。

1.3 卓越工程师培养面临的挑战

卓越工程师培养对我国从工程教育大国向工程教育强国转型意义深

远,我国工程教育规模居世界第一,整体实力已经位居世界第一方阵,但与世界一流水平相比仍旧存在一定差距,存在多个亟待破解的瓶颈问题。在学生培养上,我国工程教育在学科知识交叉融合、实际动手能力等方面的培养仍存在不足,需要进行体制机制等方面的改革。在产业需求上,生成式人工智能技术的突破使得工作被重新定义,同时也对工程教育提出了新的挑战。卓越工程师需保持终身学习、不断发展自己,以适应人工智能带来的变化,提升与智能机器交互协作的能力。卓越工程师培养也应该继续推进深度产教融合,完善企业出题、校企共答、产业阅卷机制。在评价体系上,我国工程教育历经一系列从外延式扩张到内涵式提升的改革探索后,已经取得较大成效,但我国工程教育综合评价体系仍不完善,国际互认存在一定壁垒,尤其有以下三方面的问题急需破解。

1.3.1 体制机制改革有待深化

习近平总书记在清华大学考察时强调,高等教育要立足中华民族伟大复兴战略全局和世界百年未有之大变局,心怀"国之大者",把握大势,敢于担当,善于作为,为服务国家富强、民族复兴、人民幸福贡献力量。放眼当下,我国卓越工程师培养改革在管理模式和机制体制方面仍有待深化,中国特色世界水平的人才培养体制机制有待加强。

2023年11月30日,教育部发布《关于深入推进学术学位与专业学位研究生教育分类发展的意见》,推动学术创新型人才和实践创新型人才分类培养,着力提升拔尖创新人才自主培养质量,建设高质量研究生教育体系。《意见》还特别强调要加强组织保障,要求培养单位加强工作部署,完善政策举措和质量保障体系,健全治理体系和运行管理机制,强化分类管理、分类指导、分类保障,鼓励具备条件的培养单位为专业学位独立设置院系或培养机构。这对我国自主培养卓越工程师而言是莫大的机遇——继续深入探索分类培养模式,聚焦产教融合、校企协同育人,进一步建设国家卓越工程师学院、国家卓越工程师创新研究院,推动实现工程师培养体系重构、能力重塑、评价重建。

然而,针对于卓越工程师培养改革特点的体制机制还需进一步完善。

一方面,企业深度参与的研究生教育办学模式尚未形成,高层次复合型人才培养能力不足。随着第四次工业革命浪潮的到来,企业逐渐在科技创新中扮演着主体地位的角色,成为大量新技术、新产业、新业态的策源地。倘若企业仍旧较为"浅层次"地参与到人才培养过程中,则学生难以在"真环境"锤炼"真本领",因此,有必要进一步强化企业参与人才培养的力度、广度、深度。我国工程教育应聚焦国家战略急需,对接区域产业发展布局,调动政府部门、高校、企业、行业协会等多主体参与力量,在全过程培养、全链条设计和全要素配置上系统部署科研和人才培养,推动工程教育研究成果的共享与深化,支撑科教兴国战略、人才强国战略、创新驱动发展战略,助力国家高水平科技自立自强。

另一方面,卓越工程师培养以传统的学科化院系制为主,学科分类与社会经济需求不匹配,学科专业壁垒难以应对经济社会快速发展。现代工程问题通常表现出复杂特性,其解决通常不再局限于某个传统专业或学科,而是需要多学科多领域的综合知识和复合技能。培养卓越工程师不能拘泥于单一专业或学科的传统性框架,必须大胆地探索以领域为核心的多学科交叉融合培养模式。我国工程教育应当在明晰产业发展新需求的基础上,及时调整学科与专业结构,打破传统院系划分对学科交叉发展的限制,搭建跨学科交流平台,推动学科交叉融合,加强工程教育共性问题研讨与实践探索,加强国际交流合作,助力实现拔尖创新人才培养目标。

1.3.2 产教深度融合有待推进

培养卓越工程师,必须调动好高校和企业两个积极性。当前我国工程教育领域虽然多次强调"产教融合""校企合作"等模式的重要性,但在具体实施过程中仍存在工程技术人才培养和生产实践相脱节,工程教育中工程和教育融合不够等的突出问题,在培养要素、校企导师等方面改进仍不到位。

一方面,我国卓越工程师培养产教要素还不够融合。产教融合的核心是寻找企业与高校的利益结合点,以真实产业需求和高层次人才供给为纽带充分调动校企双方的积极性。而在产教融合过程中,企业深入参与高校人才培养的动力和资源配置不足,导致实习实践环节的落实不到位。高校也存在理论教学与实践教学脱节的情况,工程教育在高校一定程度上已内化为理论知识教育。我国卓越工程师培养应优化产教融合育人机制设计，高校要顺应行业发展方向和企业实际需求，及时调整人才培养目标和教学内容，为企业提供人才供给支撑。企业方面要重视人才培养，充分发挥企业创新主体作用，在人才培养的要素配置上深化校企合作，主动参与人才培养过程，助力高校培养经济社会紧需人才，实现高校、企业、学生三方共赢。

另一方面，我国工程教育校企导师队伍新体系还不够完善。当前我国高校教师多是"从校园到校园"，缺乏真实工程实践经验。企业导师虽具有丰富的一线工程实践经历，但人才培养经验有限。校企导师在联合授课、联合科研、联合培养人才等方面的协同机制还不够完善。我国卓越工程师培养应当充分引进企业优秀工程人才，鼓励高校教师在学术界和产业界间的流动与合作。健全校企导师互聘互认制度，优化校企导师双向流通机制，为学生打造一支兼具学术水平和突出工程能力的全能型"双师"队伍。

1.3.3 数智赋能有待深入

以大数据、生成式人工智能、人形机器人、元宇宙技术为代表的新一代信息技术正引发卓越工程师教育的范式革命。面对大模型技术不断迭代发展、人机协同深度渗透产业实践的新格局，我国卓越工程师培养有必要构建起具有技术前瞻性的新型培养架构。

一方面，卓越工程师培养需要提升数智赋能水平以顺应新时代技术发展。当前，卓越工程师培养存在智能技术应用表层化等问题，师生对于新一代信息技术的掌握与应用停留于浅层，难以满足产业界对智能技术深度开发应用能力的需求。人工智能等信息技术既为卓越工程师培养提供工具支撑，也对技术掌握能力提出更高要求。因此，要基于新一代信息技术赋能卓越工程师培养全过程全要素，推动布局建设服务卓越工程师培养的未来学习中心，形成数字化沉浸式学习场景，打造"泛在化、个性化、协作化"学习形态和智慧学习空间，积极探索数智赋能卓越工程师培养的新形态新模式。对校企而言，应建立校企联动的数智赋能卓越工程师培养应用场景，将数智素养培育有机融入培养方案，完善卓越工程师知识能力结构，培养数智人才。并通过数字素养提升培训等途径，加强导师对生成式人工智能等新技术的掌握和运用,加速导师队伍的技术能力升级。

另一方面,卓越工程师培养应充分考虑新技术伴随的伦理风险。当前,算法歧视、技术依赖、数据泄露等伦理安全问题频发,日渐更新的工程伦理与学术伦理议题对于卓越工程师培养提出了新的需求。在未来,卓越工程师不仅应对前沿技术的开发和应用熟练掌握,也应具备更高的工程伦理意识和社会责任感。因此,卓越工程师培养需进一步构建贯穿培养全过程的伦理教育体系,在工程伦理课程中融入数据治理、算法伦理等新议题,特别是引导学生对人工智能进行规范使用,增强卓越工程师的伦理道德意识。在毕业环节、资格认证等环节增设伦理考核,避免工程学术研究伦理问题的同时培养出具备卓越技术能力与伦理责任感的新时代卓越工程师。

1.3.4 评价认证体系有待完善

评价认证体系是卓越工程师培养改革的"风向标"和"指挥棒",培养模式改革需要牵住评价改革这一"牛鼻子"。有什么样的卓越工程师培养导向,就要有什么样的评价认证体系。目前,校企双方尽管在产教融合培养卓越工程师的理念、路径等方面已达成广泛共识,但对于如何科学开展人才评价、如何促进职业生源衔接互认等问题仍有待进一步探索。

一方面,现阶段尚未完全建立具有鲜明工程导向、突出实际贡献的评价标准。卓越工程师培养更加强调要面向实际需求、面向真实工程,这就要求我们转变唯论文、唯奖项等评价指标,避免纯学术化倾向,不能"一把尺子量到底"。评价主体上要突出多元化,产教融合培养卓越工程师需要高校和企业共同发力、"双向奔赴",评价工作也需要校企双方人员协同开展,并尽可能地增加企业参与度。评价内容上要突出卓越性,以党中央关于卓越工程师培养的定位为出发点,评价工作在关注思想政治素养、技术创新能力、工程问题攻关等维度的同时,也要着眼于以领导力等为核心的"大国工程"团队骨干必备要素。评价形式上要突出全面性,评价工作要依托数字化手段,对学生培养全过程进行精准画像,形成全周期成长综合档案。《工程类专业学位类别硕士学位论文基本要求》《工程类专业学位博士学位论文与申请学位实践成果基本要求》的颁布,是工程硕博士评价认证体系改革的重要推进,是对专业学位研究生培养模式的创新和完善,是对工程领域高层次应用型人才需求的深刻理解,对促进高校与企业、研究机构的深度合作、切实实现教育科技人才一体推进具有重要意义。

另一方面,我国在教育—职业阶段衔接、国际流动等方面还存在一定壁垒。尽管部分地区已探索建立了工程专业学位研究生培养与行业职业资格评审的贯通机制,但在全国范围内卓越工程师教育阶段与职业阶段尚未有机衔接起来。如何构筑起行之有效的职业资格衔接认证体系,是保障卓越工程师培养质量的重要因素之一。此外,在全球一体化发展趋势下,我们还有必要建立健全一整套以研究生层次为主体的国际卓越工程师衔接互认体系。该体系既促进我国卓越工程师走向世界舞台中央,也能从全球范围内吸引更多卓越工程师来华工作,将有力地保证卓越工程师"引进来""走出去"的有序流动。

小　结

四次工业革命的发展使西方各国形成了独具特色的工程教育体系,其重视高层次精英人才、注重校企合作、强调学科交叉、重视硕博阶段、关注可持续发展等诸多特点为我国卓越工程师培养提供了启示。当前我国工程教育规模已经位居世界第一,结构也在不断完善,正式进入了高质量发展阶段,但仍旧存在体制机制改革有待深化、产教深度融合有待推进、评价认证体系有待完善等挑战。推动当代制造业转型升级,完成由制造大国向制造强国的跨越,需要努力建设一支爱党报国、敬业奉献、具有突出技术创新能力、善于解决复杂工程问题的工程师队伍。因此,我国卓越工程师培养应坚持立足时代要求,持续推动机制体制创新,推动产教深度融合,创新评价认证体系,探索形成中国特色、世界水平工程师培养体系,全面提升产教融合培养卓越工程师质量。

第2章
卓越工程师培养的时代要求

本书第1章提到,世界各国工程教育的发展与社会进步、产业发展息息相关,产教融合培养卓越工程师为世界工业强国崛起和我国制造业高质量发展提供了有力的人才支撑。中国特色社会主义进入新时代以来,以习近平同志为核心的党中央将卓越工程师纳入国家战略人才力量的重要组成部分,中央人才工作会议、党的二十大、党的二十届三中全会等先后就卓越工程师培养做出一系列战略部署,提出一系列重要论述。

新时代产教融合培养卓越工程师是深入贯彻落实习近平新时代中国特色社会主义思想和党中央重大决策部署的必然要求,对教育强国建设、全面建成社会主义现代化强国、实现第二个百年奋斗目标、以中国式现代化全面推进中华民族伟大复兴具有重要意义。

本章将论述产教融合培养卓越工程师的重要意义,从目标定位、基本原则和改革方向三个方面提出总体思路,介绍建设国家卓越工程师学院、再造培养要素、重构导师队伍、优化学生管理服务、建设工程师技术中心、创新评价体系、建设国家卓越工程师创新研究院和建设卓越工程师培养联合体等八项重点任务。

2.1 卓越工程师培养的重要意义

2.1.1 是实现教育、科技、人才融合共进的重要举措

党的二十大首次把教育、科技、人才进行统筹安排,提出"教育、科技、人才是全面建设社会主义现代化国家的基础性、战略性支撑"。党的二十届三中全会再次强调要着力培养造就卓越工程师。企业发展需要依靠人才,人才培养需要依靠教育。企业要深度参与教育的高质量发展,才能为其转型升级、提升全球价值链地位提供充足的人才保障。高校是人才资源供给端,教育也要主动对接产业,精准培养出企业迫切需要的各类人才,支撑产业发展。卓越工程师是科技第一生产力、人才第一资源、创新第一动力的关键"结合部",产教融合培养卓越工程师必将进一步促使人才在教育和科技之间更好地发挥连接作用,让教育链、人才链与产业链、创新链有机衔接,推动教育强国、科技强国和人才强国建设的有机统一。

2.1.2 是建设世界重要人才中心和创新高地的重要路径

当今时代,世界范围内新一轮科技革命和产业变革加速演进,以争夺高科技领域主导权为核心的大国博弈不断加剧,国家对高科技领域领军人才的需求更加迫切。目前,我国已建成世界上规模最大的教育体系,我国关键领域核心技术正从"跟跑",逐步走向"并跑""领跑"。卓越工程师培养改革工作是教育强国建设的切入点、关键点、试金石。我们要全面准确完整把握教育强国建设对卓越工程师培养的重大意义和本质要求,深刻理解卓越工程师是引领科技革命浪潮、促进产业变革迭代升级、保障国家安全的关键要素和核心力量,是高端人才自主培养的"国之大者"。培养卓越工程师必须扎根中国、放眼全球,探索形成中国特色、世界水平的工程师培养体系,强化卓越工程师在实现高水平科技自立自强中的引领驱动作用,把握和抢占未来科技创新和产业变革先机,保证我国在全球新型产业链中占据核心地位,形成诸多领域人才国际竞争的比较优势,为建设世界重要人才中心和创新高地提供重要支撑。

2.1.3 是深化工程教育改革的重要内容

产教融合培养卓越工程师是世界各国面临的共同挑战,发达国家历经百年探索仍面临新的挑战,重要原因就是卓越工程师培养的系统性与复杂性并存。习近平总书记在中共中央政治局第五次集体学习时强调,要进一步加强科学教育、工程教育,加强拔尖创新人才自主培养,为解决我国关键核心技术攻关提供人才支撑。2024年召开的全国教育大会,吹响了新时代中国特色社会主义教育事业发展的号角。2025年1月发布的《教育强国建设规划纲要(2024—2035年)》进一步明确了卓越工程师培养的目标任务。产教融合培养卓越工程师,就是以服务国家战略需求为导向,充分发挥新型举国体制优势,构建政府、产业、教育等多部门协同育人机制,持续深化产学研深度融合,加强有组织科研和人才培养,推进卓越工程师培养体系重构和流程再造,探索实行高校和企业联合培养高素质复合型工科人才的有效机制,全链条、全要素推进卓越工程师培养标准体系建设,形成卓越工程师自主培养的规模效应,全面打造产教融合自主培养卓越工程师的"样板间"，为世界工程教育贡献中国智慧和中国方案。

2.2 卓越工程师培养的总体思路

习近平总书记高度重视卓越工程师培养工作，多次发表重要讲话，作出重要指示，对加强工程教育、培养国家战略人才和急需紧缺人才提出明确要求。2024年1月，在"国家工程师奖"首次评选表彰之际，习近平总书记作出重要指示，要求"进一步加大工程技术人才自主培养力度""加快建设规模宏大的卓越工程师队伍"。根据上级有关文件精神，卓越工程师培养改革要全面落实落细各项工作任务，产教融合、校企协同，持续推进卓越工程师培养体系重构和流程再造，打造卓越工程师培养"样板间"，实现校企共同招生、共同培养、共同选题、共享成果以及师资互通、课程打通、平台融通和政策畅通的"四共""四通"机制，做实产教融合人才培养共同体。

2.2.1 目标定位

习近平总书记强调，"要探索形成中国特色、世界水平的工程师培养体系，努力建设一支爱党报国、敬业奉献、具有突出技术创新能力、善于解决复杂工程问题的工程师队伍"，这是习近平总书记立足世界百年未有之大变局和中华民族伟大复兴战略全局做出的重要战略部署。

培养学生爱党报国的情怀。爱党报国是卓越工程师的首要准则。要以习近平新时代中国特色社会主义思想铸魂育人，将理想信念教育与工程师专业教育紧密结合，引导学生践行社会主义核心价值观，坚定不移听党话、跟党走，筑牢理想信念的根基。

培养学生敬业奉献的品格。敬业奉献是卓越工程师的基本素养。要培养学生在攻坚克难中淬炼过硬意志、涵养奉献品格，具备良好的工程伦理素养和坚定的职业信仰，不断完善自我，追求卓越。

培养学生的技术创新能力。突出的技术创新能力是卓越工程师的核心能力。要系统强化学生的工程知识和科学基础，培养学生对多学科多领域知识的融会贯通能力，构建横向交叉融合的知识链，培养学生运用数理基础研究关键技术、解决工程问题、推动科技创新的能力，构建纵向贯通的创新链。

培养学生善于解决复杂工程问题的能力。解决复杂工程问题是成为卓越工程师的重要标准。要以产业需求为牵引，紧紧围绕卓越工程培养能力要求，再造培养要素，构建项目驱动、产教融合、工学交替的培养模式，引导学生在工程一线中解决真问题、练就硬本领。

2.2.2 基本原则

卓越工程师培养应坚持以下原则：

坚持服务国家。当前大国科技博弈愈演愈烈，自主培养拔尖创新创造人才的需求更为迫切。在加快推进教育强国、科技强国和人才强国建设进程中，聚焦国家战略急需，积极服务区域产业发展布局，企业根据产业发展牵头提出人才培养需求，高校发挥科学研究优势培养急需人才，校企协同推进有组织科研和人才培养，切实提升卓越工程师培养质量，助力国家高水平科技自立自强。

坚持改革创新。培养卓越工程师是新时代赋予高等工程教育的重大使命，必须从战略高度深刻认识、理解和把握卓越工程师培养的极端重要性，要聚焦靶心、抓住关键、系统谋划、主动变革，找准卓越工程师培养改革的痛点、堵点和关键点，着力破解制约卓越工程师培养的多主体、多场域等核心难题，以实质性联合培养为纽带，在办学方式、培养目标和评价标准等方面实现根本转变，加快培养大批卓越工程师。

坚持系统集成。要坚持系统观念，统筹推进育人方式、办学模式、管理体制、保障机制改革，全面提高教育治理体系和治理能力现代化水平。要充分调动政府部门、高校、企业、行业协会等多主体力量，在全过程培养、全链条设计和全要素配置上系统部署。充分发挥利用好高校知识育人和企业实践育人两个优势，打破传统上相互脱节的分离式、分段式独立培养的路径依赖，切实加强有组织科研和人才培养，全面打造产教融合培养卓越工程师的"样板间"。

2.2.3 改革方向

卓越工程师培养要聚焦行业发展和国家重点领域，以产学研深度融合为核心,破解制约卓越工程师培养的核心难题,力争在培养方式、培养目标和评价标准等方面实现根本转变,建立健全校企共同招生、共同培养、共同选题、共享成果和师资互通、课程打通、平台融通、政策畅通的"四共""四通"机制。

办学方式的根本转变。培养卓越工程师,要实现工程教育培养方式从学科化、院系制、独立式向学科深度交叉、校企深度融合模式的根本转变。校企双方要联合深化工程教育改革,有效发挥政府的政策指导作用,主动探索推动高校和企业联合培养高素质复合型工科人才的有效机制。高校主动适应新趋势新需求,紧密结合国家战略和行业急需,打破传统的学科化培养模式,加大开放协同、联动办学力度,密切与行业企业的联系,将课堂理论教学和实践教学环节延伸拓展到企业工程创新现场,不断提高对科技前沿和关键领域的支撑能力。企业把培养环节前移,不仅要提供大量以新技术扩散应用为导向的工程创新场景,而且要更紧密地强化和高校的技术升级联动协作,同高校一起设计培养目标、制定培养方案、实施培养过程,实行校企"双导师制",实现产学研深度融合。

培养目标的根本转变。培养卓越工程师,要实现培养目标从重视知识传授向重视工程能力提升的根本转变。重新设计工程教育的内容和方式,不断完善培养方案,使卓越工程师培养的目标由单纯输送知识向强调能力提升转变,着力破解师资缺乏、产教不畅、实践指导能力不强、研究和解决工程问题背景不够等方面的脱节问题,提升卓越工程师培养能力。从教育的角度把工程实践所需的核心知识和解决问题的核心能力相结合,把教材和教学相结合,把"解决企业真正关心的问题""真正解决'卡脖子'问题""真解决问题"相结合。不断优化工程师培养的关键环节,对导师队伍、课程教材、科研课题、教学方式等核心培养要素进行提质再造。

评价标准的根本转变。培养卓越工程师,要实现评价标准从唯论文唯奖项等向考查实际创新贡献为主的根本转变。围绕"怎么培养好"卓越工程师的问题,聚焦质量提升,遵循现代企业工程研究范式,加快建立以价值、创新、能力、贡献为主的评价标准,倒逼人才培养模式的改革。高校和企业共同制定呈现学习成果的模板和标准,制定创新成果知识产权共享分配机制。切实改变简单用分数、论文等评价学生学业水平等"贴标签"的做法,学位论文选题须紧密结合企业工程实践问题,把新技术研究、重大工程设计、新产品新装置研制等作为学生毕业和学位授予的主要依据,加快构建中国特色、世界水平的卓越工程师培养与认证标准体系。

2.3 卓越工程师培养的重点任务

卓越工程师培养,要不断深化产教融合,切实调动高校和企业两个积极性,聚焦体系重构、流程再造、能力重塑、评价重建等方面,高质量建设国家卓越工程师学院、国家卓越工程师创新研究院、卓越工程师培养联合体实施有组织的科研和人才培养,实现卓越工程师培养组织形式、导师队伍、培养要素、学生管理、评价机制等的全方位深层次变革。

卓越工程师培养的重点任务如图 2.1 所示。

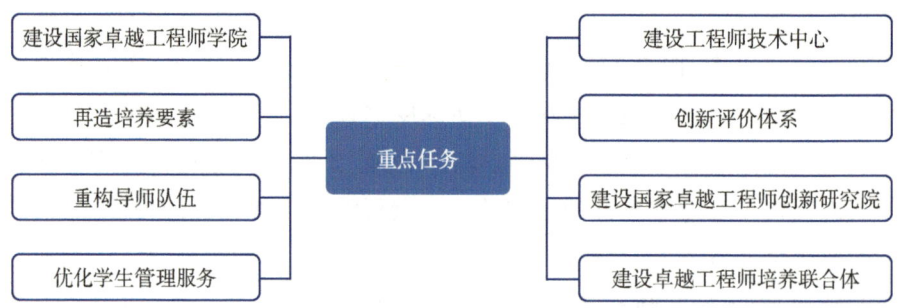

图 2.1 卓越工程师培养的重点任务

2.3.1 建设国家卓越工程师学院

高质量建设国家卓越工程师学院,构建校企协同培养的新型产学研实体平台,改变工程技术人才培养学科化、院系制的传统组织模式,采用一校对多企或一企对多校的共建模式,系统推进培养标准研制、培养要素再造、导师队伍重构、学生管理服务优化、工程师技术中心建设等内容,打造卓越工程师培养"样板间",做实产教融合人才培养共同体,形成有组织联合培养卓越工程师的新范式。

国家卓越工程师学院实施理事会负责制,校企双方主要领导担任理事会负责人,统筹校企资源,促进产教供需双方直接见面、双向对接、有效匹配、共融共进。

国家卓越工程师学院学生实行工学交替培养模式,硕士培养期间在企业科研实践累计不少于1年,博士培养期间在企业科研实践累计不少于2年,以校内课程学习(1年)+企业科研实践(1年或2年)+学位论文及毕业相关工作X年的形式培养卓越工程师,X年的培养方式、时长和场所由企业和高校协商确定。

本书第3章将对国家卓越工程师学院的建设提出建议。

2.3.2 再造培养要素

聚焦工程领域实践问题和产业一线需求,实现价值塑造与能力培养相统一,理论学习与实践锻炼相结合,切实解决工程技术人才培养与工程实践脱节的突出问题,夯实卓越工程师培养的根基。

优化学科专业设置。以提升工程实践能力为中心,遵循人才培养规律,统筹协调学科专业资源配置,完善学科交叉融合机制,推进跨学科的团队建设、合作研究、课程开发和科学评价等。

加强核心课程教材建设。聚焦关键领域,打造核心课程。课程建设由院士、型号(项目)师、首席科学家或学术带头人等一流科学家和国家级专家领衔,校企联合研制、编写教材,高校主要提供理论知识体系大纲,企业主要提供行业前沿需求、工程实践案例等素材,有效融合工程理论知识、前沿行业需求与实践,推进人才培养与工程实践、科技创新有机结合。

探索智慧教育新形态。建设线上课程、数字教材等信息化教学模块,营造线上线下、课内课外、国内国外、虚拟与现实相结合的教学环境,实现信息化环境下教与学之间的充分互动。

加强课题体系建设。将工程一线的实际问题、关键核心技术攻关课题等,作为学生科研和学位论文选题的主要来源,瞄准真问题,开展真实践、做出真研究、产出真成果。全面加强课程育人、科研育人、实践育人,实现价值塑造与能力培养相统一,理论学习与实践锻炼相结合,在干中学、事上练。

本书第4章将从项目制育人机制设计、工学交替的培养方式探索以及多元主体课程教材建设等方面详细介绍卓越工程师培养要素再造的有关内容。

2.3.3 重构导师队伍

汇聚企业、高校、科研机构一流师资,扭转工科教师理科化、纯学术化、脱离工程实践、唯论文倾向,面向工程实践组建联合导师团队,落实校企"双导师"或"导师组"制。

明确导师选聘标准。校方导师强调较强的理学功底、工程理论基础和工程项目经验的有机结合,企业导师侧重选拔在工程技术或科研一线工作的技术骨干。

健全导师激励机制。突出贡献导向,将取得关键技术突破、解决重大工程技术难题和支撑卓越工程师培养情况作为主要评价依据,不将发表学术论文作为申报高级职称的限制性条件。

建强校企导师团队。依托国家卓越工程师学院打造形成卓越导师队伍,发挥典型示范作用,带动全国卓越工程师培养高校导师、行业企业导师指导能力整体提升,让优秀的教师教学生、卓越的工程师带学生,发挥国家卓越工程师学院"工作母机"作用,加快培养卓越工程师教师队伍。

本书第5章将从总体思路、制度设计、双向流动机制以及导师组育人机制等方面详细介绍卓越工程师培养的校企导师队伍重构有关内容。

2.3.4 优化学生管理服务

工学交替的培养模式为学生管理服务带来新的挑战。学生与高校、企业签订三方协议。在企业实践期间,由企业提供住宿、生活保障和人身保险,并按照不低于高校奖助学金的标准按时发放津贴。

建立党团组织,加强学生理想信念教育、心理健康教育、生产安全教育和关爱帮扶等工作。鼓励学生在招生录取阶段即与企业签订定向就业协议,同时建立严格淘汰机制,畅通分流渠道。

本书第6章将从学生思政体系、成长服务体系以及跨时空管理模式等方面详细介绍卓越工程师培养的学生工作体系。

2.3.5 建设工程师技术中心

由于企业天然具备工程实践的"真环境",因此能够较好地依托自身现有的实践平台,充分发挥平台的育人功能。对于高校来说,应整合企业、高校、国家实验室等高水平科研机构的优质资源,整合延伸企业、科研机构实验室的育人功能,升级高校原有科研育人平台,建设类企业级别的仿真环境及工程技术实践平台,以真实项目和真实科研为抓手,让学生在真环境中研究真问题、产出真成果,实现育人、实践和创新的有机结合。

本书第 7 章将详细介绍工程师技术中心的功能定位、建设模式、组织形式及保障机制等内容。

2.3.6 创新评价体系

以创新准入评价、过程评价和毕业评价等为突破,锚定推动形成中国特色、世界水平的卓越工程师培养标准与认证体系的战略目标,系统深化卓越工程师评价机制改革,营造工程人才培养的"生态雨林"。

创新准入评价,强化不拘一格选人。校企联合制定招生方案,确立以工程实践创新能力为核心的综合性评价标准,企业深度参与招生全过程,保障选拔规格与企业需求精准匹配。

创新过程评价,强化产业需求匹配。精准对接企业人才需求,校企联合构建卓越工程师培养通用能力标准和关键领域卓越工程师培养专用能力标准,形成通专结合的卓越工程师培养能力标准体系。

创新毕业评价,强化实际贡献导向。校企双方共同组建专门的学位评定分委员会。打破学科界限,设置关键领域专家组,规范论文或报告撰写、学位论文答辩或者规定的实践成果答辩等重要环节。专业学位硕士研究生申请人应当具有承担专业实践工作的能力;专业学位博士研究生申请人应当在专业实践领域做出创新性成果。改变"唯分数、唯论文"的学生评价方式,学生选题紧密结合企业工程实践,鼓励以大型工程项目的论证、设计或实施为背景的技术学位论文申请学位,切实提高核心技术攻关能力和独立解决复杂工程技术问题能力。

本书第 8 章将介绍领导力培养现状、核心要素和培育路径等有关内容。第 9 章将介绍工程伦理教育的现状、目标要求以及路径等内容。第 10 章将介绍卓越工程师培养评价的总体思路、评价主体、评价内容、评价环节和质量保障机制。第 11 章将介绍卓越工程师培养的认证标准和职业资格衔接互认。

2.3.7 建设国家卓越工程师创新研究院

国家卓越工程师创新研究院是集工程技术实践教学、科研攻关、成果转化、创新创业于一体的新平台,是提升国家创新能力与核心竞争力的新型组织。围绕国家和区域重大战略,依托高水平大学、领军企业、国家实验室和省实验室等,建设创新研究院,在健全管理机制、强化人才培养、突出技术创新、注重成果转化、促进产业孵化、完善评价机制等方面下功夫,促进教育链、人才链、创新链、产业链的有机衔接,实现高校、企业、实验室相协同,教师、学生、企业研发团队共聚集,人才、技术、产业同孵化。

第 3 章将对国家卓越工程师创新研究院的建设提出建议。

2.3.8 建设卓越工程师培养联合体

卓越工程师培养联合体是由具有共同愿景使命或利益需求的高校、企业、科研机构、行业协会等多元主体组成的新型政产学研合作组织,是发挥新型举国体制优势,以政产学研深度融合,落实教育、科技、人才一体部署,推动卓越工程师培养改革的重要举措。

卓越工程师培养联合体将广泛汇聚教育、产业、政策领域的优质资源,构立资源整合共生网络、搭建校企协同育人平台、构建质量保障评价体系、打造公共政策倡导阵地、深化国际交流合作推广,积极推动构筑卓越工程师自主培养新范式,建立中国特色、世界水平的卓越工程师培养标准与认证体系,支撑教育强国、科技强国和人才强国建设,为建设规模宏大的卓越工程师队伍,实现高水平科技自立自强提供更加有力的保障,为世界工程教育贡献中国方案。

本书第 12 章将从创设价值、构建机理、构建策略以及重点任务等方面介绍卓越工程师培养联合体的构建探索路径。

小　结

在新一轮科技革命、产业变革与我国高质量发展形成历史交汇的重要时期，以习近平同志为核心的党中央把培养大批卓越工程师作为加快建设国家战略人才力量的重要内容，其意义重大、影响深远。本章从实现教育、科技、人才融合共进、建设教育强国的切入点关键点试金石、深化工程教育改革等三个方面阐释了产教融合培养卓越工程师的重要意义，从目标定位、基本原则和改革方向三个方面介绍了卓越工程师培养的总体思路，并从八个方面介绍了卓越工程师培养的重点任务。本书后续章节中详细介绍产教融合培养卓越工程师各项重点任务的思路、方法和路径。

卓越工程师培养北京宣言

2022年9月27日,中央人才工作会议召开一周年之际,教育部、国务院国资委共同组织召开卓越工程师培养工作推进会,18家国家卓越工程师学院建设单位联合发布《卓越工程师培养北京宣言》(以下简称《宣言》)。

《宣言》强调,科学和工程是造福人类、驱动历史的双引擎。工程与科技的结合,把科学发现和产业发展紧密联系在一起,为经济社会创新发展提供了不竭的动力源泉。放眼世界,工程科技是时代演进、经济发展、社会变迁的推动力量。从古代农耕文明到近代数次产业革命,工程科技的每一次重大突破,都带来社会生产力的巨大发展,推动人类文明迈向新高度。立足中国,工程科技是国家富强、民族复兴、人民福祉的坚实支撑。源远流长的中华文明史昭示,工程科技深刻影响着国家前途、民族命运、人民安危。新中国成立以来,科技创新为"经济快速发展、社会长期稳定"两大奇迹的创造做出了卓越贡献。坚定走好中国式现代化道路,离不开工程科技的持续创新。共创未来,工程科技是把握先机、赢得主动的关键要素。在实现中华民族伟大复兴、加快构建人类命运共同体的宏伟实践中,工程科技创新是破解中国之问、世界之问、人民之问、时代之问,应对全球性挑战、创造美好未来的题中之义。

《宣言》明确加快培养卓越工程师的共同使命。作为世界工程教育第一大国,我国工程教育取得历史性成就,培养造就千万高层次工程技术人才,显著加快中国工业化进程,不断提升中国工业化水平,为中国乃至全球产业进步提供坚实的智力供给。工程实践的快速发展呼唤我国工程教育理念、体制和路径的全方位变革,需要心怀"国之大者",着力解决关键领域高层次人才供给不足、工程教育与工程能力培养脱节等突出问题,持续深化产教融合,大力创新人才培养模式。面对新一轮科技革命和产业变革,必须以习近平新时代中国特色社会主义思想为指导,探索形成中国特色、世界水平的工程师培养体系,努力建设一支爱党报国、敬业奉献、具有突出技术创新能力、善于解决复杂工程问题的工程师队伍。

《宣言》倡议,要始终坚持需求导向,服务世界重要人才中心和创新高地建设,培养造就党和国家事业发展需要的大批卓越工程师。要始终秉承创新追求,在再造培养要素、转变培养模式、变革培养体系、重构导师队伍、完善评价标准、发展智慧教育等方面下功夫。要始终致力协同联动,充分调动校企积极性,联合设计培养目标、制定培养方案、实施培养过程,实现工程技术人才培养和工程实践深度融合。要始终推行教学相长,坚持学生主体地位,遵循工程教育规律和学生成长成才规律,促进教与学的良性互动。要始终着眼开放合作,完善中国特色的卓越工程师能力标准,推动并建立与职业资格认证有机衔接,与国际接轨、相得益彰的卓越工程师认证体系。要始终贯穿人文关怀,着力培养以人为本、德才兼备,具有反思性、批判性、创造性和建设性的卓越工程师。

　　18家国家卓越工程师学院建设单位决心想国家之所想、急国家之所急、应国家之所需,勠力同心、倾情投入、踔厉奋发、勇于创新,在党的坚强领导下,共同谱写新时代卓越工程师培养改革新篇章,在世界工程教育界唱响中国声音、贡献中国方案。

第3章

培养通用能力标准及多元主体建设指南

卓越工程师培养有关标准、规范是卓越工程师培养规格的直接体现，是推动卓越工程师培养体系重构和流程再造的重要基础。在本书第 2 章明确了新时代产教融合培养卓越工程师的时代要求之后，卓越工程师培养应具备哪些能力要求、各培养单位应如何建设等一系列问题亟待回答，与卓越工程师培养有关的标准、规范有必要进一步厘清。

为加快建设中国特色、世界水平的卓越工程师培养体系，构建符合时代要求的卓越工程师培养的能力标准体系，并对国家卓越工程师学院和国家卓越工程师创新研究院等多元培养主体建设提出建议，对进一步指导卓越工程师培养改革各培养环节的实施、保障卓越工程师培养质量具有重要意义。

本章将梳理不同国家卓越工程师培养相关标准，在调研论证基础上，提出以家国情怀与职业素养、工程知识与创新实践能力、领导管理与持续改进能力、终身学习与全球胜任力等为核心指标的卓越工程师培养通用能力标准，并提出国家卓越工程师学院、国家卓越工程师创新研究院等多元培养主体建设指南。

3.1 卓越工程师培养通用能力标准

3.1.1 国内外相关标准参考

国际上具有影响力的工程人才培养标准主要包括《华盛顿协议》、《悉尼协议》、《都柏林协议》、《国际职业工程师协议》、《亚太工程师协议》和《国际工程技术员协议》等，以及美国工程与技术认证委员会（Accreditation Board for Engineering and Technology，ABET）、欧洲工程师认证（European Federation of National Engineering Associations，FEANI）、欧洲工程教育专业认证（European Accredited Engineer，EUR‑ACE®）、法国 CTI、英国工程技术认证（The Institution of Engineering and Technology，IET）等。

鉴于卓越工程师培养定位在研究生教育层次，参考 ABET 提出的综合本科层次和硕士研究生层次的基本认证标准（General Criteria for Integrated Baccalaureate-Master's Programs），强调研究生层次的认证标准鉴

定建立在其本科层次的工程教育专业鉴定的基础之上,对学生学习成果要求如下:

① 应用工程、科学和数学原理识别、制定和解决复杂工程问题的能力;

② 考虑公共健康、安全和福祉,以及全球文化、社会、环境和经济因素,应用工程设计得到满足特定需求的解决方案的能力;

③ 与各种人员进行有效沟通的能力;

④ 考虑工程解决方案对全球经济、环境和社会的影响,在工程活动中意识到职业道德责任,做出明智判断的能力;

⑤ 在由团队成员领导的团队中有效发挥作用,营造协作和包容的环境,建立目标,制订计划,安排任务并达成目标的能力;

⑥ 开发和实施合适的实验,分析和解释数据,运用工程判断得出结论的能力;

⑦ 根据需要采取适当的学习策略来获取和应用新知识的能力。

CTI 发布的《法国工程师职衔委员会认证指南》规定的工程师培养基本要素,自 1994 年起每三年更新一次,每年大约有 3 万学生在 CTI 认证的 220 多个法国高校中获得工程师学位(含工程硕士学位)。该指南的 2019 年版本从 3 个维度规定了 14 项工程师培养的基本要素,不再定义工程师所需要学习的专业科学知识,而是更加强调学习成效,以及包括能力、知识和技术的多方面知识融合体系;包含的主要能力要求有 3 个维度:一是学习科学、技术知识以及应用,二是适应企业和社会的需求,三是对组织结构、个人和文化层面的认知。

我国研究生教育层次的工程人才培养标准主要参照教育部和中国工程院制定的《卓越工程师教育培养计划通用标准》和《学术型硕士研究生应具备的能力标准和测试体系研究》工学门类的 36 能力格,以及各个工程领域工程硕士专业学位基本要求,具体如下:

第一,参照教育部和中国工程院发布的《卓越工程师教育培养计划通用标准》作为制定行业标准和高校标准的宏观指导性标准。该标准中的硕士研究生和博士研究生层次的标准对制定卓越工程师能力标准具有重要的指导作用。对于硕士培养层面来说,能力要求包括具有良好的工程职业道德,具有良好的市场、质量、职业健康和安全意识,具有从事工程开发和设计所需的相关数学、自然科学、经济管理等人文社会科学知识等13项能力。博士培养层面的要求在硕士培养层面的要求基础之上，对部分指标内容进行了增加。

第二，参照《学术型硕士研究生应具备的能力标准和测试体系研究》工学门类的36能力格。此框架提出以学术能力分类的工学门类硕士研究生能力结构，主要分为学术基础素养、学术拓展能力、学术表达能力等3个维度。

第三，参照2021年10月9日发布的《工程能力评价通用规范》中的《工程能力评价标准》，主要包括工程知识与专业能力、工程伦理与职业道德、团队合作与交流能力、持续发展与终身学习能力和组织领导与项目管理能力。

整体而言，世界各国对工程科技高层次人才的需求与日俱增。如何培养新型工程人才，满足国家需求并适应企业要求，以促进国家经济发展与提升竞争力，成为全球工程教育面临的共同挑战。通过分析国内外具有影响力的工程技术人才培养标准发现，现有的培养标准还存在不匹配时代要求的情况，这主要体现在两个方面：一方面，卓越工程师的培养需要定位在研究生教育层次，而现有的工程技术人才培养标准大多针对本科层次，缺乏明确针对工程专业学位研究生培养标准的系统分析。尽管少数研究已开始关注工程硕士研究生培养的能力体系，但鲜有对工程博士研究生培养的能力的系统关注。另一方面，工程教育专业认证标准仅为满足行业需求的门槛性要求，缺乏对"卓越"的关注，难以适应卓越工程师培养的新要求。鉴于此，尽快构建卓越工程师培养的通用能力标准体系、明确卓越工程师培养通用能力要求，具有十分重要的理论价值和现实意义。

3.1.2 制定过程

我国卓越工程师培养通用能力标准的制定过程主要分为三个阶段：首先，在国务院学位委员会办公室的指导下成立卓越工程师培养通用能力标准研制组，并由全国工程专业学位研究生教育指导委员会（以下简称工程教指委）委托专家开展编制工作，在深入学习、领会习近平总书记在中央人才工作会议重要讲话精神的基础上，研讨收集和整理国内外具有影响力的高层次工程人才培养标准,系统分析了不同标准体系的共性和差异,初步构建卓越工程师培养的通用能力指标。其次,工程教指委秘书处广泛征求工程教指委委员、中国科协专家、联合国教科文组织国际工程教育中心专家和有关高校、企业意见,形成了《卓越工程师培养通用能力标准》(草案)。最后,在教育部有关部门的指导下,中国卓越工程师培养联合体面向以18家首批卓越工程师学院为代表的有关高校、企业、国家实验室等广泛征求意见,最终形成了《卓越工程师培养通用能力标准》(暂行)(见表3.1),并于2023年9月27日面向社会发布。

《卓越工程师培养通用能力标准》(暂行)的构建主要采用了以下方法:第一,文献分析法。通过中国知网、Web of Science、政府网站、高校网站、企业官网等渠道,收集、整理、分析与卓越工程师能力素养要求等相关的学术论文、政策文本、研究报告等。归纳卓越工程师培养核心能力的内涵,厘清国外和国内工程类硕士研究生和博士研究生的能力素质标准,对其构成要素的共性和差异进行细致对比和充分研讨,初步形成卓越工程师培养的通用能力标准。第二,焦点访谈法。通过多轮征集专家意见和组织焦点团体访谈,邀请相关高校和企业卓越工程师培养单位负责人、研究生教育研究和高等工程教育研究领域的专家、主管部门人员以及相关省市学位办负责人参与。对高校和企业相关人员进行全面深入的访谈,充分获取专家对卓越工程师培养能力评价指标的维度、具体指标以及指标量化等方面的意见。

《卓越工程师培养通用能力标准》(暂行)的制定原则主要把握以下三方面。一是制定的主体面向工程专业学位研究生群体。通过严谨、可靠的分析系统,构建硕士培养和博士培养层次的能力标准体系,对既有文献进行重要补充。二是制定的目标突出质量卓越。基于国际和国内高层次工程人才的标准,打破常规的满足行业门槛性要求的制定思路,本着服务于分层次培养定位的原则,紧扣追求质量卓越的基本导向,试图构建卓越工程师能力标准框架。三是标准制定的特点秉持卓越工程师的"中国特色"和"世界水平"。高层次工程人才要面向中国社会经济和行业产业未来的发展需求,从国家层面着眼未来、面向世界,在现有的卓越工程师培养能力标准的基础上,需要充分突出工程专业学位的工程性、实践性、创新性。

3.1.3 主要内容

《卓越工程师培养通用能力标准》(暂行)主要包括 4 个维度,分别为"家国情怀与职业素养"、"工程知识与创新实践能力"、"领导管理与持续改进能力"和"终身学习与全球胜任力"。

为了深入贯彻落实习近平总书记在中央人才工作会议上的重要讲话精神,以习近平新时代中国特色社会主义思想为指导,充分体现对卓越工程师"爱党报国、敬业奉献"的要求,参照教育部、中国工程院《卓越工程师教育培养计划通用标准》中对于工程本硕博一致的要求,即"具有良好的工程职业道德、追求卓越的态度、爱国敬业和艰苦奋斗精神、较强的社会责任感和较好的人文素养",以及中国科学技术协会培训和人才服务中心、中国标准化协会发布的《工程能力评价通用规范》中对"工程伦理与职业道德"的相关规定,卓越工程师培养通用能力标准将"家国情怀与责任职业素养"作为卓越工程师应当具备的首要能力标准。与硕士相比,要求博士在人文精神层次上具备更高人文社会科学素养,更充分考虑非技术因素(社会、健康和安全、环境、经济和工业)对工程实践的影响,具备更高层次的工程美学素养。

鉴于卓越工程师培养目标中对"世界水平""善于解决复杂问题的队伍"的要求,参照了国际相关标准,包括 ABET 强调的"应用工程、科学和数学原理识别、制定和解决复杂工程问题的能力",《法国工程师职衔委员会认证指南》强调的"学习科学、技术知识以及应用"层面的能力要求;同时,结合国内相关经验,参考国务院学位委员会办公室《学术型硕士研究生应具备的能力标准和测试体系研究》中工学门类的 36 能力格强调的"学术基础素养"、"学术拓展能力"以及"学术表达能力"。硕士层面的培养强调工程性、实践性和应用性,在此基础上,博士培养层面能力素质要求突出以下几个方面,第一,工程知识层面要求具备前沿性知识基础。第二,工程实践力层面要求具备问题意识,即能够发现并提出有价值的现实问题,能够进行工程项目研究与开发,在工程实践中创新性地验证、优化和实施问题解决方案,解决极端条件下的工程问题或对常见工程问题提出创新性的设计方案和开发技术。第三,技术创新能力层面要求引领技术的创新应用,具备工程科学研究能力和敏捷性。因此,研究将"工程知识与创新实践能力"作为卓越工程师的基本能力标准。

参照国际上 ABET 对"在由团队成员领导的团队中有效发挥作用,营造协作和包容的环境,建立目标,制订计划,安排任务并达成目标的能力"的要求,以及 CTI 对"组织结构、个人和文化层面的认知"层面规定的工程师培养基本要素,将领导管理纳入评价体系。同时,参考国内教育部、中国工程院《卓越工程师教育培养计划通用标准》中强调的"注重环境保护、生态平衡、社会和谐和可持续发展"等,结合访谈中企业发展的要求,将持续改进能力纳入评价体系。博士在硕士培养能力素质要求的基础上,系统思维能力层面要求具备前瞻性思维和复杂系统思想;工程领导力层面要求具备组织协调能力、前沿洞察力、战略预判能力和引领工程变革的能力。因此,研究将"领导管理与持续改进能力"作为卓越工程师的基本能力标准。

通过梳理国内外经验,将全球胜任力纳入卓越工程师应具备的核心素养,例如 ABET 规定应具备"考虑工程解决方案对全球经济、环境和社会中的影响,在工程活动中意识到职业道德责任,做出明智判断"的能力;CTI 规定应具备"在国际和多文化环境中工作的能力,掌握一门或几门外语,具备文化开放性和国际适应"的能力;教育部和中国工程院发布的《卓越工程师教育培养计划通用标准》中强调,卓越工程师应具有国际视野和跨文化环境下的交流、竞争与合作的基本能力。同时,在其他权威标准中也强调了终身学习对于卓越工程师培养的重要性,例如《工程能力评价通用规范》强调应具备"持续发展与终身学习"的能力。在对硕士要求的基础上,博士能力素质一方面在沟通协作能力层面要求具备良好的跨领域合作能力;另一方面,可持续发展能力除了需要具备自主学习能力、动态适应能力和终身学习能力之外,在容错力的基础上还需具备包容力。因此,有必要将"终身学习与全球胜任力"作为卓越工程师的基本能力标准。据此,探索形成了基于硕士层面和博士层面《卓越工程师培养通用能力标准》(暂行)指标体系,详见表 3.1。

表 3.1 《卓越工程师培养通用能力标准》(暂行)

培养通用能力标准	硕 士	博 士
A. 家国情怀与职业素养	A1. 以习近平新时代中国特色社会主义思想为指导,践行社会主义核心价值观,厚植家国情怀,具有奉献精神和人文关怀,勇于担当,积极参与国家工程建设	A1. 以习近平新时代中国特色社会主义思想为指导,践行社会主义核心价值观,厚植家国情怀和人类命运共同体意识,具有奉献精神和人文关怀,勇于担当,积极参与国家重大工程建设,以解决国家重大工程问题为己任
	A2. 遵守法律法规、职业伦理规范和行为准则等;具有人文社会科学素养和工程美学素养;具有可持续发展理念,注重工程与自然、社会的和谐发展	A2. 遵守法律法规、职业伦理规范和行为准则等,具备良好的工程伦理思维和坚定的职业信仰;具有较高的人文社会科学素养和工程美学素养;践行可持续发展理念,注重工程与自然、社会的和谐发展
B. 工程知识与创新实践能力	B1. 掌握数学、自然科学等基础知识;掌握工程领域的专业知识与行业技术标准/规范;具有计算思维,掌握信息科学技术;掌握开展工程实践所需的科学研究方法	B1. 具有扎实的数学、自然科学等知识基础;熟练掌握工程领域的专业知识与行业技术标准/规范;具有计算思维,掌握信息科学技术;熟练掌握开展工程实践所需的科学研究方法
	B2. 具备工程需求分析能力;能够发现、识别和界定工程问题;能够开展工程成本收益分析	B2. 能够系统把握内外环境变化开展工程需求分析;能够在复杂工程场景中发现、识别和界定新问题;能够充分考虑资源、环境、安全、健康等因素,选择适当技术方案,负责任地做出工程决策
	B3. 初具系统性思维、战略性思维和创新性思维;能够运用多学科知识、创新集成技术开展工程设计和产品开发;能够有效抓住工程中的关键环节和核心要素,创新性地推动工程实践	B3. 具有系统性思维、战略性思维和创新性思维;能够灵活运用多学科知识、创新集成技术开展工程设计和产品开发,能够在复杂场景和极端条件下解决工程问题,能够提出科学的解决方案,能够通过工程实践持续推动新思想、新技术、新方法的产生

续表 3.1

培养通用能力标准	硕　士	博　士
C. 领导管理与持续改进能力	C1. 具有工程管理能力；具备批判性思维，反思工程实践方案的局限性	C1. 具有优秀的工程管理能力，能够有效制定工程文件、标准、规范，能够预判重大工程风险，设计优化解决方案；具备批判性思维，能够反思和处理工程实践方案的局限性，能够全面评价工程对社会、经济和环境的综合影响，推动工程的持续改进
	C2. 具有组织协调能力，善于集思广益	C2. 具有组织协调能力，善于集思广益，能够就复杂工程问题进行有效沟通和交流；具备团队领导和协同能力，能够与团队成员有效沟通协作开展重大工程攻关
D. 终身学习与全球胜任力	D1. 具备终身学习的意识和能力，能够追踪相关工程领域专业知识和技术创新前沿	D1. 具备终身学习的意识和能力，能够追踪相关工程领域专业知识和技术创新前沿，主动探索和应用新理论、新技术、新方法解决工程问题
	D2. 具有国际视野，能够熟练阅读本专业的外文文献，能够理解和尊重不同国家和地区的历史和文化差异，适应国际化工作环境	D2. 具有国际视野和全球意识，能够熟练阅读本专业的外文文献，能够熟练使用外语开展工程领域的国际交流，能够理解和尊重不同国家和地区的历史和文化差异，适应国际化工作环境，具备在国际行业组织承担重大工程项目的能力

　　具体而言，指标 A"家国情怀与职业素养"强调新时代卓越工程师应以习近平新时代中国特色社会主义思想为指导，践行社会主义核心价值观，同时应遵守法律法规、职业伦理规范和行为准则等。指标 B"工程知识与创新实践能力"强调新时代卓越工程师应掌握扎实的学科基础和工程专业知识，具备较高的工程实践能力、系统性思维、战略性思维和创新性思维。指标 C"领导管理与持续改进能力"强调新时代卓越工程师应具备工程管理能力和批判性思维，同时应具备团队领导和组织协调能力。指标 D"终身

学习与全球胜任力"强调新时代卓越工程师应具备终身学习的意识和能力,关注工程知识和技术创新前沿,同时具备国际视野和跨文化交流能力。以下对各项指标进行更为细致的说明。

1. 家国情怀与职业素养

卓越工程师应具备家国情怀与职业素养,具体可以体现在两个方面:

(1) 家国情怀

硕士培养层面,应以习近平新时代中国特色社会主义思想为指导,将其作为行动准则和行为规范。他们应在工程实践中秉持社会主义核心价值观,扎根于祖国,培养和加强对家国的深厚感情,同时具备奉献精神和人文关怀,愿意为国家的工程建设贡献自己的力量。他们应具备勇于担当的品质,积极参与到国家工程建设中,为实现国家的战略目标而努力。

博士培养层面,也应以习近平新时代中国特色社会主义思想为指导,践行社会主义核心价值观,厚植家国情怀,具有奉献精神和人文关怀,勇于担当。除此之外,博士还应有更深远的视野和更广泛的影响力。他们应该培养和强化对家国的深厚感情,同时具备人类命运共同体意识,意识到全人类的利益和福祉与国家和社会的发展息息相关。博士还应具备更高的奉献精神,愿意将自身的专业知识和能力应用于解决国家重大工程问题,为国家的发展和人民的福祉贡献更大的力量。

因此,博士培养在以习近平新时代中国特色社会主义思想为指导、践行社会主义核心价值观、奉献精神和人文关怀等方面与硕士培养有共同之处。然而,博士培养在家国情怀、人文关怀和奉献精神方面要求更高,并强调人类命运共同体意识和解决国家重大工程问题的责任。这反映了对博士在专业研究、领导能力和社会影响力等方面的更高要求,以更深入的方式为国家和人类的可持续发展做出贡献。

(2) 职业素养

硕士培养层面,应遵守法律法规、职业伦理规范和行为准则等,确保在工程实践中的合法性和道德性。应具备人文社会科学素养,即对人类社会、文化、价值观念等方面的理解和关注。他们还应具备工程美学素养,重视工程设计和实施中的审美价值和艺术性。此外,还应注重可持续发展理念,意识到工程与自然环境和社会的关系,追求工程实践与自然环境、社会的和谐发展。

博士培养层面,在遵守法律法规、职业伦理规范和行为准则,确保自身行为的合法性和道德性的同时,在工程伦理思维和职业信仰方面需要表现出更高的水平和坚定性。此外,他们还需要具备较高水平的人文社会科学素养,深入理解人类社会的文化、价值观念等,并能将其应用于工程研究和实践中。需要具备工程美学素养,注重工程设计和实施中的审美价值和艺术性。需要践行可持续发展理念,深入思考工程与自然环境、社会的关系,致力于实现工程与自然环境、社会的和谐发展。

硕士和博士在职业素养方面有相似之处,都要遵守法律法规、职业伦理规范和行为准则等,具备人文社会科学素养、工程美学素养以及注重可持续发展。同时,对博士在工程伦理思维和职业信仰、人文社会科学素养等方面要求更高,需要更深入地思考和践行可持续发展理念。这反映了博士在专业深度和领导能力方面的更高要求,以及在工程研究和实践中更为广泛的影响力和责任。

2. 工程知识与创新实践能力

卓越工程师应具备工程知识与创新实践能力,具体可以体现在三个方面:

(1) 工程知识

硕士培养层面,在工程知识上应达到以下要求。首先,他们应掌握数学、自然科学等基础知识,以建立坚实的学科基础。其次,应掌握工程领域的专业知识,包括相关的理论、原理和应用;同时了解行业的技术标准和规范,以确保工程实践的合规性和质量;此外,还应具备计算思维能力,善于运用信息科学技术来分析和解决工程问题。最后,他们需要熟悉科学研究方法,以便能够开展工程实践所需的科学研究,提高工程的创新性和可行性。

博士培养层面,在工程知识方面的要求略有不同。首先,他们应具备更为扎实的数学、自然科学等知识基础,以更深入地理解和应用于工程领域。其次,他们应熟练掌握工程领域的专业知识,不仅应对理论和原理有深入的理解,而且在实践中能够熟练应用,对行业的技术标准和规范有更深入的了解;同时应具备计算思维能力和掌握信息科学技术的能力。然而,博士在开展工程实践所需的科学研究方法方面应更为熟练,以推动工程领域的创新研究和技术发展。

硕士和博士在工程知识方面的要求有许多相似之处。此外,博士要求更深入、更熟练地掌握相关知识,并有更高的科研能力,以在工程实践和学术研究方面发挥更重要的作用。这体现了对博士在学科专业性和创新能力方面的更高水平要求,以更深入地推动工程科学的发展和应用。

(2) 工程实践

硕士培养层面,在工程实践上应达到以下要求。首先,硕士应具备工程需求分析能力,即能够对工程项目中的需求进行全面分析和理解,确保工程设计和实施的目标与要求相符。其次,他们应具备发现、识别和界定工程问题的能力,能够在实践中及时发现问题并对其进行准确定义和界定,以便采取相应的解决措施。此外,硕士还应具备开展工程成本收益分析的能力,能够评估工程项目的投入和回报,为决策提供经济和可行性的依据。

博士培养层面,在工程实践方面的要求有所不同。首先,博士应能够系统把握内外环境变化,并能够进行全面而深入的工程需求分析,包括对复杂情境下的需求分析和解决方案的评估。其次,应具备在复杂工程场景中发现、识别和界定新问题的能力,能够应对工程实践中的挑战和变化,并提出创新的解决方案。此外,还应能够充分考虑资源、环境、安全、健康等多个因素,在选择适当的技术方案时综合考虑各方面的影响,同时能够负责任地做出工程决策,确保工程的可行性和可持续性。

硕士和博士在实践能力方面的要求存在一定的差别。硕士注重对工程需求的分析和问题的界定,同时具备工程成本收益分析的能力。而博士则要求更高的实践能力,能够在复杂环境下进行需求分析,发现和解决新问题,并综合考虑多个因素,做出负责任的工程决策。这反映了对博士在实践能力和创新能力方面的更高要求,以使其在复杂的工程环境中更具决策能力和解决问题的能力。

(3) 工程思维

硕士培养层面,应达到以下要求。首先,应具备初步的系统性思维、战略性思维和创新性思维,能够从整体和长远的角度思考问题,具备对工程项目进行规划和战略决策的能力,并能够提出创新的解决方案。其次,他们应能够运用多学科知识和创新集成技术,将不同领域的知识和技术相结合,开展工程设计和产品开发,以提高工程的综合性能和创新性;此外,还应能够有效抓住工程中的关键环节和核心要素,具备推动工程实践的创新能力,通过新的思路和方法推动工程的进步。

博士培养层面,在工程思维方面的要求有所不同。首先,他们应具备系统性思维、战略性思维和创新性思维的能力,能够从全局和战略的角度思考工程问题,并能够在复杂的场景和极端条件下解决工程问题。其次,他们应能够灵活运用多学科知识和创新集成技术,将不同领域的知识和技术有机地结合起来,开展工程设计和产品开发,并能够提出科学、高效的解决方案。此外,博士还应具备持续推动新思想、新技术和新方法产生的能力,通过工程实践不断推动工程领域的创新和进步。

硕士和博士在工程思维方面的要求存在差别。硕士应初具系统性思维、战略性思维和创新性思维,能够运用多学科知识和创新集成技术开展工程设计和产品开发,并推动工程实践的创新。而博士则要求更高水平的工程思维能力,能够在复杂场景和极端条件下解决工程问题,提出科学的解决方案,并通过工程实践持续推动新思想、新技术和新方法的产生,以推动工程领域的持续创新。这反映了对博士在工程思维和创新能力方面的更高要求,以应对更复杂和具有挑战性的工程问题和工程实践。

3. 领导管理与持续改进能力

卓越工程师应具备领导管理与持续改进能力,具体可以体现在两个方面:

(1) 领导管理能力

硕士培养层面,应具备一定的工程管理能力,能够有效地组织和管理工程项目,协调资源、时间和成本,以实现工程目标。同时,他们应具备批判性思维,能够对工程实践方案进行反思和评估,意识到其中的局限性,并提出改进的建议和措施。这种批判性思维能够帮助他们发现问题、解决问题,并提高工程实践的质量和效果。

博士培养层面,在领导管理方面的要求有所不同。首先,他们应具备优秀的工程管理能力,能够在工程项目中制定有效的文件、标准和规范,预判和应对重大工程风险,并设计和优化解决方案。其次,他们应具备批判性思维,能够深入反思和处理工程实践方案的局限性,全面评价工程对社会、经济和环境的综合影响,并推动工程的持续改进。这种批判性思维能够帮助他们在工程管理中做出明智的决策,提高工程的可持续性和综合效益。

硕士和博士在领导管理方面的要求存在差别。硕士应具备基本的工程管理能力和批判性思维,能够组织和管理工程项目,并对工程实践方案进行反思。而博士则要求更高水平的工程管理能力,能够制定有效的工程文件、标准和规范,预判和解决重大工程风险,并具备更深入的批判性思维,能够全面评估工程对社会、经济和环境的影响,推动工程的持续改进。这反映了对博士在领导管理能力和批判性思维方面的更高要求,以适应复杂和挑战性的工程项目和工程环境。

(2)持续改进能力

硕士培养层面,应具备组织协调能力,能够有效地组织和协调团队成员的工作,确保工程项目的顺利进行。同时,他们应善于集思广益,能够主动寻求和倾听各方意见和建议,从中获取新的想法和创新思路,以推动工程的不断改进和发展。

博士培养层面,除了具备组织协调能力和善于集思广益外,他们还需要具备更高级别的沟通和交流能力,能够有效地就复杂工程问题与各方沟通,包括与团队成员、同行专家和利益相关者进行有效的信息交流和协商。此外,他们还应具备团队领导和协同能力,能够在团队中发挥领导作用,促进成员之间的协作和合作,以解决重大工程问题并攻克工程难题。

硕士和博士都应具备组织协调能力和善于集思广益的能力,以推动工程的改进。而博士还要求具备团队领导和协同能力,以在复杂的工程环境中推动重大工程攻关。这反映了对博士在持续改进能力方面的更高要求,以应对更复杂、更具挑战性的工程问题和工程项目。

4. 终身学习与全球胜任力

卓越工程师应具备终身学习能力与全球胜任力,具体可以体现在两个方面:

（1）终身学习能力

硕士培养层面,应具备终身学习能力,意识到学习是一个持续不断的过程,并有不断学习和提升自己的心态和动力。同时,他们应能够追踪相关工程领域的专业知识和技术创新前沿,通过学习和研究不断更新自己的专业知识和技能,以保持与行业发展的步伐相符。

博士培养层面,除了具备终身学习能力、能够追踪相关工程领域专业知识和技术创新前沿外,他们还需要主动地探索和应用新理论、新技术、新方法来解决工程问题。这意味着他们不仅要了解行业的最新发展动态,还要积极参与研究和创新工作,将新的理论和技术应用于实际工程实践中,推动工程领域的进步和发展。这反映了对博士在终身学习方面的更高要求,以满足其在工程研究和创新领域的专业发展需求。

（2）全球胜任力

硕士培养层面,首先应具有国际视野,了解和关注全球工程领域的发展动态和趋势。其次,他们应具备熟练阅读本专业的外文文献的能力,以便获取国际前沿的技术和知识。同时,他们应能够理解和尊重不同国家和地区的历史和文化差异,以促进跨文化的合作和交流。此外,他们应适应国际化的工作环境,具备在跨国团队和多元文化环境中有效工作的能力。

博士培养层面,对全球胜任力方面的要求更高。博士除了需要具备国际视野外,还需要具备全球意识。他们应具备熟练阅读本专业的外文文献的能力,并能够流利地使用外语进行工程领域的国际交流。这意味着他们需要具备更高水平的语言能力,以便与国际同行进行深入的学术和专业交流。此外,他们还需要更深入地了解和尊重不同国家和地区的历史和文化差异,并能够适应和应对国际化工作环境中的挑战和变化。最重要的是,他们应具备在国际行业组织承担重大工程项目的能力,具备领导和管理国际团队的能力。

对硕士和博士在全球胜任力方面的要求存在一定的差别。硕士应具备国际视野，能够阅读外文文献，理解和尊重文化差异，并适应国际化工作环境。而博士则要求更高级别的全球胜任力，包括具备流利的外语交流能力，更深入地了解和尊重文化差异，以及具备在国际行业组织承担重大工程项目的能力。这反映了对工程博士在跨国合作和国际工程领域的高级专业能力要求。

3.2 卓越工程师多元培养主体建设指南

按照中央人才工作会议精神，要探索形成中国特色、世界水平的工程师培养体系，着力建设国家卓越工程师学院和国家卓越工程师创新研究院，支持部分中央部门所属高校、中央企业，聚焦国家急需关键领域，高起点、高质量建设一批国家卓越工程师学院，做实产教融合人才培养共同体，形成卓越工程师有组织联合培养的新范式。要形成新范式，就必须研究和制定新时代卓越工程师多元培养主体建设标准。一方面，为卓越工程师培养单位人才培养质量控制提供理论依据和参照体系，促进卓越工程师培养体系的完备性与规范性建设，进而促进人才培养质量的提升和卓越工程师培养目标的顺利实现；另一方面，为后续开展卓越工程师培养单位建设提供参考方案，进而对培养方案、措施和项目的合理性与可行性实现科学、客观的判断，也为潜在的、期望进入卓越工程师培养工作的人才培养机构开展相关准备工作以及卓越工程师培养工作整体的动态调整提供参考标准体系。简而言之，构建科学的培养单位建设标准体系对卓越工程师培养工作的顺利开展，鼓励顶尖高校、企业等创新主体发挥自身优势与主观能动性，积极参与和推进卓越工程师的培养具有重要的战略意义。

3.2.1 国内外相关标准参考

国内外围绕工程教育专业认证、工程领域研究生教育评估、工程领域研究生产学研联合培养质量评价等开展了大量研究和实践工作，为当前的卓越工程师培养单位建设标准研究和实践提供了参考和借鉴。

当前，国际工程教育专业认证以成果导向教育（Outcome Based Education，OBE）为基本原则，由以往输入性的要素评估转向输出性的结果评估,由以往"最低教育质量"的审核观转向"自我持续改进"的发展观。其中美国、法国、英国等工程教育发达国家的相关认证标准具有较大的影响力和参考价值。

美国 ABET 及其 1995 年发布的工程教育认证标准 EC2000 在国际工程教育认证评价中产生了巨大的影响。ABET 的认证标准包括学生、项目教育目标、项目结果和评价、专业要素、师资、设施、机构支持和经费资源、项目标准共 8 项基本认证标准。2014 年,ABET 董事会建议从学生与课程、专业质量、师资队伍、设备和高校支持 5 个方面对工程类硕士层次专业认证标准做出明确的规定。从英国工程委员会(Engineering Council,EC)、英国大学科研评估(Research Assessment Exercise,RAE)和英国高等教育质量保障机构(The Quality Assurance Agency for Higher Education,QAA)等工程教育质量保障机构对工程教育质量保障规定的内容来看,评估内容主要涵盖了教与学的效果、高校为学生提供的机会与服务、高校提供的教育资源、高校保障教育质量的机制和措施等;也重点考查了高校使用校外考官的情况、高校工作程序控制情况、学位授予是否达到规定的标准、教育支持和服务系统情况等。

随着博洛尼亚进程的实施,欧洲工程界和教育界对加快建立工程教育互认体系、促进工程师流动的需求十分迫切,欧洲工程教育认证网络(European Network for Accreditation of Engineering Education,ENAEE)建立了 EUR-ACE 体系。该体系的工程教育专业认证标准包括三个部分,分别是学生学习质量、毕业要求标准和专业管理标准,其中,专业管理标准注重全方位、多维度地考查专业人才培养情况,从培养目标、教与学的过程、资源、学生入学、流动、发展、毕业、内部质量保障等方面提出认证要求。目前已有包括英国、德国、法国等多个国家加入了 EUR-ACE®,其中 11 个国家获准对硕士层次的工程教育类专业进行认证,并获得了 EUR-ACE® 认可,与欧洲工程教育认证计划的认证标准、流程和结果相互认可。法国工程师职衔委员会是针对工程师学历教育和工程师文凭认证的学历教育认证机构,认证对象是高校,其工程师资格证书具有学术性和职业性的双重特征,与 EUR-ACE® 的认证结果相互认可。在工程认证标准中要求高校在国际范围内与工业界的组织就科学研究活动建立合作伙伴关系,以实现教学和实践方案的相互丰富和改进,确保学校能够培养在国际环境中工作的工程师。CTI 主要的认证标准包括:终极目标和组织结构(培养/高校/机构)、开放与合作、工程师学生培养计划、工程师学生招生、持有文凭的工程师就业、质量保障和不断改进。

我国工程教育认证工作始于 2006 年。2016 年,我国成为《华盛顿协议》正式成员,中国工程教育专业认证协会(China Engineering Education Accreditation Association,CEEAA)发布了围绕学生、培养目标、毕业要求、持续改进、课程体系、师资队伍、支持条件 7 项通用标准,目前主要以本科层次工程教育专业认证为主,仅在极少数领域开展了工程硕士层次的认证评估工作。工程类硕博士是国家卓越工程师学院和国家卓越工程师创新研究院的主要培养对象,因此,国家对工程专业学位授权点专项评估指标具有一定的指导和借鉴价值。根据《学位授权点合格评估办法》《国务院学位委员会教育部关于开展 2018 年学位授权点专项评估工作的通知》(学位〔2018〕8 号)要求,工程教指委所发布的《工程硕士专业学位授权点专项评估指标》重点围绕目标与要求、基本条件、人才培养、质量保障、培养成效 5 个一级指标对相关学位授予单位开展评估工作。国务院学位委员会于 2011 年发布的《工程博士专业学位设置方案》共计有 9 条内容,对工程博士的战略定位、英文名称、培养目标、培养方式、招生对象、课程体系、指导方式、学位论文、学位授予以及教指委等进行了明确的规定,该方案也是各工程博士培养单位制定培养方案的依据。2018 年,国务院学位委员会决定将工程专业学位类别调整为电子信息等 8 个专业学位类别。同时,为进一步完善我国工程技术人才培养体系,培养工程技术领军人才,满足创新型国家建设对高层次应用型工程技术创新人才的需求,在经过广泛征求意见和反复论证的基础上,制定了《工程类博士专业学位研究生培养模式改革方案》。

做实产教融合人才培养共同体、形成卓越工程师有组织联合培养的新范式,是国家卓越工程师学院和国家卓越工程师创新研究院的重要目标。事实上,产教融合培养研究生在国内外都不是新鲜事物,高校通过与产业界、科研机构等联合培养博士生已成为近 30 年来国际博士生培养模式改革与创新的重要途径。大致从 20 世纪 90 年代起,欧美主要博士生培养国家和地区纷纷推出一系列颇具影响力的产教融合培养博士生项目,比较有代表性的包括美国(National Science Foundation,NSF)支持的校企合作研究中心项目、澳大利亚合作研究中心项目、丹麦工业博士项目、英国工业(Cooperative Awards in Science & Technology, CASE)项目、法国工业研究培训协议项目,以及近年来欧盟陆续发起的欧洲工业博士计划、产业导向能力中心项目、"博士-职业"项目等。发起者期望通过促进博士生在读期间与产业界的合作来提升博士生的能力,同时,这些项目也被看作是知识经济社会下强化学术界与产业界关系,促进知识转移、流动的重要科技政策工具。在我国,教育部与中国工程院于2010年发起了高校与工程科研院所联合培养博士生试点工作。国内外多年来对工程领域研究生产教融合培养项目的目标定位、成效评价的研究和体系也具有较好的借鉴意义,一些研究尝试进行了综合性和系统性的评价内容划分。例如,美国国家科学院(National Academy of Sciences,NAS)提出校企合作成效的普遍性指标体系,包括:项目的阶段性目标的实现、合作主体间频繁的沟通交流、项目所产生的科研论文及学生论文的数量、项目所产生的新想法的数量和质量、知识产权(例如申请或获得的专利、著作权)的数量、被企业合作方聘用的博士生数量和质量的提升、主体间合作关系的持续性、企业合作方财政状况的改善8个方面。Van Gills将项目成效划分为两大类:第一,技术层面指标(Technical Criteria),通常涉及合作主体间知识转移的质量以及合作主体对于目标实现程度的满意度;第二,非技术层面指标(Non-technical Criteria),涉及外部知识(External Knowledge)的应用以及内部活动(Internal Activity)的可持续性。Salimi等人在对荷兰高校与企业联合培养研究生的研究中认为,成功是指达到合作的各种目标的程度,各方参与合作是为了相互了解、互信并实现共同的兴趣,他们还指出,成功是一个多维度的概念,应根据具体的合作项目对其进行扩展。基于前人的研究,他们围绕三个方面对联合培养研究生项目的成功进行测量:测量知识转移、吸收、应用或商业化的程度;联合培养项目双方合作关系的可持续性;合作双方是否为研究生毕业后提供工作。在国内研究中,我国高校与工程科研院所联合培养研究生试点项目的6大目标定位分别是合作伙伴选择、资源投入与共享、项目组织管理、人力资本发展和转移、知识生产与拓展、合作可持续。在深入调研和征求专家建议的基础上,从培养制度、合作基础、培养措施、培养质量和社会影响 5 个方面构建了评价高校与工程科研院所联合培养博士生项目质量的三级评估指标体系。

整体来看,国内外相关研究和实践中的评价框架一般包括培养单位的人才培养条件、人才培养质量。关于工程教育质量保障方面,一般是由国家或行业协会负责对教育质量进行保障或认证,通过认证的专业即为合格,就可获得相应的人才培养资格并进行人才培养活动。认证内容一般包括:人才培养目标、师资队伍、设施设备、制度建设、学生成果等方面。评价范式也趋于遵循包括背景评价(Context Evaluation)、输入评价(Input Evaluation)、过程评价(Process Evaluation)和结果评价(Product Evaluation)的 CIPP 模式。上述内容都为我国卓越工程师培养单位层面的建设标准制定提供了一定的范式参考。然而,各国工程教育专业认证对硕士尤其是博士层次的认证工作发展较为缓慢,并未形成一个被广泛认可和采用的硕博士层次工程教育专业认证体系。国内外产教融合培养项目在合作缘起、合作方式、培养模式、培养目标以及参与主体等方面都存在着巨大差异,因此也未形成一个具有普遍推广性的项目建设框架。当前国家卓越工程师学院和国家卓越工程师创新研究院尚处于初创和试点阶段,因此,主要目标在于制定培养单位的建设标准而非质量评价、成效评价或合格式评估。

3.2.2 制定过程

在深入学习、领会习近平总书记在中央人才工作会议上的重要讲话精神基础上,充分梳理、分析国内外相关研究成果、政策报告、评估方案、建设标准、评估报告中有关工程技术人才,尤其是产教融合培养卓越工程师的目标定位等所呈现出的共性特征,明确建设标准体系的维度(要素)和具体评价内容,紧扣国家卓越工程师学院和国家卓越工程师创新研究院的主要目标和重点任务,通过实地调研和对相关主体开展深度访谈,从多元利益相关者视角诠释国家卓越工程师学院和国家卓越工程师创新研究院的建设标准、范围和关键内容,综合展示国家、社会、行业、企业、高校、导师、学生等各利益相关者对卓越工程师培养及培养单位的期待与诉求。

在操作层面,从 CIPP 教育评价模式(又称决策导向或改良导向评价模式)的角度,以力图全面考查建设任务为出发点,根据国家卓越工程师学院的目标定位及其建设的战略性和特殊性,深入分析教育部、国务院国资委印发关于支持共建国家卓越工程师学院的相关通知精神,围绕学院运行、平台配套、导师队伍建设、课程体系建设以及培养模式改革等多个方面,明确指出国家卓越工程师学院的重点任务。同时,结合文献分析、访谈和实地调研的结果,形成详尽的建设指标要素池,构建建设指标体系草案,通过专家学者咨询和焦点团体访谈等方法对指标进行论证、筛选与修订,初步形成主客观指标相结合、定量和定性指标相结合的建设标准体系。标准制定主要经历了两个阶段:

第一阶段,2022年11月设计《国家卓越工程师学院建设指南》和《国家卓越工程师创新研究院建设指南》初步方案。从10个维度考查国家卓越工程师学院的建设标准,具体包括:背景性要素"定位与目标",输入与过程要素"创新学院运行与管理""建设配套工程师技术中心""重构导师队伍""实施有组织科研和人才培养""强化核心课程建设""执行工学交替培养模式""开展国际交流合作""强化和创新学生管理服务",以及结果性要素"质量与持续改进";从5个维度考查国家卓越工程师创新研究院的建设标准,具体包括背景性要素"战略定位",输入与过程要素"运行机制与条件保障""人才培养与技术创新""成果转化与企业孵化",以及结果性要素"目标达成与质量保障"。通过研究分析和提炼相关文件、国内外相关认证、评估或项目建设标准的关键内容,针对卓越工程师培养特征对这些内容进行修订,进一步结合企业和高校相关培养单位,以及人力资源管理部门负责人、管理人员的访谈,形成《国家卓越工程师学院建设指南指标》(草案)和《国家卓越工程师创新研究院建设指南》(草案)。

第二阶段,2022年12月至2023年1月,在教育部相关部门指导下,先后通过4次研讨会开展焦点团体访谈,就《国家卓越工程师学院建设指南》(草案)对中国航天科工集团有限公司、中国兵器工业集团有限公司、华为技术有限公司等企业的人力资源部门负责人,北京航空航天大学、清华大学、北京理工大学、哈尔滨工业大学、重庆大学、浙江大学等高校研究生院及国家卓越工程师学院有关负责人和专家,工程教指委专家,以及来自北京航空航天大学、清华大学的研究生教育研究和高等工程教育研究领域的学者进行访谈，形成最终方案；就《国家卓越工程师创新研究院建设指南》对3个开展国家卓越工程师创新研究院工作省份教育厅、学位办以及各省具体承担国家卓越工程师创新研究院建设的企业或开发区等具体单位人员，进行深度访谈，形成最终方案。

  建设指南构建过程采用了如下方法：① 文献分析法。通过中国知网、Web of Science、政府官网、高校官网和企业官网等搜集、整理、分析与硕博士培养项目建设、质量评价等相关的学术论文、政策文本、研究报告等，梳理相关标准，在深入分析国家卓越工程师学院建设的相关文本材料的基础上，明确卓越工程师培养多元培养主体的建设构想与目标，形成指标要素池，制定建设指标体系草案。② 专家咨询法。在形成建设指标体系草案的基础上，采用专家咨询法对高校、企业相关人员进行深入咨询访谈，征求建设指标的适用性意见，根据调查意见和建议对建设指标进行修订，并形成建设指标体系专家咨询的修订稿。③ 焦点团体访谈法。通过组织相关高校、企业卓越工程师培养单位负责人、研究生教育研究和高等工程教育研究领域的专家、主管部门人员、相关省市学位办负责人等进行焦点团体访谈，围绕卓越工程师多元培养主体建设目标的主题进行讨论，了解专家对卓越工程师培养的观点和建议，征询专家对建设指标体系的维度、具体指标以及指标量化等方面的意见。

  国家卓越工程师学院和国家卓越工程师创新研究院是由政府部门、高校、企业等多元培养主体共同参与建设和实施的具有创新性、创造性的高层次工程人才培养实体平台。因此，多元培养主体建设指南的研究和制定工作需要重点把握以下几个方面：一是充分体现国家卓越工程师学院和卓越工程师创新研究院区别于一般专业学位人才培养模式或平台的创新性和卓越性，指出培养单位应如何培养出具备明显"卓越工程师学院"特征和优势的卓越工程师人才。二是不同于以往研究生培养项目或学位点建设的"合格式"评估，针对卓越工程师培养单位层面的培养，需体现"中国特色"和"世界水平"。三是体现和协调多元培养主体的利益和价值诉求，使得标准在满足科学性、客观性的前提下能够为各方所认同，并且能落地、能实施，从而为各方高质量搭建新型产学研实体平台提供参考。

3.2.3 主要内容

1. 国家卓越工程师学院建设指南

经高校、企业专家对建设标准指标体系草案中的指标内容以及指标量化参考值等进行多轮次调整、修改和论证,最终形成《国家卓越工程师学院建设指南》,由 10 个一级指标和 22 个二级指标构成详见表 3.2。

具体而言,指标一"定位与目标"为指标体系的背景性因素,包括"战略定位"和"发展目标"2 个二级指标,以习近平总书记在中央人才工作会议上重要讲话精神为指导,明确了国家卓越工程师学院的战略使命、总体要求和主要目标。

表 3.2 国家卓越工程师学院建设指南指标

一级指标	二级指标
定位与目标	战略定位:坚持以习近平新时代中国特色社会主义思想为指导,坚持社会主义办学方向,坚持立德树人根本任务,坚持服务国家重大需求,遵循教育教学规律,培养大批爱党报国、敬业奉献、具有突出技术创新能力、善于解决复杂工程问题的新时代卓越工程师
	发展目标:聚焦国家关键核心技术领域,明确攻关具体需求,创新组织模式,调动校企双方内生动力,政产学研用深度协同打造卓越工程师培养"样板间",实现校企共同招生、共同培养、共同选题、共享成果和师资互通、课程打通、平台融通、政策畅通的"四共""四通"机制,探索卓越工程师有组织联合培养新范式,形成示范引领作用
创新学院运行与管理	组织架构:实行理事会领导的院长负责制,校企(双方)主要领导担任理事长;建设实体化学院,理事会聘任高校分管校领导或企业分管负责人担任学院(执行)负责人;成立党委(党工委/组)成立相关学位、学术或工作委员会
	运行保障:建立健全制度体系;校企双方共同落实联合培养配套条件,配备师资岗位、专职管理人员、办学场地、专门工作条件和专项经费保障;建立面向校企多方的全过程学生管理服务体系;建立知识产权事务协商处理机制;建设信息化教育管理平台

续表 3.2

一级指标	二级指标
建设配套工程师技术中心	中心建设：聚焦国家关键核心技术领域，配套至少一个工程师技术中心
	平台建设：联合国家级实验室等高水平科研机构建设类企业级别的仿真环境及工程技术实践平台
重构导师队伍	队伍建设：落实校企"双导师"或"导师组"制度；制定校企双方联合审查的准入程序和退出机制；组建由高校导师与企业导师构成的专兼职导师队伍，其中高校或企业导师占比应有明确要求；建设面向领域的、强调工程能力的校企导师选聘、考核、激励机制；建设导师双向流动新机制
	能力建设：定期组织培训交流；建设"行业国师团队"
实施有组织科研和人才培养	招生选拔：招生计划由企业（校企联合实验室等）结合当前和长远研发任务发展需求牵头提出，与联合培养单位进行人才培养供需对接；形成校企双组织、双组长的联合招生机制，选拔优秀生源，鼓励推免生进入计划；支持面向企业选拔技术骨干定向攻读学位
	科研选题：企业（校企联合实验室等）牵头列出关键领域问题清单并提供课题经费，校企双方联合确定学生开展工程技术研究创新选题
强化核心课程建设	课程体系：校企联合组建专家团队协同建设领域前沿核心课程，企业主导、校企共建和高校主导课程各占约 1/3；企业首席科学家、总工程师或型号总师牵头建设实践课程和工程案例库；课程内容强调学科交叉、数理基础、系统思维、实践创新能力、工程文化和工程伦理培养
	核心教材：校企围绕关键核心技术领域制订联合出版教材规划并有效落实
	精品课程：打造不少于一门可面向全国授课的关键核心技术领域精品课程
执行工学交替培养模式	工学交替：实行硕士 1+1+X、博士 1+2+X 培养模式，校企协商确定 X 年的培养方式、时长和场所
开展国际交流合作	平台供给：与国际一流企业、高校、机构等建立深度合作，引进具有丰富工程经验的国际师资，建设国际工程前沿科技、教育实践的交流平台和机制
	交流活动：定期组织师生赴国外交流学习；联合国内外企业、高校、机构等定期开展夏令营、工程论坛、工程竞赛等活动；邀请国际顶尖工程技术人才和国内领军企业一流工程师开展教学指导

续表 3.2

一级指标	二级指标
强化和创新学生管理服务	思政工作：建立学生党团组织，加强学生理想信念教育、心理健康教育、生产安全教育和关爱帮扶
	培养管理：学生学籍、档案、集体户口由高校或企业（按招生文件规定）统一管理；学生与高校、企业、校企导师签订多方协议（含保密条款）；建立淘汰和分流机制；创新科研实践成果认定办法；建立毕业和学位授予标准及流程
	激励保障：建立具有竞争力的卓越工程师奖助学金体系；企业提供学生在企实践期间的住宿、生活保障和人身保险，并按不低于高校奖助学金的标准按时发放津贴；企业提供有竞争力的引才留才政策，学生在企实践时长计入工龄
质量与持续改进	质量控制：建立内外部质量管理机制；建立应急预案与可持续发展机制
	学生发展：建立校企、社会等多维全方位的学生能力评价制度；关注与国内外工程师执业资格衔接与认证情况
	培养成效：学生参与企业重大项目和核心技术攻关数量、质量；学生专利、成果转化等创新成果数量、质量；毕业生进入关键核心技术领域就业数量及占比

指标二"创新学院运行与管理"，包括"组织架构"和"运行保障"2 个二级指标，强调建立合理的管理、运行架构和支撑，确保校企之间资源的配置与共享、人员的调配与协调、信息的传递与沟通等工作，体现卓越工程师培养的新型组织形态。

指标三"建设配套工程师技术中心"，包括"中心建设"和"平台建设"2 个二级指标，强调统筹各方资源，打造类企业级别真实/仿真环境及工程技术实践平台，使学生在真环境中研究真问题、开展真科研、产出真成果。

指标四"重构导师队伍"，包括"队伍建设"和"能力建设"2 个二级指标，明确高水平校企导师队伍的规模、结构，发挥国家卓越工程师学院"工作母机"作用，加强导师培训交流，打造"行业国师团队"，形成一批具有示范作用的卓越导师队伍，让优秀的教师教学生、卓越的工程师带学生。

指标五"实施有组织科研和人才培养"，包括"招生选拔"和"科研选题"

2个二级指标,强调根据关键领域研发任务与招生、选拔的对接,选拔志向远大、基础扎实、实践能力强的优秀生源,围绕关键领域列出问题清单为学生科研选题提供来源与支持。

指标六"强化核心课程建设",包括"课程体系"、"核心教材"和"精品课程"3个二级指标,强调校企共同主导课程体系建设,课程的内容、教学方式以及课程与工程实践相结合等方面的设置和安排,确保通过理论学习与实践锻炼相结合,实现价值塑造与能力培养相统一,在干中学、事上练,切实解决工程技术人才培养与工程实践脱节的突出问题,夯实卓越工程师培养的根基。

指标七"执行工学交替培养模式",包括二级指标"工学交替",强调国家卓越工程师学院实行工学交替的培养模式,培养主体依据实际需求,动态灵活设置工学交替的时间,确保高校学习和企业工程科研实践过程中,课程学习、企业科研实践与学位论文工作(或实践成果)等关键培养环节的高质量衔接。

指标八"开展国际交流合作",包括"平台供给"和"交流活动"2个二级指标,强调搭建国际国内工程教育与实践交流平台,建设国内外工程前沿科技交流的平台和机制,促进中外师生之间的沟通交流,厚植工程人才成长的肥沃土壤,塑造国际工程教育共同体。

指标九"强化和创新学生管理服务",包括"思政工作"、"培养管理"和"激励保障"3个二级指标,强调抓好、落实学生思想政治教育工作,校企双方共同落实联合培养所需配套条件,做好协调和服务保障,建立全过程学生管理服务体系、学生奖助机制和就业服务机制。

指标十"质量与持续改进",包括"质量控制"、"学生发展"和"培养成效"3个二级指标,强调科学的质量管理机制、评价制度、职业资格衔接机制的建立,围绕企业重大项目和关键技术攻关需求,有效评估学生能力增值情况和职业发展情况。

2. 国家卓越工程师创新研究院建设指南

经相关省份教育厅、学位办以及各省具体承担国家卓越工程师创新研究院建设的企业或开发区等具体单位人员对建设指南草案中的指标内容以及指标量化参考值等进行多轮次调整、修改和论证,最终形成《国家卓越工程师创新研究院建设指南》,由 5 个一级指标和 10 个二级指标构成,详见表 3.3。

表 3.3　国家卓越工程师创新研究院建设指南

一级指标	二级指标
战略定位	发展目标:地方主责、部省共建,明确主攻的关键核心技术领域和产业,致力于教育科技人才协同,打造政府主导、产业牵引、高校支撑、多主体参与、实体运行、市场优化的人才培养和科技产业创新特区,推进动态开放、多方融合、服务引领的新时代卓越工程师培养新范式,探索新型举国体制下卓越工程师有组织培养新模式
运行机制与条件保障	组织管理架构:作为独立法人的实体机构完成登记并确定法人主体;有比较完善的组织管理架构和专职管理团队;有比较完善的教学、科研、财务等管理运行制度;创新人才需求方和供给方衔接和协同机制(各方责权利明晰);建设揭榜挂帅(出题、审题、揭题、解题、答题)的院企联合技术攻关和协作机制,涵盖人才培养全过程的政产学研用深度协同育人机制;建设高校、导师、学生、企业和平台等参与各方的激励和考核制度
	政策保障与条件供给:良好的各级政府政策统筹和资源投入(土地、资金、税收、人事、成果转化收益等制度创新权限和资源倾斜);提供独立教学科研、行政办公、宿舍公寓等专用配套功能区设施和教学科研仪器设备;建立与高校、企业、科研机构(含国家级实验室)等主体的长期稳定协作机制
人才培养与技术创新	人才培养制度:校企院多方共同制定培养目标;建立联合招生制度保障机制;校企院共同共建师资团队,打造专业课程体系;构建行业产业项目供给、论文选题和课题研究制度;企业参与人才培养并投入经费
	内外部保障:吸引一批领军企业以及专精特新中小企业;吸引一批适应目标产业需求的技术攻关创新人才队伍;建立联合培养管理制度保障;建立学生管理服务制度及学生德育工作制度;建立境内外合作交流机制;提供创新创业教育及实践支持
	教育、科技、产业、投资融通的开放创新平台建设:各方人才、平台开放互通;平台共建、项目共担、协同确定技术方向和发展路径;吸引高校导师与学生"揭榜挂帅";汇集高水平产业导师联合企业技术团队开展科研攻关及指导研究生

续表 3.3

一级指标	二级指标
成果转化与企业孵化	创新成果评价;服务目标区域产业高质量发展的创新成果评价政策;建立知识产权价值评估与分配制度;建立科研项目持续研发激励政策
	成果转化模式和企业孵化机制的设计与创新;促进技术转移和创新成果孵化转化政策及落实推广;创新创业及中小企业成立规划;转化成果的技术规模化与产业化规划
目标达成与质量保障	目标达成评价体系构建;人才培养成效;技术创新服务成效;推动政产学研合作机制的深化与创新
	质量保障体系构建;建设以质量、成果和贡献为导向分类多维的质量评价体系;建立内外部质量保障体系;试点推进工程教育与工程师执业资格的国内外资质衔接与认证;毕业研究生就业质量及职业发展;构建技术创新持续性追踪制度

指标一"战略定位",包括二级指标"发展目标",强调国家卓越工程师创新研究院实现集实践教学、科研攻关、成果转化、创新创业于一体的战略定位和使命。

指标二"运行机制与条件保障",包括"组织管理架构"和"政策保障与条件供给"2个二级指标,强调法人主体确定,管理架构和专职管理团队、管理运行制度、衔接和协同机制、联合技术攻关和协作机制、协同育人机制、激励和考核制度的建设以及政策统筹和资源投入,确保各方长期稳定可持续的协作。

指标三"人才培养与技术创新",包括"人才培养制度"、"内外部保障"和"教育、科技、产业、投资融通的开放创新平台建设"3个二级指标,强调有效促进教育、科技、产业各方协同,创新协同育人模式并提供协同育人的质量控制方式、支持办法等。

指标四"成果转化与企业孵化",包括"创新成果评价"和"成果转化模式和企业孵化机制的设计与创新"2个二级指标,强调创新研究院评估技术创新成果,完善知识产权分配机制,促进技术规模化、产业化,为企业迈向高端价值链奠定基础。

指标五"目标达成与质量保障",包括"目标达成评价体系构建"和"质量保障体系构建"2个二级指标,强调破除"五唯"评价方式,建立健全分类多维的质量评价体系,将人才培养成效、科研创新质量、社会服务贡献等要素纳入绩效考核指标体系,关注工程教育与工程师执业资格的国内外资质衔接与认证,开展毕业研究生就业质量及职业发展追踪调查。

无论是实践层面还是研究层面,相关建设标准的研究和制定与卓越工程师培养实践的发展是同步开启且相互促进的。

小 结

本章在系统梳理国内外具有影响力的高层次工程人才培养、评价标准体系的基础上,通过专家咨询和集体深度访谈等方式,构建了卓越工程师培养通用能力标准体系,主要包括家国情怀与职业素养、工程知识与创新实践能力、领导管理与持续改进能力、终身学习与全球胜任力等4个维度及指标。同时,本章提出了卓越工程师多元培养主体建设指南,包括国家卓越工程师学院建设指南和国家卓越工程师创新研究院建设指南。时代发展和国家现代化建设对卓越工程师培养和培养单位建设提出了新要求,本书后续章节将进一步就卓越工程师培养中的关键要素等内容如何再造展开分析,以期为新时代卓越工程师培养提供支撑。

第4章
培养要素再造

产教融合培养卓越工程师要伴随时代发展而不断更新理念、优化路径。基于社会主义现代化强国建设对卓越工程师培养所提出的新的更高要求,本书第3章提出与之相匹配的卓越工程师培养通用能力标准和多元培养主体建设指南。自本章起,将从不同维度重点探讨产教融合培养卓越工程师的实施路径。

产教融合培养卓越工程师是一项涉及多要素的系统性工程。卓越工程师培养的关键要素包括但不限于培养目标、培养过程、课程教材体系、专业实践、课题研究等。为了与卓越工程师培养能力标准体系相适应,卓越工程师培养的关键要素也应不断优化。培养要素再造,是通过打破固有思维,优化传统做法,全面升级培养模式,实现校企协同开展人才自主培养的重要举措。

本章从培养要素再造应遵循的基本原则出发,提出培养要素再造的总体思路,重点从招生流程、培养过程、毕业设计或学位论文等环节探讨项目制育人机制设计,提出工学交替的柔性交替、循环交替和弹性交替方式,并围绕课题体系建设、核心课程建设、数字化教学资源开发等剖析课程教材建设等。

4.1 培养要素再造的总体思路

4.1.1 基本原则

1. 服务国家战略需求

培养要素再造过程中,高校和企业应始终瞄准国家战略需求,以满足国家战略发展对高端技术人才的需求、实现科技自立自强、推动制造业高质量发展、加快形成新质生产力为驱动,促进卓越工程师培养在培养目标、培养方式、评价标准三个方面的根本性转变。培养要素再造应改变传统上过于强调学科独立、重视领域边界的情况,以实现学科大类交叉、不同学科融合为目标,通过校企深度融合培养学生跨领域思维与能力,促进学生形成更为综合的知识结构;培养要素再造要切实改变旧有单纯注重理论知识传授和学科基础知识学习的思想,更加注重学生工程实践和创新能力的培养,使学生具备广泛学科知识和实践技能,从而更好地胜任综合性工程创新任务;培养要素再造要有意识地改变以往单纯基于论文发表的评价制度,充分肯定学生在实践创新中的贡献,激励学生在实践中解决问题、创新研发,为社会和国家发展带来实际价值。

2. 突出校企双主导

培养要素再造应以产教融合为导向,改变高校在工程师培养中过于专注"纯粹"学术和"封闭式"教育的弊端,扭转企业参与人才培养不足的状况,构建高校和企业双主导的卓越工程师培养模式。面对利益追求与价值取向上的差异,高校和企业应坚持"优势互补是前提、相互沟通是基础、成果共享是根本"的原则开展培养要素再造。校企双方应构建全过程开展"共同招生、共同选题、共同培养、共享成果",成员单位全方位推进"师资互通、课程打通、平台融通、政策畅通"的"四共""四通"机制。产业界的参与应前置到人才培养的入口阶段,强化企业在培养目标设定和培养方案编制中的主导作用。企业应全流程深度参与卓越工程师培养,从招生到录取,从学习计划制定到课程学习,从专业实践训练到学位课题研究,与高校紧密合作共同完成人才培养任务,推进有组织科研和有组织人才培养深度融合。企业还应深度参与课程与教材建设,与高校共同谋划课程设置方案、建设核心课程、开发数字教材、开展教学工作。

3. 以真实问题为导向,突出交叉与前沿

培养要素再造要以解决真实工程问题为导向,强化学生工程实践能力培养。通过培养要素再造,使学生在真实环境中锻炼和提升工程实践能力;以企业真实需求为牵引,研究产业实际问题;以解决真实工程问题为目标,解决"卡脖子"问题;以实际贡献为评价要点,产出真实研究成果。复杂的工程问题,需要综合运用科学、技术与人文等知识来解决,因此跨学科培养至关重要。按照"纵向贯通、横向交叉、问题导向"的思路,面向产业需求和行业实践,开发基于项目的跨学科课程。课程应突出关键领域特性,强化关键领域相关专业内容和知识点教学,反映相关领域的前沿动向,使学生对领域前沿了然于胸。教材开发应注重吸纳行业先进知识,采用数字化手段,反映前沿发展的趋势与方向。

4.1.2 基本框架

基于时代发展新要求及上述理念原则,构建卓越工程师培养要素再造的结构框架,如图4.1所示。

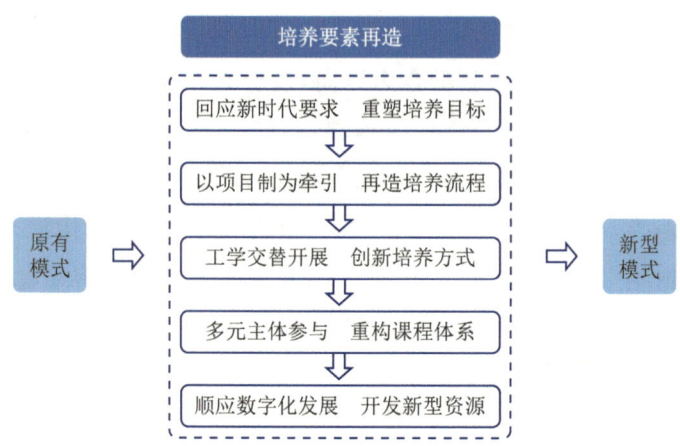

图4.1 卓越工程师培养要素再造的基本框架

总体框架包含重塑培养目标、再造培养流程、创新培养方式、重构课程体系、开发新型资源等五项内容,呈依次递进的关系,促使卓越工程师培养从原有模式变革为新型模式。重塑培养目标旨在确保具体的培养方案符合卓越工程师培养的新要求和新标准,是制定培养方案的起点,本节将对此做进一步讨论。再造培养流程的目的是在实际工程项目的牵引下改造卓越工程师培养环节,以更好地支撑培养目标的实现,4.2节将对此进行专门探讨。创新培养方式是灵活安排学生在校学习和在企实践,以更好地服务于项目制培养需求,4.3节将对此进行详细阐述。重构课程体系的目的在于促进校企共同参与建设新的课程体系,为工学交替式培养提供有力支撑。开发新型资源,则直接服务于核心课程建设和核心教材开发,使课程和教材更好地支持课程体系重构。课程体系重构和新型资源开发关联紧密,将在4.4节对两者进行合并探讨。

校企双方共同制定培养方案,首先要明确本领域的培养目标。培养目标通常规定了针对特定教育对象,期望在一定时间内培养出符合知识、技能、能力及素养等方面要求和标准的人才,对人才培养起到提纲挈领的作用。明确合理的培养目标,使人才培养更加有针对性,有益于教育质量提升。新时代背景下,国家对人才培养提出了新的要求,卓越工程师各关键领域的培养目标也应随之重塑。

校企双方应根据时代发展和人才需求,对相应领域卓越工程师的培养目标进行优化再造,并以此为基础进行人才培养改革。校企双方在制定领域人才培养目标时,可以结合各单位、各关键领域的特色,融入卓越工程师培养总目标的共同元素,综合体现通用能力标准和关键领域专用能力标准。新目标应体现鲜明坚定的思政培养要求,培养具有"爱党报国"情怀的卓越工程师,使其成为中国特色社会主义建设的重要力量;培养具备"敬业奉献"精神的卓越工程师,使其葆有爱岗敬业的责任感和奉献精神。新目标应突出技术创新能力培养要求,突出三个根本转变所提出的"培养目标从重视理论传授向重视工程创新能力的根本转变"要求,培养"具有突出技术创新能力"的卓越工程师,使其能够通过创新思维和方法,提出开发新技术、新产品、新工艺或新服务的方案,解决实际工程问题。新目标应强调跨学科综合能力培养要求,培养"善于解决复杂工程问题"的卓越工程师,使其具有广博的创新视野、扎实的知识基础,能够综合应用多学科领域知识,应对真实、复杂的工程问题。

培养目标应能够立足价值引领,坚守指导思想与核心价值观不动摇,充分回应国家需求与社会期盼,明确好学生在知识、技能、能力、素养等方面的基本方向,为完善培养流程提供指引,为优化课程体系提供指南,为创新培养模式提供指导。一般而言,各领域编写的具体培养目标应包含以下要素:价值观与态度方面,如爱党报国、追求卓越、敬业奉献、艰苦奋斗,具有工程伦理意识、社会责任感等;知识方面,如掌握相应的基础理论、专门知识、工程知识、人文社科知识等;工程能力方面,如具有分析复杂工程问题的能力、开展工程研究的能力、工程设计能力、工程技术创新能力等;综合素养方面,如拥有全球视野、跨学科和系统思维、沟通与协作能力、工程领导力、终身学习能力、动态适应能力等。

以关键软件领域卓越工程师培养目标为例,其培养的是瞄准国家重大战略需求,支撑产业链安全,政治坚定、爱党报国、敬业奉献、遵纪守法、品行端正、诚实守信、身心健康,具有良好的科研道德和敬业精神的卓越工程师后备人才。在关键软件领域具有坚实宽广的理论基础和系统深入的专业技术知识,全面了解领域发展动向,具备系统分析能力、复杂软件系统设计能力、项目管理能力和工程管理能力,国际视野宽阔,善于解决复杂的关键软件工程难题,开展技术创新,能够组织实施重大(重点)工程项目和重要科技攻关项目等。航空发动机和燃气轮机(以下简称"两机")领域卓越工程师培养目标是拥有家国情怀、遵章守纪、热爱"两机",掌握以"两机"为核心的基础理论、领域知识和工程知识,具有面向"两机"产品的工程分析、设计、实践和管理等工程能力,具备组织领导、协作攻关、终身学习、跨文化交流等综合能力素养。

4.2 项目制育人机制设计

卓越工程师培养是一个复杂且多层次的过程,校企双方依据培养目标合作培养人才,通过生源甄选、课程安排、教学实践、毕设答辩等环节进行人才培养。为实现卓越工程师培养目标,需以项目制为牵引,对培养全过程进行流程再造。项目制是指为了培养卓越工程师,聚焦国家重大战略、关键领域和社会重大需求,以校企联合的方式,基于实际工程项目成建制培养卓越工程师的制度模式。项目制牵引的卓越工程师培养,应以面向国家重大需求、企业发展急需的工程项目为依托,将人才培养与国家重大项目相结合,从招生到毕业,贯穿人才培养的整个过程,学生通过参与真实、复杂的工程项目,在实践中学习,将理论知识与实践技能相结合以提升工程创新能力。项目制培养依托的项目应是面向国家重大需求、面向经济主战场的实际工程项目,以服务关键领域核心技术紧缺人才培养为核心。在项目设计与任务管理方面,高校和企业需要设置明确的目标和任务,制定详细的项目计划和管理流程,确保项目按照目标和计划进行。项目制培养应贯穿卓越工程师培养的整个流程,并始终以项目为中心,实现工程教育整体范式的转变。

以校企合作项目制为牵引,再造卓越工程师培养流程,可有力推动工程教育与产业发展相融合。在项目制培养中,校企依托特定项目共同招生、共同培养、共同选择课题研究方向、共同攻克研究难题,持续深化校企协同育人。项目制培养可促进高校与企业建立紧密合作关系,加快科技成果转化,对推动经济发展和产业升级有着积极作用。项目制培养以工程实践能力和工程创新能力为重点,使学生在实际项目中熟悉工程实践的流程、方法和技能,在提升实践能力的同时,体验和掌握工程创新的方法、过程和思维方式,培养创新意识和创新能力。在项目制培养中,企业合作能够使学生更贴近实际应用场景,更好地解决实际问题,有助于培养出适应新时代发展需要的高素质、创新型、实践型人才。总之,以项目制为牵引的培养流程再造能够为实现新时代卓越工程师培养目标提供坚实基础。

项目制培养应建设企业课题库并进行规范化的管理,进一步凝聚校企对卓越工程师培养的共识,重构有组织联合培养新范式。课题库以"需求导向、培养匹配、校企联动、动态调整"为原则,明晰校企双方在课题库建设中的工作职责、项目分类标准、项目管理流程、运行保障机制等。校企双方可将自上而下的主动布局与自下而上自主申报相结合,联合深入开展课题标准框架研究,根据学生类别、培养周期,精准规划选题、控制体量分配,形成专家引领、行业助推的课题库建设机制。校企可共同商讨制定申报实施细则,明确人才培养目标以及在企实践的培养要求,建立征集遴选、入库管理、招生匹配、结题出库等管理流程和动态评价监督、经费保障支持、成果落地转化、知识产权管理等保障机制。课题库建设应充分发挥高校和企业的优势,以课题需求落实学生培养环节匹配,打通新时代卓越工程师培养全链条体系。

> **案例:** 同济大学企业课题库建设探索的实践
>
> 作为深化产教融合的重要探索,同济大学国家卓越工程师学院以"需求导向、动态优化"为原则,创新构建企业课题库管理体系,形成"征集—匹配—培养—转化"全链条育人机制,有效破解工程教育与实践需求脱节难题。该体系已累计整合400余项企业真实技术课题,覆盖智能制造、新能源等国家战略领域,实现100%真题真研,推动人才培养与产业需求精准对接。

系统化构建课题生态

学院建立"四位一体"课题管理模式:通过校企联合征集机制,围绕国家重大工程凝练关键技术问题;实施"揭榜挂帅"动态遴选,吸引30余家龙头企业参与课题设计;开发智能匹配系统,基于导师研究方向、学生志趣实现双向精准对接;构建成果转化跟踪机制,近三年推动120项研究成果应用于实际工程。课题库实行分类分级管理,涵盖装备研发、工艺优化等6大类别,设置基础研究型、技术攻关型、成果转化型三级梯度,确保课题难度与培养层次匹配。

数字化赋能培养流程

依托自主研发的"教学信息辅助管理系统",实现全流程数字化管理。系统集成企业需求发布、双导师匹配、过程监控等12项功能模块,课题匹配效率提升60%。通过构建"企业课题—导师团队—学生画像"三维数据库,运用智能算法实现个性化推荐,2023届工程硕士课题适配率达92%。系统同步建立质量监控看板,对500余项在研课题进行实时跟踪,动态调整率达15%,确保课题研究紧跟技术前沿。

机制化保障实施成效

建立"双螺旋"保障体系:一是校企协同机制,明确双方在经费投入(年均2000万元)、知识产权(校企共有占比85%)、成果转化等方面的权责;二是动态评价机制,组建由30位产业专家构成的评审委员会,实行季度评估、年度考核。近三年培养的工程硕士人均参与2.3项企业课题,申请专利76项,毕业生赴重点行业就业率达95%。某航天关键部件研发课题,由校企导师团队指导博士生攻关,突破复合材料成型技术,直接应用于新一代运载火箭研制。

该模式获教育部产学合作协同育人项目优秀案例,形成可复制的《企业课题库建设工作指南》,为新时代卓越工程师培养提供了创新范式。

当前,已有诸多世界知名高校采用项目制开展工程师培养实践与探索。如美国斯坦福大学与谷歌、苹果、微软等一流企业合作,共同推进人工智能、机器人、数据科学等领域的研究;德国亚琛工业大学与西门子、奔驰、波音等知名企业合作建立了实验室、科研中心和联合培养机制,共同研发高端装备和智能制造技术;北航与中航工业、航天科技、中国电科、华为等知名企业合作,开展了许多具有重要应用价值的科研项目。学生通过参与企业实践项目,与企业合作解决实际问题,深入了解工业现状和需求,获得实践经验,在实践中提高了工程创新、团队合作、项目管理等技能和能力。

4.2.1 招生流程

项目制招生,以"项目"为招生组织单元,打破了原有的以学院、系所为组织单元的招生模式。项目制招生是以需求为牵引,高校和企业立足国家战略,在综合考虑企业发展需求、高校人才储备情况和培养质量的前提下,共同制定招生计划、选定生源准入条件、审定考核内容并参与考核过程。招生计划坚持企业出题、项目牵引的原则,由企业根据研发任务提出,经校企共同商定,报上级同意后实施。校企共同制定的招生计划要充分考虑国家战略和企业发展需求;校企共同选定的生源准入条件、共同审定的考核内容要与人才培养的目标相契合;校企共同参与的考核过程,要有相应的组织管理架构做保障。

1. 瞄准国家战略和企业需求制定招生计划

项目制招生计划的制订分三步走:定领域、定项目、定规模。

第一步定领域:高校以国家战略需求为前提,充分结合合作企业的实际需求,根据高校的学科发展布局、师资储备情况和人才培养情况,确定项目制招生所面向的领域。既要发挥所长,在学科水平突出的领域实施项目制招生;又要有针对性地补齐短板,通过项目制招生促进学科水平较低领域的发展。

第二步定项目:在确定领域的前提下,在领域范围内选定项目。项目可大致分为三类:第一类是高校和企业联合主导的项目,如企业与高校联合申报并立项的重大工程技术项目;第二类是以企业为主导的项目,如企业根据自身发展需求设定的科研或工程技术攻关项目;第三类是以高校为主导的项目,如高校根据自身成果转化需求依托企业设定的产学研用结合项目。无论是上述哪一类,均须明确项目任务、人才培养实施方案和人才培养预期成果,并向考生广而告之。

第三步定规模:在确定项目的前提下,根据项目的体量,结合高校的培养能力和企业的承载能力,制定项目的招生规模。在项目制实施初期,可以先进行小规模试点,待培养和管理机制成熟后再逐步扩大。

2. 根据人才培养目标明确生源准入条件

不同于传统的培养模式,项目制人才培养是"订单式"的,更具有针对性。针对不同项目的人才培养目标,除了对思想政治情况、前置学历、身体状况的要求,生源准入条件应做差异化调整,突出对工程实践能力,特别是与项目人才培养目标相适应的具体工程实践能力要求。

(1) 应届本科起点生源"不拘一格降人才"

应届本科起点生源主要面向推免生。此类生源最重要的准入条件为推荐资格,而推荐资格的评判依据很大程度上取决于其本科阶段的学习成绩。这就导致有一部分工程实践能力显著但学习成绩不突出的考生,丧失了通过推免直接进入卓越工程师培养序列的可能性。为吸纳此类生源,建议高校在评选推荐资格时,以项目人才培养目标为牵引,开设相适应的"绿色通道",例如项目在"挑战杯""互联网+"大学生创新创业等赛事中取得优异成绩、在本科阶段获批专利等。

例如,北航制定了有关推荐特殊专长学生免试进入改革专项试点的工作方案,更加注重选拔有志于服务国家重大需求,同时具备扎实理论基础、创新实践能力、学科交叉融合思维的优秀学生进入卓越工程师培养计划专项,不拘一格选拔卓越工程师的"好苗子"。在2023年专项招生中大胆地实践了该做法,为少数工程实践能力显著、但学习成绩排名不具备明显优势的应届本科生提供了参加招生考核的机会。这些考生在考核面试中,多数获得了考核小组特别是企业专家的好评,考核成绩优异。

(2) 非应届本科起点生源"绝知此事要躬行"

对于非应届本科起点生源,包括应(往)届硕士,在设定生源准入条件时,应特别注重生源与项目相适应的工程实践背景。对于有工作经历的生源,可对其工作年限、岗位性质、工程项目经验给出明确限定;对于无工作经历的生源,可明确要求其硕士在读期间具有承担某种工程项目或产品开发的经历。

例如,清华大学所实施的"创新领军工程博士集成电路项目",明确要求考生"在集成电路产业中具有较丰富的工程实践经验";"创新领军工程博士先进技术项目",要求"在航天航空工程、航空发动机、智能技术、国防先进技术等重点领域具有丰富的工程实践经验"。

3. 顺应人才选拔规律制定考核内容

项目制招生在面试环节的考核内容,应与项目相关,用以筛选能够顺利实现项目制人才培养目标的生源。

在思想政治方面,除考查政治觉悟和世界观、价值观、人生观取向外,应注重对项目相关工程伦理观的考查。在招生考试内容上,可结合项目背景,设置开放性试题,评价考生是否具备健康的工程伦理观。

在专业能力方面,除专业基础和灵活运用专业知识的能力外,还应重点考查考生是否具备与项目相适应的工程实践能力。可在面试时设置项目经历汇报环节,要求考生汇报主持或重点参与的与招生项目相关的实践经历,以评判考生是否已初步具备与项目相配的工程实践能力。

此外,由于企业专家比高校专家在相关领域的工程实践经验更为丰富,在考查工程实践能力环节,应在保证公正、公平、公开的前提下,充分尊重企业专家按企业标准选人的建议。

4. 适配校企联合模式,重塑组织管理架构

与传统的以学院、系所为组织单元的招生模式不同,项目制招生以项目为组织单元。项目制招生与传统招生有两点不同:一是需要校企联合招生,即企业参与;二是对人才的选拔更具有针对性,即在生源准入条件和考核内容上,不是普适的,不同的项目可能会有明显的差异。

如果仍以学院、系所为招生组织管理的主体,可能存在问题:一是与学院、系所对接的企业方负责人往往为人力资源高管,特别是对于大型央企,双方在行政级别上不对等,推动工作困难;二是项目制招生可能存在单个项目对多个学院的情况,即一个项目需要来自多个学院的生源,如果散落在各个学院招生,沟通协调工作量大;三是项目招生还可能存在多个项目对单个学院的情况,即一个学院需要针对不同的项目出台不同的生源准入条件和考核内容,招生准备环节工作量巨大,而学院的教育行政管理人员有限,会影响招生各环节的实施效果。

组织单元的转变,需要有相应的组织管理架构相匹配,才能保证招生流程的顺利实施。从高校层面,设立一个负责项目制研究生招生、培养、管理、学位全周期的管理部门是一个可以考虑的选择。该部门需以国家战略需求为导向,深入调研企业的人才需求、企业所能提供的人才培养软硬件支撑条件等,以此为前提,规划招生规模,组织校企联合招生,制定校企联合培养方案。

5. 针对项目制招生的其他优化建议

项目制招生应做好招生宣传,提前告知考生项目实施内容、人才培养目标及方案等,考生可通过公开的信息,在报名阶段主动筛选与兴趣相关的项目,后期可开展自我驱动的学习实践,实现招生选拔与项目的有效对接。可开展常态化招生宣传,建立全年度、全时段、全天候的招生宣传工作模式,通过组织产教论坛、导师论坛、学生论坛等活动,提高认可度和影响力。

在与企业协商达成一致的前提下,考核形式可灵活多变,例如可以向考生下发与报考专业相关的产品研发、项目规划等开放性试题,要求其在规定时间内完成如需求分析、设计方案、项目执行计划类的报告,通过报告研判考生是否有卓越工程师培养潜质;也可采取集体面试,通过观察考生在群体任务中的表现来研判考生的综合素质是否与项目人才培养目标相匹配等。

项目制招生需建立保障机制。高校应与企业联合规范考生退出机制,制定完善递补、调剂办法。高校和企业可联合建设招生、培养、学生和导师综合管理信息化平台,引导考生合理、规范填报志愿,在招生阶段力争实现精准匹配。高校和企业可按领域组建专家组,建立面试考核专家库,符合校企人员比例及领域企业分布比例,增强面试考核工作的专业性。

4.2.2 培养过程

本小节从项目制育人角度,对校企双导师联合培养过程进行讨论,有关校企导师队伍建设详见本书第 5 章。企业导师组和高校导师组紧密合作,协商制订指导计划,明确各自的指导任务和指导重点。导师团队定期召开会议,开展指导方案的沟通和协调,确保学生能够得到全面、系统且深入的指导。学生定期向导师团队汇报学习进展和遇到的问题,导师团队应及时给予指导和支持。在双导师组指导下,学生可以同时获得高校和企业的资源和支持,更好地融合理论和实践,高校和企业也可以共享师资资源,实现共同发展。项目制牵引的培养过程如图 4.2 所示。

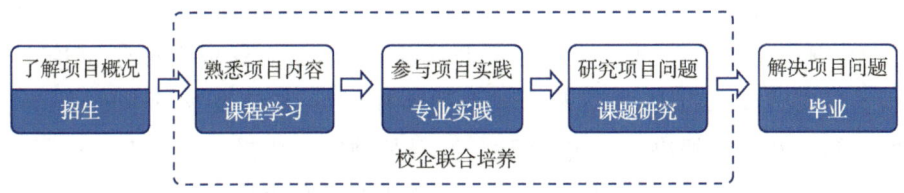

图 4.2　项目制牵引的培养过程示意图

第一,根据领域与工程需求、具体项目需要和学生个人情况,制订针对性强的个性化学习计划,使学生更加熟悉项目内容。通过分析项目任务的性质和要求,倒推需要学生掌握的数理基础、专业知识、理论、技术、实践技能、方法、工具等内容,将其作为选课依据。学习关键领域相应核心课程,掌握项目所需核心科学基础、核心专业知识和核心实践技能。通过思政课程学习,促进学生形成正确的世界观、人生观和价值观,培养"爱党报国"情怀和"敬业奉献"精神。鼓励学生在不同学科领域进行学习和研究,促进跨学科知识整合,提升综合素养。强化实践学习,通过实践课、实验课、案例课等,不断提高学生的实践能力、创新意识和团队合作能力等。此外,可设置国际前沿课程,帮助学生了解和掌握国际前沿技术和学术动态,提升学生的国际竞争力。在学习过程中,可根据项目实际情况调整学习计划,更好地保证学习内容满足工程项目和人才发展的需要。

第二,通过专业实践活动让学生参与到实际项目实践当中,进一步提升项目任务所需的知识和能力。专业实践设计和安排应以满足项目任务的需求为重要导向,帮助学生将所学理论知识应用到实际工程项目中,熟悉工程实践,训练工程能力,为开展真正的工程创新打下基础。专业实践应有明确的实践目标、清晰的实践内容、具体的实践任务,采用先进的实践方法、合理的实践计划。在学生深入真实的工程环境中开展专业实践时,高校和企业双导师组需紧密配合给予指导,企业导师组侧重传授实际工作中的经验和技能,高校导师组侧重指导学生进行理论知识的应用和创新实践,双方共同帮助学生完成实践任务。学生完成实践任务后,以实践报告、实践总结、实践演示等形式,对专业实践活动进行评估和反思,导师组对学生专业实践成果进行评估和验收,以确认学生所掌握的实践技能和能力符合项目要求。学生在自我回顾总结与导师点评反馈的过程中提高实践能力和水平。

第三,在校企双导师组联合指导下,学生开展学位课题研究,完成实践成果或学位论文。为满足学位授予条件,学生根据所学专业知识、理论和技能,围绕实践性项目或课题任务开展研究,形成实践成果或学位论文。硕士以实践成果为主,内容和形式多种多样,但一般都要求学生能够运用所学知识和技能解决某一实际问题、取得某种实际成果。博士需要撰写学位论文,系统展示其在专业领域做出的创新性研究成果。学位课题研究是产教融合培养卓越工程师的关键环节。校企双方共同确定研究方向,设定研究目标和内容,明确研究任务和要求,制定研究计划,明确研究方法和步骤等,完成开题工作。校企双方导师协同指导学生开展研究工作,为其提供充足的理论引导、技术支持和实践指导。在研究过程中,通过定期指导和交流,特别是中期检查,对学生的研究进展进行阶段性评估和反馈,及时给出调整和改进建议,确保其始终聚焦真实工程问题研究。

在项目制培养中,校企双方应根据项目需要,共同构建实践平台,如科教融汇平台、产教融合平台、工程实践平台、培养资源平台等,实现资源汇聚,深化产教融合,促进教育链、人才链与产业链、创新链有机衔接。

4.2.3 学位标准

学生在开展实践和研究基础上提交学位成果(学位论文或实践成果),通过答辩后经学校学位评定委员会审核通过,可授予学位。在项目制培养中,校企双方应根据相关专业领域特点制定学位成果的基本要求,并对学位成果的选题要求、内容要求、规范性要求、创新性要求以及评价标准予以说明。

学位成果的选题应直接来源于实际工程项目,根据项目需求而定,并围绕项目需要研究的方向或者解决的实际问题,结合学生个人兴趣和职业规划确定。这样,可以更好满足学生个性化需求,促进学生自主学习和探究。学位成果的内容可以是工程新技术研究、重大工程设计、新产品或新装置研制等。学位成果的完成要由校企导师全程联合指导,引导学生真正解决实际问题,保证相关内容具备充足工作量,培养学生综合运用科学理论、方法和技术手段解决工程技术问题的能力。学位成果要有一定的实践性和应用性,能够解决实际问题或者应用到实际工程中,能够体现学生的创新能力和实践能力。成果形式应不拘一格,科技奖励、学术论文、技术发明专利、技术报告、技术标准、新产品、新装置、软件等均可认定为学位成果。

学位答辩委员会人选应由校企双方共同审核确定,企业/行业专家应占半数以上。学生需要完成学位研究工作的总结报告或学位论文,展示研究内容、研究方法、实验结果和实际应用情况等,以体现学位研究工作的实际效果和学生的综合素质。学位论文(实践成果)评价应将工程技术创新性、解决工程问题成效以及应用价值等作为重要标准。学生在通过评审和答辩等环节,获得相关专业领域的认可和肯定后,可被授予相关学位。若未通过学位答辩,但满足毕业要求的学生,可按通过毕业答辩颁发毕业证书。

案例:北航部分关键领域项目制人才培养流程

以关键软件领域直博生为例,关键领域项目制人才培养的基本流程如图4.3所示。为确保卓越工程师培养质量,校企双方应在项目库确定、招生计划制定、生源考核与选拔、课程建设与组织实施、专业实践开展、资格考试、学位课题研究开题、中期检查、答辩等环节进行全过程协同,互相监督,互相支撑。

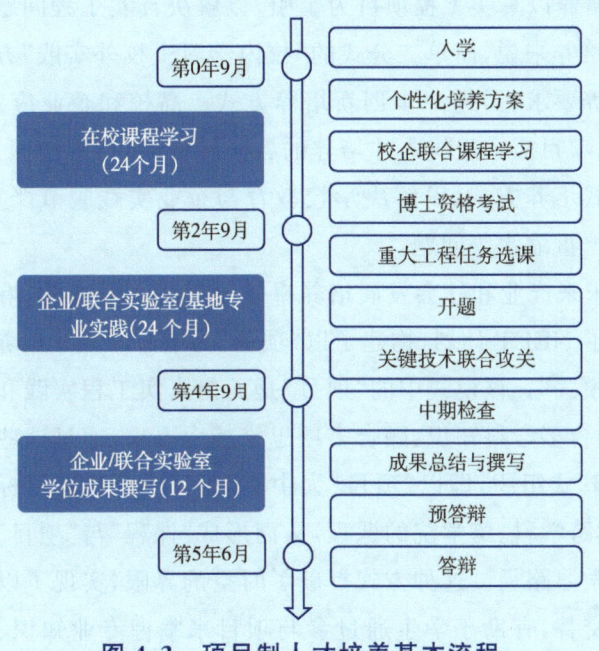

图4.3 项目制人才培养基本流程

4.3 工学交替培养方式探索

在项目制牵引的产教融合培养卓越工程师过程中,合理安排课程学习、专业实践、课题研究等环节十分重要。为更好地实现校企联合指导、协同育人,需要双方导师共同为学生制订个性化培养计划,灵活安排学生在校学习任务和在企工程实践,创新性改造原有培养方式,实施工学交替式培养。工学交替是指围绕项目制校企合作培养的需要,使学生可以在知识学习和工程实践之间灵活切换,通过两者不断交替促进学生能力的提升和工程问题的解决。工学交替式培养,旨在通过理论知识学习和工程实践学习的交替进行和有机结合,助力解决学校教育与企业实践、理论学习与实践学习相脱节的难题,从而促进产教深度融合、校企高度协同,服务于三个根本转变的实现。在工学交替培养中,各个环节和要素应科学、高效、灵活协同,柔性交替以实现螺旋式发展与提升。

项目制培养以真实工程项目为牵引,以解决真实工程问题为方向。对卓越工程师培养来说,简单二分式的"校内学习+校外实践"方式已不能满足项目制培养要求,需进一步创新培养方式。高校和企业应紧密合作、协同育人,根据项目需求组织人才培养的各个环节,实行更加深入、更加灵活的工学交替式培养方式,以解决学校教育与企业实践脱节严重,或工程实践培养环节严重缩水等问题。

为面向未来产业和社会发展培养卓越领导型工程人才,麻省理工学院(MIT)启动了 NEET 计划,构建了以"项目"为中心的人才培养模式,即"项目中心课程模式"。该模式中的"项目"是面向真实工程实践和应用场景的具体项目,包含多学科知识、融合多项思维能力要求;通过这些"项目"实现课程的"串编"式组织,即以"项目"为中心,以完成项目为目标进行课程选修,包括修读跨学科、跨学院的课程,从而形成"课程"与"项目"之间不断跳转的螺旋式学习路径。这种方式打破了时空的界限,实现了以学生需求为中心的柔性交替,有助于学生通过参与项目来掌握专业知识、培养工程实践能力。"项目中心课程模式"对创新卓越工程师培养方式具有很好的启示,后者同样强调"项目"的牵引作用,可以在国家重大需求、领域急需项目的牵引下,以完成工程项目任务为目的,实施在校学习与在企工作实践之间的交替循环。在项目制培养中,学生作为项目团队成员开展工学交替式学习。"工"与"学"根据工程师能力培养规律,以及完成工程项目任务或解决实际问题的需要不断交替,学生的工程能力以及对工程项目的贡献随之螺旋式递进和增长。

在卓越工程师工学交替培养方式下,高校和企业的培养不再是相互"割裂"的,而是高校和企业更早、更多地向对方延伸,形成"我中有你、你中有我"的合作培养机制。在工学交替式培养中,理论与实践通过项目有机结合,"工"与"学"根据项目制培养需要,犹如荡秋千一般进行灵活摆动。具体来说,应在高校学习与企业学习之间、理论学习与实践锻炼之间、学生身份与准员工身份之间灵活切换、多次交替,以支撑项目制培养的有效实施和卓越工程师培养目标的达成。

4.3.1 校企学习的柔性交替

从培养阶段来看,工学交替应是高校学习与企业实践的柔性交替。项目制培养中,工学交替不是先"学"后"工"的一次性简单交替,而是多频次、紧关联的深度交替,如图4.4所示。

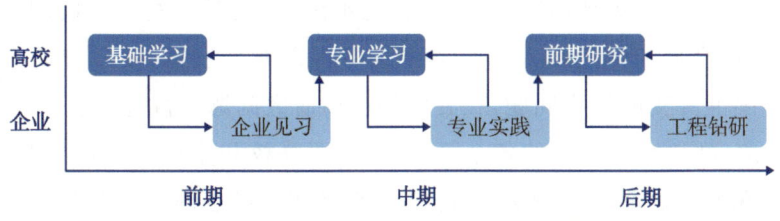

图4.4 学校学习与企业学习柔性交替示意图

在研究生培养前期,基础学习与企业见习交替进行。这意味着,在研究生培养的起始阶段,应让学生在课程学习的同时接触企业、熟悉项目。早期的见习是学生结合课程学习在企业中进行的短期、参观性实践学习,主要目的在于了解企业的实际运作、工作流程、组织文化、职业要求、管理制度等。基础学习与企业见习的交替,一方面可使学生尽早了解企业工作环境、职业特性,另一方面使其在高校的学习更加有的放矢,有针对性地学习相关理论知识,提高能力和技能。

在研究生培养中期,专业学习与专业实践交替进行。在这一阶段,通过校企联合授课、企业授课、学术讲座、企业实践等方式,高校和企业向对方进一步延伸。企业以更深入的方式直接或间接介入课程教学,强化课程的工程性、实践性和应用性。与见习相比,专业实践是学生在企业中进行的更长期、更深入的实操性实践学习,是学生熟悉相关工程领域的工艺、流程、标准、相关技术和职业规范等的有效途径,是结合工程实际开展学位研究选题的重要阶段。在专业实践中,学生通过参与实际工作和工程项目任务来提高自己的实践能力和技能,更全面地了解技术前沿和行业动态。高校应适时介入专业实践中,着重进行理论指导和创新启发,帮助学生适时补充相关基础理论。通过不断交替,使学生的专业知识和专业技能学习更能满足项目需求,为后续开展项目研究打下坚实基础。

在研究生培养后期,学位课题的前期研究与工程钻研交替进行。学位课题研究的流程包括开题、中期考核、年度工作进展报告、成果撰写、预答辩、学术规范检查、评阅和答辩等环节。各个环节都应有企业专家参加。为完成学位成果,学生可在高校和企业之间不断交替开展文献研究、问题界定、理论研究、实践勘察、模型构建、工程钻研等任务。在不断交替过程中,促进研究目标更加清晰,研究内容逐步深入,创新思路不断涌现。通过工学交替,高校和企业在人才培养中优势得以充分发挥,使学位研究工作更好地瞄准真实的工程问题,在真实环境中研究问题,解决问题。

总之,在研究生培养的各个阶段,都需要高校和企业的共同参与、相互渗透。在工学交替中,高校学习与企业实践的界限已变得十分模糊,学生的学习在高校课堂、工程师技术中心、企业岗位之间灵活转换,实现柔性交替。

案例:校企学习柔性交替的行动方案(新一代通信技术领域)

校企双方整合双方资源优势,实施工学交替的校企双螺旋培养方式,确定研究生在不同学年的理论学习和专业实践任务。

在基础理论学习阶段,以在高校完成课程学习和基础科研能力训练为主,重点培养学生的理论研究、文献调研以及基本科研技能;联合培养企业负责安排首席科学家、总工程师或型号总师等进课堂,并组织学生进入企业参观学习,引导学生了解学术前沿、行业动态和发展现状。

在专业实践阶段,研究生要进入工业部门,以企业导师为主指导研究生开展项目研究,同时高校导师需定期参加项目进展的相关讨论,了解学生基础理论的应用情况,适时补充相关基础理论的指导。

在学位课题研究方面,根据研究生在相关工业部门开展的专业实践情况,以高校导师为主指导研究生完成开题工作,校企双方共同指导研究生开展学位课题研究和学位成果答辩。

4.3.2 理论实践的循环交替

从认知发展意义上来看,工学交替是理论与实践的循环交替。具体表现为,课程教学中理论部分与实践部分的交替,高校理论类课程与企业实践类课程的交替,基础知识学习与企业参观见习的交替,专业知识学习与专业实践的交替,理论探索与实践探究的交替等。在项目制人才培养过程中,"工"与"学"之间的不断交替,实现了理论认知与实践认知的螺旋式发展与提升。

第一,是知识层次的循环,即理论知识学习与实践知识学习的交替促进。通过交替学习,使学生在掌握学科基础知识和基本理论的同时,了解行业实践和职业规范等,建立起理论与实践的关联。学生在系统学习理论知识的基础上,深入实践,不断反思和总结,将实践中获得的经验与理论知识相融合,提升对理论知识的理解和掌握。理论知识与实践问题相结合,有助于思考理论知识中的不足,进而推动其更新和完善。理论与实践的循环交替可以通过高校和企业合作授课等方式,在课程建设中加以体现。比如:思政课可由"思政理论课+企业案例"讲座构成,数理化课程可由"数理化理论课+企业数理化应用案例课"组成,专业基础课程可由"专业基础理论课+企业案例与实践课"组成。在"工"与"学"之间交替学习课程,促进认知发展。

第二,是应用层次的循环,即专业理论与实践操作的交替促进。在专业知识和专业技能学习过程中,经过不断交替,使得理论知识和实践能力提升相辅相成,切实解决重理论轻实践、理论与实践相脱节等问题。在工学交替培养中,学生有机会基于所学理论进行具体实践,用理论指导实践,在实践中应用理论。学生将理论应用于实践中,不断检验和完善理论知识的适用性,在实践中发现新问题,为进一步的理论学习提供方向。

第三,是创新层次的循环,即理论探索与实践创新的交替促进。新时代卓越工程师培养对学生的工程实践和创新能力提出了更高要求,希望培养出"善于解决复杂工程问题"的卓越工程师,而工学交替是实现这一培养目标的重要路径。通过工学交替,学生能够在真实环境中,面向真实工程问题进行理论和实践两层面的不断探究,在理论探索基础上深度钻研工程问题,从而实现理论升华和实践创新。学生在深入的工程实践中发现新问题,通过理论引导和探索,寻找新的解决方案,形成创新成果。同时,学生将实践中的成功经验和创新成果升华总结为理论知识,推动创新发展。

总之,高校和企业需要共同创设育人环境,协同育人,在工学交替中使理论与实践的结合贯穿于人才培养的整个过程,而非某个特定环节。通过"工"与"学"的不断交替,从知识层面到应用层面,再到创新层面,理论与实践不断循环,让所学理论能够在实践中得以应用和检验,使学生能够基于理论进行实践创新,通过实践进行理论升华,从而达成卓越工程师人才培养的目标。

4.3.3 双重身份的弹性交替

从角色身份角度来看,工学交替是学生身份与准员工身份的弹性交替。项目制培养的招生由高校和企业共同进行,共同选拔优秀学生进入项目。进入项目培养的学生在身份上首先是高校学生,享受高校的教育教学资源,同时又兼有合作企业的准员工身份,进入企业工程环境和工作岗位,以更好地促进有组织科研与人才培养的结合。对于本身就是合作企业的在职学员来说,则是学生与员工的双重身份。下面主要讨论学生与准员工身份的交替。

学生与准员工身份的弹性交替,为实现高校学习与企业学习的柔性交替、理论与实践的循环交替提供了重要支撑。同时,两种身份的交替在人才培养方面还具有如下优势:第一,可使企业更全面地了解学生,有利于企业培养所需人才,进行未来人才储备建设。第二,可使学生能够更加了解企业文化,适应企业环境,有利于尽早明确个人职业选择和未来职业发展。第三,有益于培养具有"敬业奉献"精神的卓越工程师,培育学生的职业素养和社会责任感。第四,可以更好地锻炼学生的团队合作、交流沟通、组织协调等能力,有助于学生综合素质、社会能力和业务能力提升。

同时,学生与准员工身份的弹性交替也给高校和企业的人员管理带来挑战,高校和企业需要明确各自的责任和义务,签订有法律效力的协议对其加以保障。具体来看,被录取的学生在高校办理入学注册手续取得相应学籍,其思想政治工作、教务、学籍、后勤等日常管理,以高校为主,以相关工业部门为辅共同管理。硕博士研究生的档案、户口、组织关系放在高校,联合培养企业可以调阅和使用。联合培养学生属于国家计划内招生,高校需按照教育部和本校的规定,为学生发放奖助学金。为保障联合培养,校企可签订以下两个协议:

第一,校企双方联合培养项目合作协议,明确双方在学生管理、合作内容、条件保障、人身安全、成果考核、导师聘任、知识产权保护等方面的权利和义务。导师组根据协议共同制定研究生课程学习计划、专业实践和学位课题研究工作计划等。

第二,高校、企业与学生三方签订联合培养协议,明确学生在企业实践期间,企业按实习生待遇向学生(非在职研究生)发放报酬,购买商业保险,规定学生遵守保密、知识产权保护、竞业禁止等规定;对在职研究生,其学费标准按国家规定执行,结合具体工作任务开展专业实践和学位课题研究。

综上,项目制培养中的工学交替具有十分丰富的内涵,其中的"学"有高校学习、课程学习、理论学习等多种含义,其中的"工"也可以理解为工程实践、实践学习、企业学习、企业工作等。工学交替不仅是时空意义上的阶段交替和空间交替,还包含认知意义和身份意义上的交替,甚至可延伸至线上与线下学习交替、虚拟与现实交替、课内与课外交替等方面。本节重点从培养阶段角度、认知发展角度和身份角度对工学交替进行了讨论,以期更好地理解如何通过工学交替来实施项目制培养,促进新时代卓越工程师培养目标的有效达成。

4.4　多元主体课程教材建设

课程是实现培养目标的重要载体,涉及课程定位、内容、教学方法等多方面的组织和安排。课程体系是针对特定教育对象,具有合理层次与严密逻辑的一系列课程的有机组合。卓越工程师的培养要求和目标、培养机制和流程均发生了变化,课程体系重构势在必行。课程体系建设需紧密围绕教育目的和培养目标,以确保课程设置的针对性和有效性。多元主体参与是卓越工程师培养课程体系重构的鲜明特征,有助于解决原来仅依靠高校自身力量办学,校内学习无法满足社会需求等问题。多元主体参与的课程体系重构,需要由来自政府、高校、企业、社会等多方的专业人员,包括决策专家、学科专家、工程技术专家,以及工程教育专家等,共同谋划构建产教融合的课程体系结构,共同建设核心课程,开发核心教材。

重新构建的课程体系应以培养规格和能力标准为基础,与项目制育人和工学交替式培养相适配。新课程体系应更好地与专业实践相结合,助力学生系统完整地学习解决复杂工程问题所需的理论、方法和技术;应促进学生掌握核心专业知识和技能,同时注重体现课程基本理论知识与工程实践之间的内在联系,提升解决复杂工程问题的实际能力;应增大案例与实践教学内容的比重,增加与工程相关的实践内容,加入适用于关键领域工程实践应用的实用技术和典型案例;应将理论课程与企业实践课程有机衔接,强化学生的工程实践能力和综合素养。

课程体系重构包括课程模块设置的调整、核心课程和教材建设等内容,目的是形成层次和结构合理的新课程体系。多元主体参与课程体系重构是产教融合培养卓越工程师的重要体现。教育部门和产业部门通过紧密合作,共同设计课程结构、建设核心课程、开发核心教材,形成产教融合课程体系,将产业领域的新进展、新需求、新问题等融入课程和教学中,使高校教育更能适应产业发展。高校教师和企业专家共同探讨卓越工程师的培养方案、方式和理念,共同参与课程和教材内容的选取、设计和更新,发挥各自特长,开发出真正体现产教融合、适应校企协同培养的课程和教材体系,为项目制培养和工学交替式培养提供有力支持。

4.4.1 校企共建课程体系

1. 课程体系模块优化

在多元主体参与的卓越工程师培养课程体系重构中,校企双方按照产业经济、企业发展需求和高校自身特色确定培养方向,基于关键领域能力要求共同设置包括公共课、领域基础课、领域专业课等在内的大类课程体系,以及包含政治理论课、外国语、工程伦理、工程管理、科技论文写作、研究方法课、数理基础课、领域核心课、领域方向课、实践应用课、案例课、前沿讲座课、学科交叉课等诸多小类的模块化课程体系。课程体系应明确理论学习、实践环节与能力素质培养的内在联系,强化基础理论,拓展实践教学,将工程理论知识传授与实践创新能力提升有机融合。

公共课方面,在传授学生政治理论和外语的同时,增设工程管理、工程伦理、创新方法、成果转化、创新创业、论文写作、领导力等相关课程内容,融入批判性思维能力培养及组织沟通能力的训练和引导,锻炼学生面对复杂工程问题时的主动思考和探究能力,提升其综合素养。

领域基础课方面,从关键领域的要求出发,选取数理课程,构建若干数理课程池;注重领域核心课内容的先进性和实践性,在突出领域共性基础理论并持续更新融入先进理论的同时,结合关键领域的不同特点,加强个性化实践内容,设置验证、设计或实验教学环节。

领域专业课方面,在课程教学目标和内容上要更加体现实践性和交叉性。在合理规划关键领域方向的基础上,领域专业课在布局上要适应方向特点,注重与领域核心课的理论内容衔接,所设置的实践内容要体现综合性,便于学生建立较为完整的知识体系。案例实践课要充分发挥企业优势,以企业为主进行规划和讲授,突出个性化的实践内容。

案例:"两机"领域卓越工程师培养课程体系构建

北航"两机"领域在明确领域能力需求基础上,构建了与能力需求和培养规格相适配的课程模块和结构体系(见图 4.5)。其中,领域基础课模块包含:内流气动热力学、高等传热传质学、航空燃烧学、高温结构力学、高速旋转机械动力学、航空发动机智能控制等6门课程,供学生选择2~3门学习,奠定"两机"理论基础。领域专业课模块包含:航空发动机总体性能数值模拟及优化设计、叶轮机械多学科耦合设计等34门课程,供学生选择2~3门学习,以掌握专业知识,培养专业能力。前沿技术课模块包含:航空智能电推进技术、新型热力循环动力等5门课程,供学生选择1~2门学习,以掌握前沿知识,培养前沿创新能力。工程实践课模块包含燃气涡轮发动机设计等25门课程,供学生选择1~2门学习,以掌握工程知识,培养系统思维和工程创新能力。

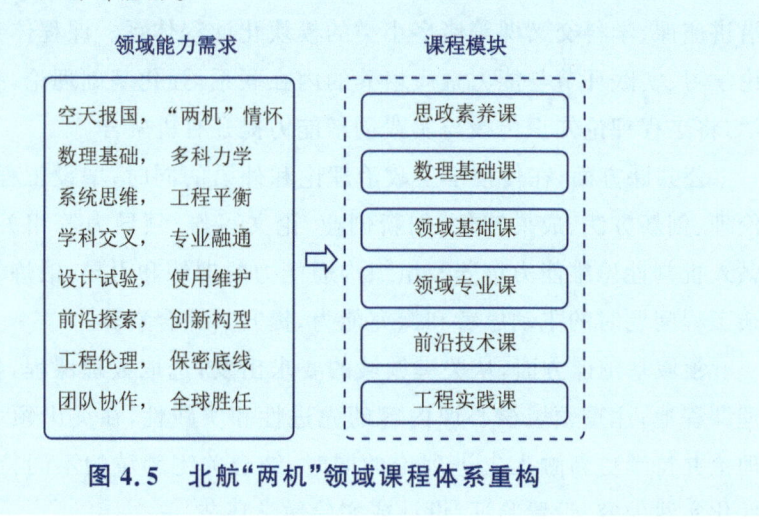

图4.5 北航"两机"领域课程体系重构

2."三三制课程体系"设计

为有效解决企业参与不足问题,促进企业深度参与课程设置和教学,尝试构建"三三制课程体系"。"三三制课程体系",即高校主导课程、企业主导课程、校企共建课程各占三分之一,是重构卓越工程师培养课程体系的一种尝试,充分体现了多元主体共建课程体系的原则。

在多元主体参与下,校企紧密合作,充分发挥各方优势,构建多学科横向交叉机制,打通从基础学科、应用学科到工程实践的纵向创新链,为培养多学科融合、现代科学与工程技术结合的复合型精英人才提供支撑。多元主体的参与有助于课程内容更加贴近产业一线需求,更加关注工程实践问题,让学生更好地了解企业的运营模式和职业要求,提升学生对实际问题的了解程度和解决实际问题的能力,从而培养出符合企业用人需求的卓越工程人才。"三三制课程体系"模块化设置课程,模块之间层次递进、相互支撑。学生根据项目制学习需要,自由选择模块和课程包,实现个性化成长。

高校主导课程重在通用性、共同性的内容,多为公共课、通识课、基础课、基本理论课等课程,比如思政课、数理基础课等。这些课程的目的在于培养学生的家国情怀、文化素养,夯实学生的理论基础,培养学生的基本技能和研究能力。

企业主导课程重在实践性、应用性的内容,多为专业选修课、实践应用课、案例课等课程。其开课目的在于通过实例分析和实践活动,培养学生的应用技能和解决实际问题的能力,并促进学生将理论知识与实际应用相结合。企业主导建设可以突出实践内容的个性化,更好地满足企业项目研发需求。

校企共建课程重在综合性、理论与实践并重的内容,多为专业理论课、领域专业课等课程。这些课程结合高校和企业双方优势,提供更全面、更实用的教学内容,在强化领域基础知识的同时,兼顾企业需求和实际资源。

基于"三三制课程体系",北航"两机"领域构建了模块化、分层级的课程体系,体现了强化基础、突出实践、校企共建等特征,如图 4.6 所示。其

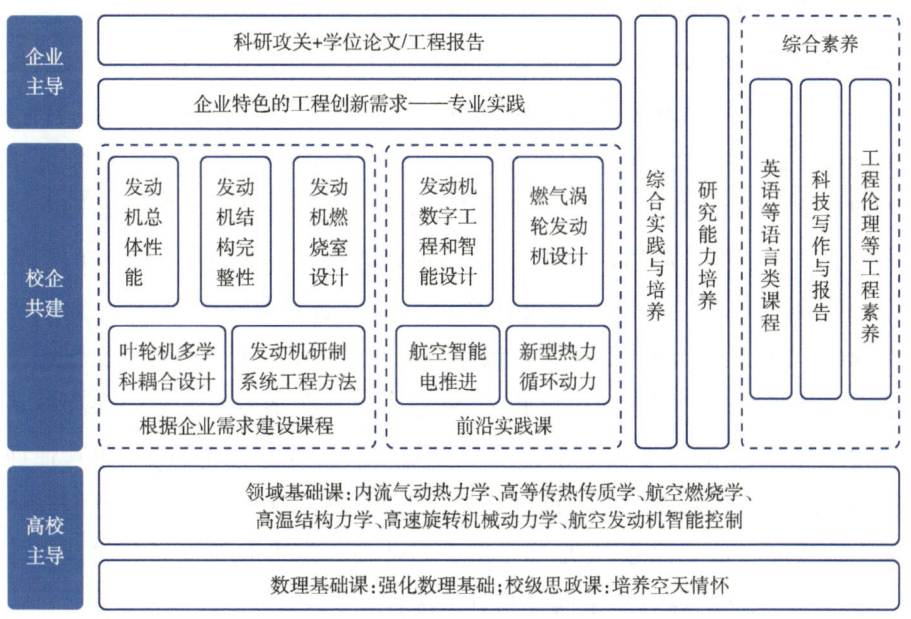

图 4.6 "两机"领域的"三三制课程体系"构建

中,思政课、数理基础课和领域基础课的建设由高校主导、企业参与;领域专业课、前沿实践课等,根据企业需求,由校企共建;体现企业工程创新需求的专业实践等由企业主导建设。

4.4.2 关键领域的核心课程建设

核心课程是传授系统理论知识、传递行业前沿技术、提高工程技术人才实践能力、提升创新系统思维的关键要素,是有机连接理论与实践、推动人才培养与工程科研深度融合的重要载体。开展核心课程建设,是切实破解卓越工程师培养与生产实践脱节问题,促进培养要素向深层次变革,强化卓越工程师产教融合培养的重要举措。卓越工程师培养应面向国际工程科技前沿和国内重点产业发展急需,在每个关键领域设计一批核心课程,强化学科交叉、数理基础、思维方法、实践能力和工程伦理培养;课程建设采取"一校牵头、多校协同、校企共建"的模式,每个领域由1所高校牵头,若干家企业和高校共研,组建专家团队,加大经费投入,通过深入开展研讨,协同建设一批一流核心课程。

1. 核心课程建设

关键领域在构建完善的课程体系基础上,需进行核心课程体系建设。核心课程体系即由核心课程组成的课程体系,是一系列核心课程的集合。对于核心课程的含义主要有两种理解:其一,核心课程是某专业或领域中体现其基本概念、理论和方法等内容的课程,学生通过核心课程学习掌握本专业或领域的核心知识和技能,而其他课程则可理解为核心课程的细化或者延伸。比如,当把整个课程体系分为通识基础课程群、学科专业基础课程群、专业核心课程、专业扩展课程群等部分时,专业核心课程在课程体系中就处于"核心"课程地位。其二,核心课程是在某专业或领域课程体系中,对学生核心能力和关键素养的培养起重要支撑作用的课程,而其他课程则可理解为核心课程的辅助或补充。此时,核心课程体系是完整课程体系中的核心和重要部分,是培养卓越工程师核心能力和关键素养的基础性支撑,其与完整的课程体系同样具有层次性。

可结合上述两种理解来建设关键领域卓越工程师培养的核心课程体

系。首先，核心课程是涵盖课程体系中所有层次、模块的重要课程，即对卓越工程师培养能力要求的各个维度均起支撑作用的核心课程，包括核心公共基础课程、核心领域基础课程、核心领域专业课程、核心领域方向课程、核心工程实践课程等，具体依赖于课程体系层次和模块的划分。其次，那些对领域发展而言，更加关键、更加急需的课程是核心课程建设的重点和优先项，是核心课程体系中的"核心"。因此，核心课程体系建设既要全面，又要重点突出。全面是指，核心课程体系建设要兼顾课程体系中各层次、各模块的课程，以对卓越工程师培养目标有全面的支撑；重点突出是指，核心课程体系建设应重点、优先建设面向国际工程科技前沿的、为国内重点产业发展所急需的、有助于解决关键技术和实际问题的课程，以体现卓越工程师培养服务国家战略需求和产业发展急需的特征。

> **案例：兵器工业集团研究生院校企共建双师同台课程**
>
> 为深入研究理论知识与工程应用的转换接口，进一步增强工程硕博士校企联合培养效果，兵器研究生院在严格落实中组部等九部委校企共建课程要求的基础上，组织系统内外专业力量联合清华大学、北京理工大学等高校开发4门兵器领域双师同台课程。一是创新课程开发理念，提出"工程牵引、产教贯通，优势互补、联合共赢"理念，以国防工程实践需要为牵引贯通产业和教育界，发挥高校导师基础研究优势讲授理论原理，发挥企业导师工程实践优势讲授专业应用，加深学生对理论和实践转化的理解。二是创新课程内容设计，强化理论实践"全链条"协同。课程由校企老师进行紧耦合式设计，课后作业引导学生创新思考，课程设计着眼理论与实践相结合，直面解决现实问题，真正培养其"真刀真枪"解决实际问题的工程思维和工程素养。三是创新课程评价考核，组建多群体评审组，重点评审课程的"高阶性、交叉性、实践性"等，确保课程开发创新符合人才培养需求。课程已在高校开课，受到高校老师、行业专家和学生高度认同。

2. 核心课程建设流程与内容

核心课程建设流程如下：首先，进行核心课程建设论证。论证课程是否是卓越工程师核心知识和关键能力培养的重要支撑，或者为关键领域发展所需。同时,对核心课程建设进行规划,包括明确核心课程的目标和标准、建设方向等。其次,确定核心课程建设团队。选定牵头单位和牵头专家,组建包含不同企业和高校成员的专家团队,构建协同建设机制。再次,设计课程大纲和课程计划。根据课程目标,确定核心课程的内容体系,制定课程教学安排,明确教学模式、教学资源和方法等。最后,进行具体内容和资源的开发,并通过教学实践进行评估和改进,不断优化核心课程的内容、流程、资源和教学方式等。

核心课程作为支撑卓越工程师能力培养的重要课程,应以高标准进行建设,充分体现"前沿性、交叉性、高阶性、挑战度"特征。对于前沿性,课程内容应体现行业领域发展的最新趋势和方向,引入最新研究成果、技术和方法等内容,让学生了解前沿科技发展和应用。对于交叉性,应在对课程涉及的不同领域进行深入分析的基础上,设计融合不同领域知识和技能的交叉性任务,提供跨学科教学资源支持,让学生在应对问题过程中获得跨学科的经验。对于高阶性,课程目标应具有一定高度,课程内容应具有一定深度,通过设计有一定难度的教学任务,激发学生的求知欲和探索欲,培养学生解决复杂问题的综合能力和高阶思维。对于挑战度,课程目标应在考虑学生能力水平的基础上增加挑战度,设计具有挑战性、创新性的教学任务,引导学生发挥想象力和创造力,培养其工程创新能力。

核心课程建设是一项系统工程,从建设内容角度来看,核心课程建设包含课程目标、课程教学内容、课程师资队伍、课程配套教材与教学资源、课程教学模式与方法、课程考核与评价等诸多方面内容。

课程目标。制定课程目标是进行核心课程建设的第一步,其为课程内容设置、教材选用、教学方法选择等提供方向指引。应在深入调研课程主题发展现状、充分征询产业界和教育界专家建议的基础上,制定课程目标,为卓越工程师培养能力标准的达成提供有效支持。

课程教学内容。根据课程目标确定课程应包含的知识点、技能点、态度点等教学要素,进而编写教学大纲,确定对应的具体学习内容。合理设置课程中理论教学内容和实践教学内容的占比,以及两者的有机结合,促进理论与实践的循环交替。核心课程教学内容应结合自身情况体现上述"前沿性、交叉性、高阶性、挑战度"特征,可通过教学大纲、教学日历、配套教材、参考文献、线上资源、数字化资源(图文、音频、视频、动画、虚拟现实、增强现实)和 AI 赋能等形式得到体现。

课程师资队伍。核心课程师资队伍包括建设团队和教学团队。核心课程由高校和企业专家共同参与建设,根据课程性质,由高校主导建设、企业主导建设或校企共建。核心课程建设团队可以由一流科学家和工程师牵头组建,以保障质量。对于教学团队,也应由高校和企业专家联合研究和编写教案、授课,前者主责理论教学,后者主责实践教学,校企教师发挥各自优势、协同授课,促进学生理论认知与实践认知的螺旋式发展与提升。

课程配套教材与教学资源。核心课程建设通常应同时进行配套教材建设,即核心教材建设。根据教学目标和大纲,组织课程团队进行配套教材编写,以及教学课件、案例、图库等的开发。核心课程建设应善于借助数字技术手段提升课程教学效果、质量和灵活性,开发数字课程、数字教材等数字化教学资源,以更好支撑工学交替式培养。此外,核心课程建设还需考虑实践教学支撑环境和平台的配置。

课程教学模式与方法。教学模式与方法也是课程建设不可或缺的内容,且课程内容、教学资源与教学模式之间应该相互匹配,相互支撑。核心课程建设应融入先进的教学理念,采用有益于提升学生工程实践能力、创新能力、问题解决能力等高阶能力的教学模式和方法。同时,注重培养学生学习能力,包括自主学习、协作学习、数字化学习、实践性学习等学习能力。建设和实施 AI 技术辅助教学,倡导采用启发式、探究式、讨论式的教学方法,充分使用案例教学、团队(分组)学习、实践(现场)研究、模拟训练等方法。

课程考核与评价。考核与评价的目的是判断课程目标的实现程度,两者需有对应性。核心课程建设应创新考核与评价方式,包括借助数字化、智能化技术,更有效地评价学生在能力标准各维度上的进步,引导和激励学生在学习中更加注重实践、创新、协作、责任感等能力和素养的提升,以及实际贡献和价值的输出。

核心课程建设是一个不断迭代完善的过程,需要根据实际教学反馈和学生评价等信息,对教学内容、教学模式、教学资源等进行持续调整和改进，以逐步提高课程效果和质量。

4.4.3 数字化教学资源开发

"十四五"规划和 2035 年远景目标纲要明确提出，要加快数字化发展，建设数字中国。数字中国建设旨在推动数字经济发展、提升数字化治理水平、构建数字化社会和数字化生态系统。2022 年，我国全面实施国家教育数字化战略行动，提出要"加快推进教育数字转型和智能升级""推进教育新型基础设施建设，建设国家智慧教育公共服务平台""丰富数字教育资源和服务供给，改进课堂教学模式和学生评价方式"。在数字化发展背景下，对卓越工程师培养的课程、教材、教法等关键要素进行数字化改造升级是必然趋势。

卓越工程师培养模式改革需要构建新型的教学组织形式，以促进课程学习、专业实践和工程研究的柔性交替，新型数字化教学资源开发可为其提供重要支撑。数字课程和数字教材是数字化教学资源的重要形式，具有诸多优势，如：增强学习时间、地点、方式及教学安排的灵活性和弹性；满足学生个性化学习需求，使教学更具有针对性；具有更加生动、直观的教学内容呈现形式，跨时空和丰富多样的交互方式，有助于促进教学效果提升；具有很强的可更新性，有利于促进资源共享等。

核心课程建设要善于将形式丰富多样的数字化资源融入教学中，创建数字课程；同时，通过修订、编写、推荐等方式，建设配套教材，鼓励编写活页式、工作手册式教材，开发新形态数字化教材。在工学交替培养方式下，学生在校内学习和企业实践之间需要灵活转换，接受校企双导师的共同指导，这样会经常出现师生异地、生生异地、时间冲突等问题。数字课程和数字教材建设应以提升工学交替培养的灵活性、增强联合培养的弹性为重要原则，根据人才培养需求规划建设。同时，数字化教学与实体教学应有机结合，辩证认识数字模拟环境和虚拟仿真体验的优势和局限性。

1. 数字化教学资源开发机制

数字课程和数字教材的区别在于，前者是教学内容和教学活动的总和，也就是说其不仅包括数字化的教学内容和资源，也包含基于数字技术的教学活动和过程；而后者作为教材的数字化形态，更强调资源属性，其内容注重全面性和系统性，以文字表达为基础，辅以多种媒体表现形式。可见，数字教材开发应突出其作为教材的教学资源属性。数字教材可作为数字课程的一部分，也可独立使用。然而，越来越多的数字教材在内容和资源数字化的基础上，对教学过程的支持功能也越来越强。数字课程建设和数字教材开发有很大相似性，两者相辅相成，可以齐头并进，亦可以先建其一再相互转化。下面以数字教材为例，探讨数字化教学资源开发建设问题。

明晰课程定位。数字教材是核心课程建设的重要支撑。面向国际工程科技前沿和国内重点产业发展急需，应有计划、有步骤地在关键领域开发一批具有中国特色的数字化核心教材，兼顾数理基础、工程思维、实践能力和工程伦理培养，形成体系。对于拟开发的数字化教材，应充分论证其开发目标和需求，包括其对应课程的性质、教学目标、内容范围等，以明晰课程定位。对于不同定位的课程教材，比如专业基础课、综合实践课，应采取不同的数字化开发策略，优先开发一批具有前沿性的、重点产业急需的一流核心教材，作为示范和引领。

组建开发团队。用于卓越工程师培养的数字教材开发需要由多家企业和高校共同参与，根据课程定位组建专家团队，开展深入研讨，共同谋划、设计和开发数字教材。高质量的校企师资队伍选配，应包含教学一线经验丰富的授课教师和有丰富生产实践经验的企业高级技术人员。对于核心教材，建议由院士、行业总师、总工程师等一流科学家和工程师牵头负责开发，强化教材的权威性、示范性。对于实践类核心教材，建议由企业首席科学家、总工程师或型号总师牵头负责开发。

确定教材类型。数字教材的模式和类型具有多样性，包括电子书型教材、多媒体教材、网络教材、互动式教材、自适应型教材、虚拟仿真教材、扩展现实型教材等。对于卓越工程师培养，数字教材开发应注重新技术、新模式的使用，使之更好地突出工程性、实践性、应用性，为教学模式创新提供有力支撑。比如互动式教材，通过游戏、互动视频、多媒体等形式，使学习变得更加有趣,提高学生的学习兴趣和参与度。虚拟仿真教材通过模拟真实场景、过程和操作,提供更为直观、实用的学习体验。自适应型教材根据学生的学习进度和表现,自动调整课程的难度和内容,以满足学生的学习需求。

优化教学内容。数字教材的教学内容应体现前沿交叉性、工程实践性、系统整合性。及时纳入行业最新知识和技能,引入先进技术和方法,邀请行业专家分享最新研究成果和实践经验,提升教学内容的前沿性。组建跨学科教师团队设计教学内容,开展跨学科交流,加强不同学科知识和技能的融合,以提升教材内容的交叉性。增加实践教学环节,引入实际工程案例,分析和解决实际问题,阐释理论知识在实际工程中的应用,以增强课程内容的工程性和实践性。借助知识图谱技术优化教材内容系统,将教学内容组织成知识图谱的形式,使学生能够更加清晰地理解知识点之间的关系和层次,帮助学生更好地掌握知识;将不同来源的教学资源整合在一起,为学生提供更加全面和多样化的资源;将适合学生的教学内容实施个性化推送,提高学生学习兴趣和效果。

丰富教学资源。数字教材中常见的资源类型包括:文字资料、图片、图表、视频、音频、动画、互动型资源、工程案例、练习、测试等。此外,还可以包括讨论区、聊天室、问答、协同写作、协作活动、学情分析、学习进度管理等模块或工具。工程教育类数字教材一般应包含课程目录、知识点讲解、实验操作、案例分析、在线测试、讨论、多媒体资料、学习辅助工具等功能模块。教学案例库一般包括企业实际生产(服务)过程中的技术系统、局部设备的结构和运行、工业实验室和教学实验室的活动、产业和工程史上的重要发明创造、当前关键技术领域、国际技术竞争前沿等信息制作成的与课程高度融合、应时应景的教学案例,利用数字化和 AI 赋能技术实现案例库的在线共享和智能使用。用于卓越工程师培养的数字教材可根据教学内容的性质,引入丰富多样的资源和工具,增强学生的学习兴趣和参与度,使学生更加轻松愉悦地学习,更好地理解和掌握知识。同时,可以在数字教材基础上建设在线直播课程、录播视频课程、大规模开放在线课程(MOOC)、微课程、智能化课程等形式的数字课程。

规范开发流程。建立规范化的数字教材开发流程有助于提高效率和质量、管控开发中的风险、促进沟通和协作。数字教材的开发流程一般包括：需求分析、确定主题和目标、设计内容和结构、撰写各章节内容、开发教学资源、整合教学资源、评估与完善等环节。建议由专门人员来负责数字教材开发项目的规划、组织、协调和管理，确保项目按时完成，符合质量要求和预算要求。制定数字教材开发标准，开发过程中应进行多次测试和评估，开发完成后应进行持续的优化和改进。搭建教材编写者、编辑人员和使用者三方交流平台，协同促进教材质量不断提升。倡导共建共享的理念，实现不同部门、不同课程、不同教材之间资源共享和互联互通，通过共同建设、共享发展，提升资源的有效利用率。

完善保障机制。数字教材开发需建立全面的保障机制，以推进多方协同合作，确保教材质量和效果。建立协同管理机制，明确政府部门、高校和企业等参与方的职责，制定相关政策和标准，构建有效沟通机制，提高多方协同合作的效率和能力。建立投入保障机制，保障经费、人力、物资投入充足，健全教材开发、应用、运行、维护所需的技术平台和服务体系。建立参与激励机制，给予优秀建设者一定的奖励和荣誉，充分肯定建设者的贡献和成果。注重师资培训工作，提高教师设计、编写和应用数字教材的能力和水平。建立评估监管机制，做好项目立项、结项审核，对教材开发进度、开发质量和使用效果进行监督和评估。此外，还应该维护数字化平台的安全、保护相关知识产权和师生数据隐私等。

2. 基于数字化资源的教学模式创新

数字化教学资源重在应用。只有将数字化资源深度应用于人才培养的实际过程，才能促进卓越工程师培养的体系重构和流程再造。鼓励校企教师在数字教材基础上建设各类数字课程，积极开展教学模式创新。基于数字化资源进行教学模式创新需要充分发挥数字教育的优势和特点，灵活运用各种教学策略和方式，提高教学质量和效果，保证人才培养目标的有效实现。下面将基于数字课程和教材的教学模式创新大体分为三类。

第一类，侧重对传统课堂教学进行改造和升级的创新模式。基于数字化资源开展在线独立学习、线下数字化学习、实时直播连线教学、混合式教学、翻转课堂教学等，并进一步增强教学的交互性、弹性化、智能化和个性化，实现对传统课堂教学模式的改造和升级。① 智慧交互式课堂教学。借助智慧教学工具或智慧教室环境，结合数字课程和教材中的资源和模块，对传统课堂进行升级和改造,增强课堂中的教学交互,丰富课堂教学内容呈现方式,实时提供更高效的个性化学习反馈。依托智慧交互式课堂可以提高学生的学习积极性和教学效果,减轻教师教学负担,提高教学效率。② 弹性学习。该模式强调学习的灵活性和个性化。在弹性学习中,根据学生的学习需求和能力基础,灵活安排学习计划、学习内容、学习方式、评价方式等,不局限于固定统一的学习进度和安排。弹性学习还鼓励学生在学习过程中不断探索和创新,发挥自己的潜力。数字课程和教材为开展弹性学习提供了良好的支持,方便学生在理论学习和实践学习之间灵活切换,在校内学习和企业学习之间顺畅衔接。③ 个性化智能教学。基于自适应、智能化等类型的数字课程和教材,通过数据分析和个性化推荐,根据学生的个性化需求和学习特点,灵活调整教学内容和教学方式,实现个性化教学。

第二类,侧重强化和辅助实验实践教学的创新模式。基于数字课程和教材增强人才培养与工程实践的衔接,通过模拟实验、虚拟仿真、工程案例等丰富的实践教学资源,弥补传统实践教学的不足,促进学生工程实践能力的提升。① 虚拟仿真实验教学。基于虚拟仿真类、扩展现实类数字课程和教材,强化和辅助真实实验和实践训练。这种教学模式可以将实验环境和实际场景进行数字化,基于虚拟环境进行实验实践教学,打破时间和场地的限制,丰富学生体验,帮助学生提高操作能力和实践能力。② 远程操控实验教学。运用虚拟仿真、数字孪生等数字技术和资源创设实验教学场景,开展虚实相结合的实验实践教学。这种教学模式可以帮助学生通过网络虚拟系统远程控制真实的实验设备,解决实习实训难题,提高实践动手能力。③ 工程案例教学。借助数字课程和教材的丰富案例资源,开展工程案例教学。以实际工程案例为教学内容,通过讲解、分析、讨论、解决工程实际问题的方式进行教学。这种教学模式能够帮助学生理解知识的实际应用,有助于提高学生的解决问题能力和实践能力。④ 挑战式学习。这种模式是一种通过困难和挑战来促进学习和成长的方法。通过模拟真实的挑战和困难情境,让学生面对复杂的问题,挑战自己的能力并克服障碍,在解决问题和应对挑战中学习知识和技能。这种学习模式可以帮助学生发展逆境应对能力,更好地应对挫折和失败,提高应对复杂环境、解决复杂问题的能力,培养出更具有韧性和适应性的实践型人才。可以借助虚拟仿真、扩展现实类型的数字课程和教材,创设真实、复杂的工程问题,通过模拟解决实际问题和困境,训练学生的工程实践能力。

第三类,侧重培养高阶能力的其他创新模式。基于数字课程和教材积极创新课程教学模式,突出真实工程问题、工程任务、工程项目对教学的引导,增强课程教学的交叉性、探究性、协作性,促进学生高阶能力培养。① 跨界融合教学。基于数字课程和教材开展跨界融合式教学,将不同学科和领域的知识进行整合和融合,实现知识的跨界交叉和创新。② 探究式教学。借助数字课程和教材中的互动式教学资源和实验平台,引导学生主动参与学习,探究和解决问题。在探究式教学中,鼓励学生对工程问题进行分析和研究,自主提出解决方案,并通过实践验证和改进方案。该模式注重学生在学习过程中的体验和反思,鼓励学生通过实际研究和实践来掌握知识和技能。③ 项目式教学。该模式以完成特定项目为驱动展开教学活动,通常通过团队合作的方式实现。项目式教学侧重于将学习与实践结合起来,使学生在真实的项目情境中应用所学知识,锻炼学生的解决问题能力、实践能力、协作交流能力和创新思维能力。工程教育类数字课程和教材可融入项目驱动教学思想,以完成项目为驱动组织安排教学内容。

小　结

培养要素再造是实施卓越工程师培养模式改革的重要举措,是助力培养能力要求达成的重要支撑。培养要素再造需以服务国家战略需求,致力三个根本转变的实现,促进产教融合、深化校企协同,突出产业界在人才培养中的主导性等为引导理念和推进原则,通过重塑培养目标回应新时代要求、以项目制为牵引再造培养流程、基于工学交替创新培养方式、多元主体参与下重构课程体系、开发数字化新型资源等,来实现培养要素的重组或升级。本章重点探讨了项目制育人机制、工学交替式培养、多元主体的课程教材建设等关键培养要素再造的思路和行动建议。这些关键要素的再造还需要与导师队伍、思政工作、工程师技术中心等的重建或创新紧密配合,共同推动新时代产教融合培养卓越工程师的改革发展。

第5章
校企导师队伍重构

研究生导师是学生培养的第一责任人,肩负着培养拔尖创新人才的崇高使命。培养要素再造等各项工作得以顺利推进,有赖于一支高素质的导师队伍。产教融合培养卓越工程师主要涉及两类导师,分别为高校导师和企业导师,本章将对校企导师队伍如何重构展开探讨。

作为卓越工程师培养的关键群体,校企导师队伍水平直接关系到卓越工程师培养的质量。在传统的导师队伍要求基础上,产教融合培养卓越工程师对导师的工程创新能力、实践育人能力等提出了新的要求。同时,为了确保工学交替模式的有效落实,高校导师和企业导师必须构筑更为密切的紧耦合关系,形成协同育人合力。因此,校企导师队伍建设要在体制机制上重点发力,为打造一支能够胜任卓越工程师培养的高水平导师队伍提供有力保障。

本章将提出我国现阶段校企导师队伍建设的总体思路,重点设计选聘、培育和考评等制度体系,构建校企导师双向流动机制,提出校企导师组协同育人机制,从导师组的组建策略、育人路径和育人保障等方面提出相应建议。

5.1 国内外经验与启示

作为高校和企业两端开展关键技术攻关、培养卓越工程师的实操者,校企导师开展协同育人是校企加强产教合作、推进协同攻关、实现优势互补和利益共赢最直接有效的方式。建好一支高水平校企导师队伍,形成长效、健全的校企导师队伍建设机制,意味着打造了卓越工程师培养的"工业母机"。

近现代欧美工程教育以多种形式加强校企导师队伍建设,推行基于校企导师联合指导的工程学习,典型代表有美国的麻省理工学院、欧林工学院,欧洲的埃因霍芬理工大学、慕尼黑工业大学等。麻省理工学院于2017年8月启动NEET计划,通过打造"双师型"师资队伍,实施终身教职"双轨制",畅通工业界人才引进渠道,吸引行业内优秀人才参与工程人才培养。欧林工学院则设立为期两年、校企合作育人的工程毕业设计项目(Senior

Capstone Program in Engineering,SCOPE),校内外导师基于企业的现实问题结成紧密合作关系,指导学生在真实工程环境中为解决工程问题提供创新方案。埃因霍温理工大学作为全球创新创业教育的典范,尤其注重兼具专业教学能力与创业实践能力的"双师型"教师队伍建设,部分创业导师既是高校专职教师,亦是企业的工程师与科学家,他们按照工作时间分配比例分别在高校和企业中获得相应的报酬,依托校企共建的科技园区、企业实验室,开展工程技术人才培养和技术攻关。慕尼黑工业大学是研究型大学向创业型大学转型的典范,大量具有企业工作经历的工程师兼任高校创业教授与实践导师,创业教授、创业校友以及业界人士受聘主讲创新创业课程。

  近年来,为实现培养具备解决复杂工程问题能力和技术创新能力的工程技术人才,我国工程教育也逐步加大校企导师协同参与人才培养的力度,围绕校企导师队伍建设的重要命题,进行了一系列有益探索。

  从目标要求的角度看,现有研究主要从队伍结构和能力维度方面对校企导师队伍建设提出要求,卓越工程师培养对教师跨界集成的高端创新实践能力、工程实践基础上的系统发展能力、跨行业与跨学科的知识与能力储备等提出了更高要求。有学者提出将"大学教师+准工程师=工科教师"作为专职教师队伍总体要求,并强调注重工程实践经历、多学科交叉融合和数字化能力。

  从体制机制的角度看,现有研究重点围绕"协同育人"这一校企导师队伍的核心功能探讨体制机制的完善,"工程化"或"双师型"导师队伍就是其中的有益尝试。"工程化"导师队伍的建设路径以企业、高校、科研院所共同利益为基础,以产业需求为导向构建产业技术创新战略联盟,使校企师资实现理论知识与实践能力的结合。"双师型"导师队伍的研究热度持续增长,强调加强教师各阶段实践能力培训,提出需要从专职教师评聘、兼职教师聘任管理、教师企业实践假期制度等方面实现"双师型"教师队伍建设,并具体明确校企导师的选聘要求、制定分类评价标准、创新评价激励机制、完善法律法规、搭建教师跨界发展平台等。

  从具体问题的角度看,就教师个体而言,工科教师工程实践指导能力、工程项目管理能力和实践操作能力比较薄弱,前往企业挂职积极性与认可度不高等问题普遍存在;企业导师和兼职教师能力层次不清晰,教育教学经验缺乏,育人质量难以保障,积极性难以调动等问题仍然突出。就教师队伍而言,双导师制未能有效落实、企业导师参与不足等问题首当其冲,而协同育人机制不健全、人事制度与政策保障不完善则是问题产生的主要原因,急需围绕校企导师协同育人过程中可能存在的专兼职教师引进选聘、考核评价、双向交流、跨界发展等问题建立相应的机制体制。例如,有学者提出应对高校工科教师在教学科研考核、职称评聘、入职资格等方面进行政策倾斜,并强化具备工程实践经历的教学团队的引进和建设。

整体而言,国内现阶段,一方面侧重探讨校企导师队伍建设的"大方向",从明确校企导师队伍建设目标要求、健全体制机制等角度出发,为推动卓越工程师校企协同培养提供路径参考;另一方面重在解决校企导师队伍建设的"难问题",主要涉及校企导师队伍建设的具体举措,完善制度保障与激励政策,为破解校企导师协同育人困境提供手段。虽然校企导师队伍建设已经积累了不少经验,但依然未能"跳出教育看教育",校企导师队伍的建设目标和要求仍待明确,"高校热、企业冷"的现实状况仍待破局。

5.2 校企导师队伍建设制度设计

健全的制度设计是建好卓越工程师校企导师队伍的重要保障。新时代卓越工程师培养的高目标、"工学交替"培养的新要求,以及校企共同招生、共同培养、共同选题、共享成果的新模式均需要完善校企导师选聘、培育机制,建立唯学术化、突出工程能力和创新能力的考核评价标准。本节基于校企导师队伍建设的新时代要求,根据校企导师的育人重点,尝试从选聘、培育和考评三个主要环节形成校企导师队伍建设制度设计的整体框架(如图 5.1 所示),为构建新型制度体系,保障校企导师队伍选聘、培育、考评的科学性与特殊性,打造一流校企导师队伍,最大限度地发挥校企双方育人优势提供参考。

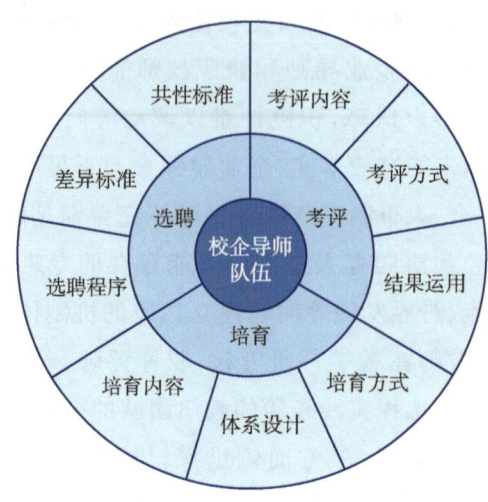

图 5.1　校企导师队伍建设的整体框架

5.2.1　选聘制度

总体而言,企业导师一般由企业、国家实验室、科研院所人员担任,应为在联合培养单位担任重要工程或科研项目、子项目的负责人,且仍工作在工程技术或科研一线;高校导师需要具有一定的工程实践经历和硕博士培养经验,了解所在专业领域国际最新发展情况。校企导师选聘,一方面要面向卓越工程师培养目标,注重良好的职业道德和工程实践与技术创新能力;另一方面要在"工程"与"教育"、"研究"与"实践"中各有侧重。

1. 共性标准

校企导师的选聘需打破传统注重学历及年龄结构的模式,丰富导师来源,满足学生在高校和在企业的不同学习需求。

校企导师的选聘首先应建立共性标准:第一,坚定的政治立场。校企导师需心怀"国之大者",坚定心有大我、至诚报国的理想信念,树立躬耕教坛、强国有我的志向和抱负,坚定卓越工程师培养初心,身体力行起到行为示范作用。第二,良好的师德师风。校企导师须牢记立德树人根本任务,坚持服务国家的使命担当,具有良好的道德品行和严谨的治学态度,为人师表,作风一流,热心育人工作,关心关爱学生成长,培养高质量人才。第三,扎实的业务水平。校企导师应是本领域的"领跑者",具有过硬的专业知识功底,业务精湛、学养深厚,研究能力突出、工作业绩优秀,熟悉本领域工作前沿,有较高的创新水平和较强的影响力,具有国际视野,及时将最新科研成果和国内外教改经验融入教学,注重学思结合、知行统一。第四,完整的指导周期。校企导师需要符合相关年龄要求,在聘期内能保证所指导研究生最长学习年限内的正常指导。

2. 差异标准

校企导师的选聘还应该考虑到校企导师所属领域不同、业绩评判标准不同、在卓越工程师培养过程中发挥的作用各有侧重等方面,从而制定差异化标准。

企业导师应具有系统的专业知识和丰富的工程实践经验,取得较为突出的工作业绩。博士生导师一般应具有本专业领域博士学历、学位,或者具有硕士学历、学位且获高级专业技术职称,或在企业、国家实验室、科研院所担任重要职务,原则上应具有博士生导师资格。硕士生导师一般应具有本专业领域硕士研究生学历、学位且获副高级及以上专业技术职称,原则上应具有研究生导师资格。对于在工程领域表现特别突出的专家,可适当放宽学历和职称的要求。

高校导师应具有较强的理学功底,扎实的工程理论基础,应优先选聘具有国际国内重大工程项目经历的教师。博士生导师一般从高校工程型博士生导师中遴选,且需具有丰富的工程实践经验或企业工作经历,原则上应承担本领域优秀企业长期项目或有重大意义的工程实践项目,也应有完整指导硕士生或协助指导博士生的经历。硕士生导师一般从高校硕士生导师中遴选,且需具有一定工程实践经验,原则上应承担本领域企业工程项目或有一定意义的工程实践项目。同时还需关注其与企业的合作经验和意向,通常应与硕博士联合培养单位具有合作基础,或者研究方向一致并具有合作意向。

3. 选聘程序

校企导师选聘应坚持"师德为先、育人为要、共同推荐、择优选聘"的原则,实行校企共同推荐、共同遴选、按需聘任、动态管理。选聘的导师应符合校企导师共性和差异化标准,有利于促进领域发展,有利于校企协同培养卓越工程师。

高校和企业可采用成立校企导师工作组等方式,具体实施校企导师的遴选工作。校企导师工作组可按领域划分,由各领域高校牵头人和企业代表担任组长。校企导师工作组每年按照师资需求,面向符合选聘标准的校企人员,组织校企共同开展导师申报、推荐审核并建立校企导师库。需要说明的是,校企导师一般按领域入库,导师申请跨领域或调整领域时,应按照遴选流程重新进行申报。校企导师选聘,还需充分考虑与卓越工程师培养的课题方向之间的对应关系,校企双方可各自制定导师申报或推荐的详细标准和流程,定期梳理校企导师库情况,及时清理不合格导师。

5.2.2 培育制度

为更好实现卓越工程师培养目标,在选聘建立校企导师队伍之后,需要通过有计划、分阶段的培育制度,系统化、常态化加强校企导师的能力建设。

1. 培育内容

在培育内容上,聚焦新时代卓越工程师培养的特征和要求,需要与时俱进地梳理校企导师能力标准,建立有针对性的培训体系,对校企导师的理论水平、工程实践与创新能力、教育教学能力、人才协同培养能力、工程领导力、数字化能力等关键能力的提升开展培训。应定期对校企导师的培养能力和其他相关能力进行评估,确定亟待提升的内容,各有侧重地制定校企导师跨界学习计划和能力持续提升计划,实施系统培训。中国卓越工程师培养联合体每年面向全国举办 2~3 次校企导师研修班,推动高校扭转工科教师理科化、脱离工程实践的倾向,引导企业选拔一批有水平、有能力、懂培养的专家,推动校企导师紧密对接,共同指导。截至 2024 年 12 月,培养联合体已举办三期导师研修班,体系化培训种子导师近千人。

2. 体系设计

在体系设计上,针对校企导师培育的不同需求,制定培育制度,规划培养路径,通常包括初期培训和发展培训。首先,校企导师实行"先培训后上岗",由高校和企业组织新任导师开展上岗培训,主要围绕卓越工程师培养目标和定位、培养模式等进行,重点明确校企导师工作职责,系统介绍有关学位与卓越工程师培养的政策法规和制度要求。其次,有针对性地从企业导师提升教育教学能力、高校导师提升工程实践能力、校企导师共同提升数字化能力等方面,持续性地开展专题培训,全方位提升校企导师队伍育人能力和建设质量。

3. 培育方式

在培育方式上,通过开设线上线下相结合的系列专题课程供导师按需选修,定期组织校企导师论坛等搭建跨领域、跨地区的校企导师交流平台,及时分享卓越工程师指导的优秀经验,提升高校导师的工程实践水平和企业导师的教育教学水平。采用"跟班学习"、担任副导师等方式,提供参与教学经验丰富的优秀校企导师(组)培养过程的机会,提升校企导师指导能力。鼓励和支持校企导师通过各种方式赴国内外高校、企业、科研机构进修学习,完善专业知识结构,把握领域发展前沿,不断提高专业素质。

5.2.3 考评制度

考评制度是校企导师参与卓越工程师培养的"指挥棒",一定程度上决定了卓越工程师培养的效果。因此,应对校企导师参与卓越工程师培养的质量指标进行全面考核与评价,统筹考虑人才培养的过程管理和长期效果,设置考核周期,分别由导师人事关系所在单位和卓越工程师培养单位(如国家卓越工程师学院)进行考核,并设计相应机制、合理运用考评结果。

1. 考评内容

考评内容包括投入时间、指导人数、满意度、培养业绩等数量指标及育人效果等。其中,投入时间主要考核校企导师带领学生解决具体工程技术问题投入的时间。指导人数主要考核校企导师可切实针对学生因材施教、开展个性指导的有效人数。满意度主要考核学生对于校企导师开展培养情况的评价。培养业绩可包括具体攻克的工程应用难题、实现的关键技术突破,以及获得的各类科技创新竞赛奖励等。育人效果的考核需要长期跟踪学生就业、职业发展等,学生在职业发展中取得的进步与成果也应被视为一项重要的考核评价指标。

以中国石油天然气集团有限公司为例,公司常态化开展企业导师考核评价,评价内容以卓越工程师培养成效为基础,考核内容分为履职尽责情况和学生培养成效两部分,具体分为师德师风、提升自身指导能力、提升研究生思想政治素质、培养研究生实践创新能力、指导研究生恪守学术道德规范、注重对研究生人文关怀、参与研究生日常管理工作等7个维度,考核结果为导师评优、绩效考核兑现提供依据。

2. 考评方式

考评方式可分为年度考评和培养周期考评。年度考评每学年开展,由导师人事关系所在单位和卓越工程师培养单位共同考查校企导师个人履职和年度培养任务完成情况。培养周期考评在校企导师指导的研究生毕业时开展,以校企共同构建学生全周期跟踪机制为基础,评价全流程、全周期联合培养学生情况,由校企导师人事关系所在单位和卓越工程师培养单位、校企导师工作组等相关组织进行两级考核。

3. 结果运用

校企导师队伍的考评结果可用于导师续聘、学生指标、职业发展、薪酬绩效等方面,以对校企导师队伍进行激励。第一,导师续聘。培养周期考评结果可作为导师续聘的直接标准,结果为合格及以上的,可直接续聘;连续两年年度考评结果为基本合格的,需重新参加校企导师选聘。第二,学生指标。原则上,每个校企导师指导学生人数不超过受聘领域涉及学院的平均生师比。对于培养周期考评为优秀的导师,可适当增加其硕士和博士的招生指标。对于指导的学生未通过学位论文/毕业设计评审、答辩环节的,视情况暂停指导资格。第三,职业发展。高校和企业可根据各自导师管理办法设立卓越工程师培养专项奖励计划,结合高校与企业现有的人事制度与考评规则,在校企导师职务、职称、职级等晋升时对其开展人才培养情况予以单独考虑。第四,薪酬绩效。高校和企业应制定津贴和绩效发放标准,在培养周期内,可按照年度考评结果和培养周期考评结果发放津贴和绩效。

案例： 全国卓越工程师培养优秀校企导师组选树

为切实推进校企导师队伍组织建设，有的放矢培养国家战略人才和急需紧缺人才，中国卓越工程师培养联合体于2024年5月面向国家卓越工程师学院及国家创新研究院等建设单位，开展首批全国卓越工程师培养优秀校企导师组选树工作。各单位积极组织，经过单位推荐、专家遴选和培养联合体审核等环节，共选树10组优秀校企导师组。同年9月27日，在卓越工程师产教融合培养工作推进会上对优秀校企导师组进行表彰，并邀请获奖导师代表作交流发言，优秀校企导师组代表也在卓越工程师培养校企导师研修班上进行了工作交流和经验分享。

首届全国卓越工程师培养优秀校企导师组选树要求如表5.1所列。

表5.1 首届全国卓越工程师培养优秀校企导师组选树要求

观测点	具体内容
师德师风	1. 坚持正确的政治方向，拥护中国共产党的领导，全面贯彻落实党的教育方针，严格执行国家教育政策； 2. 遵循教师职业道德，将师德师风摆在首要位置； 3. 言传身教，充分激发学生爱党报国情怀，传承科学家精神，培育爱岗敬业的职业素养
教育教学	1. 教育教学理念先进，具有国际视野，及时将最新科研成果、产业发展等内容融入教育教学，以扎实学识和前沿研究支撑高水平教学和研究生指导； 2. 熟悉教育教学规律和人才成长规律，能将关键核心领域的技术难题转化为卓越工程师培养的目标任务，结合工程实际需求共同负责学生课程学习和专业实践等工作； 3. 注重教育教学研究，在课程建设、培养改革、实践指导等方面有突出成果。校企导师应主持或参与关键领域核心课程建设和教材编写，实现工程实际与课程教学的有效组织和管理
工程攻关	1. 服务国家重大需求，承担国家重大工程型号任务、重点科研计划项目或重大建设项目等研发任务； 2. 校企导师的学术水平和工程能力在国内外同行中具有比较优势，在国内外学术领域前沿、关键核心技术攻关等方面做出贡献； 3. 注重在工程攻关中培养研究生，切实解决工程技术人才培养与工程实践脱节的突出问题，夯实卓越工程师培养的基础

续表 5.1

观测点	具体内容
团队建设	1. 团队凝聚力强，分工科学，共同开展研究生指导等各项工作，在卓越工程师培养等方面有良好的合作基础； 2. 人员配置合理，校内导师要求师德师风优良、工程实践经验丰富、学术水平高；企业或科研院所导师由高水平工程技术专家担任，一般应为首席科学家、总工程师、型号总师或重大项目负责人等； 3. 成员专业结构和年龄结构合理，团队定期开展学习交流，建立沟通协调机制，积极组织参加国内外研修培训和学术交流会议，构建导师发展共同体

5.3 校企导师双向流动机制

校企导师双向流动机制是为支撑和完善卓越工程师校企导师队伍建设，畅通高校教师和企业人员校企导师双向流动渠道，发挥高校和企业异质性人力资本优势以反哺人才培养而设计的一种人事制度。校企导师双向流动本质上是围绕卓越工程师培养这一核心，通过机制设计打通高校和企业人力资本校企导师双向流动的渠道，形成人才集聚效应、发挥协同育人优势。

5.3.1 内涵特征

高校和企业之间的人员流动不同于单一组织的人事流动，而具有跨界、双向流动、身份转换等特征。为此，引入校企导师双向流动概念，以形象描述高校和企业在协同培养卓越工程师过程中高校教师、企业人员及专家之间的流转现象，将支撑高校和企业人员流动的机制称为校企导师双向流动机制。

校企导师双向流动机制的参与主体既包括高校教师担任高校导师、企业人员担任企业导师等常规校企导师，也包括一些特殊类型的导师认定：第一，高校全职引进的企业专家，在具备一定研究生指导经验后担任高校导师。第二，长期前往企业实岗锻炼的高校教师，仍认定为高校导师，负责对接实岗锻炼企业的企业导师。第三，担任高校兼职教师的企业人员，仍认定为企业导师，负责对接兼职高校的高校导师。第四，高校教师全职转岗进入企业,在具备一定工程项目经验后担任企业导师。

建立校企导师双向流动机制的主要目的是,提升高校工科教师的工程实践能力、技术创新能力和企业人员的工程科学理论素养、技术创新能力;将高校和企业的异质性人力资本转化为育人优势,协同培养卓越工程师。长远目标,是不仅通过校企导师双向流动机制为高校和企业导师建立畅通的双向流动渠道,而且要培育在高校和企业循环流动的导师,此类导师能够按照高校和企业的选拔标准灵活流动,形成人力资本结构高级化的格局,提升科技创新能力,推动产业链、创新链、教育链、人才链有机融合。

5.3.2 实践基础

校企导师双向流动机制是推动和完善导师制度的创新举措,其设计并非一蹴而就,而是建立在以往工程专业学位研究生培养过程中校内外双导师制、企业兼职导师队伍建设等实践经验的基础上。表 5.2 梳理了改革开放以来工程技术人才培养教师队伍建设的主要政策文件。可以发现,长期以来,我国校企导师队伍建设围绕校内外双导师制、企业兼职导师队伍、"双师型"教师队伍建设等开展了大量实践探索,明确了校企导师队伍在类型构成、能力要求、聘任考核等方面的建设要点,突出了校企导师双向流动需要人才供给、管理机制、政策制度等系统的共同支撑,为校企导师双向流动机制的形成和导师制度的完善奠定了实践基础。然而,由于校企导师选拔与组建标准、沟通合作与保障机制等尚不完备,现有导师制度在协同育人中的效果仍受到制约。

表 5.2 校企导师双向流动机制的部分相关政策

年 份	相关政策	政策要点
1984	《关于培养工程类型硕士生的建议》	邀请企业中具有较好理论素养且富有实践经验的高级工程师参加工程类硕士研究生培养指导
1998	《关于加强培养工程类型工学硕士研究生工作的通知》	工程类型硕士生指导教师不仅要在学科理论上处于前沿,而且应具有很强的工程实践能力;鼓励具备条件的教师指导工程类型硕士生,可以聘请厂矿企业、工程建设等单位具有高级专业技术职务的专家担任兼职指导教师

续表 5.2

年 份	相关政策	政策要点
2010	《国家中长期教育改革和发展规划纲要(2010—2020年)》	建立以科学与工程技术研究为主导的导师责任制和导师项目资助制,推行产学研联合培养研究生的"双导师制"
2010	《关于批准第一批"卓越工程师教育培养计划"高校的通知》	改革完善工程教师职务聘任、考核制度
2011	《关于实施卓越工程师教育培养计划的若干意见》	建设具有一定工程经历的高水平专职、兼职教师队伍。选送高校教师前往企业顶岗挂职;从企业聘请具有工程实践经验的工程技术人员和管理人员担任兼职教师或联合导师。同时,改革教师职务聘任、考核和培训制度
2013	《关于深入推进专业学位研究生培养模式改革的意见》	引聘企业专家,高校教师到企业兼职或挂职,校内外导师制和导师组制建设,完善导师和教师考核评价体系
2013	《关于深化研究生教育改革的意见》	建立培养单位与行业企业相结合的专业化教师团队和联合培养基地
2017	《关于深化产教融合的若干意见》	加强产教融合师资队伍建设。支持企业技术和管理人才到高校任教,鼓励有条件的地方探索产业教师(导师)特设岗位计划
2020	《关于加快新时代研究生教育改革发展的意见》	鼓励各地各培养单位设立"产业(行业)导师",加强专业学位研究生双导师队伍建设
2022	卓越工程师产教联合培养行动	聚焦导师选拔的本质问题,充分发挥产教联盟作用,在重点行业重要技术领域试点先行,健全人才引进培育制度,完善评聘考核办法,选优配强一流教师团队
2022	卓越工程师培养工作推进会	统筹用好校企优势人才培养资源;首批18个国家卓越工程师学院建设单位联合发布《卓越工程师培养北京宣言》,提出重构导师队伍

续表 5.2

年 份	相关政策	政策要点
2023	教育强国战略咨询会、卓越工程师培养现场交流推进会	组建高水平校企导师队伍,建设好工程师技术中心、国家卓越工程师学院和国家卓越工程师创新研究院
2025	《普通本科高校产业兼职教师管理办法》	首个聚焦普通本科高校产业教师队伍建设出台的专门文件,旨在充分调动企业参与产教融合的积极性和主动性,优化教师队伍结构,推进高校人才培养与工程实践、科技创新有机结合

资料来源:本表由本章编写组根据教育部官网信息等整理形成。

因此,校企导师双向流动机制有效落地实施的关键在于通过完整的机制设计,明确校企导师作为微观育人主体的身份、权责和流动渠道,为完善导师制度、建设一支胜任满足卓越工程师培养要求的校企导师队伍提供政策和制度性保障。

5.3.3 参与主体

伴随校企导师双向流动带来的人力资本流动,高校教师和企业人员也面临相应的身份转换问题。具体而言,校企导师双向流动的参与主体主要包括 6 类,如图 5.2 所示。

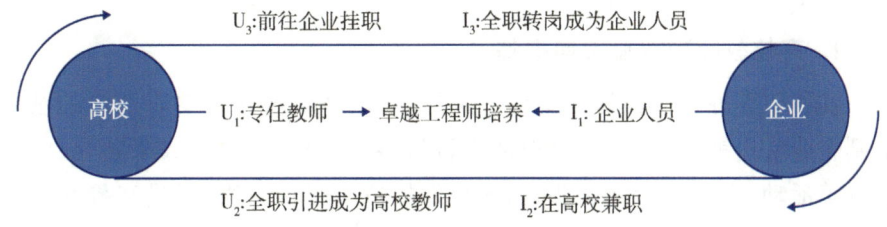

图 5.2 校企导师双向流动机制的参与主体

U_1——高校各学院/研究院符合条件的教师,经资格认定后担任高校导师。

I_1——企业技术骨干及高层管理人员等,经资格认定后担任企业导师。

U_2——高校全职引进/返聘的企业专家等,经资格认定后担任高校导师。

U_3——高校教师前往企业长期实岗锻炼,经资格认定后担任高校导师。

I_2——担任高校兼职教师的企业人员,经资格认定后担任企业导师。

I_3——高校教师全职转岗为企业人员,经资格认定后担任企业导师。

其中,U_2、U_3、I_2、I_3 是校企导师双向流动的主要组成部分,可以认定为循环流动的校企导师;而 U_1 和 I_1 是校企导师的主要"蓄水池"。

5.3.4 机制设计

校企导师双向流动的有效运行,离不开相应的机制设计。经济学视角下的机制设计强调在既定目标和约束条件下,通过资源配置、政策制度等确保机制设计目标与机制参与者利益的一致性,并根据资源有效配置、信息有效利用和激励相容判断机制设计的效果。机制设计遵循博弈论关于主体间理性的立场,提出只有符合主体间理性的机制设计才能有效运作并实现集体或社会利益,因此,机制设计及其运行不仅强调机制运行过程中参与主体的行为理性,而且关注反馈机制与功能,进而探求如何充分发挥资源配置效率,实现主体间理性和机制对资源的最大配置功能。

借鉴机制设计的理论视角,校企导师双向流动设计与运行的重点在于通过机制设计降低校企导师的流动成本,引导人力资本的流动;同时,使参与卓越工程师培养的导师在追求个人目标的同时,达成协同育人的目标。主要包括以下三个机制。

1. 高校教师到企业实岗锻炼

鼓励和支持高校教师在履行好岗位职责、高质量完成本职工作的基础上到企业实岗锻炼,受聘到企业从事科研、咨询、技术开发、成果转化、管理服务等活动,全职履行岗位职责,充分发挥桥梁纽带作用,促进高校和企业围绕关键领域攻关和卓越工程师培养的深度交流与合作。

制定教师实岗锻炼管理办法。第一,对于缺乏工程实践经历的教师,制定刚性培训计划,依托实岗锻炼制度选送教师前往企业锻炼;对于具备工程实践经历的教师制定柔性发展计划,借助卓越工程师培养选送教师定期前往学生所在企业参与实际工程项目、开展协同育人活动。第二,在企业锻炼期间担任卓越工程师高校导师的工作量,可计入高校对教师的年度考核,并支付相应的绩效工资。第三,高校给予担任高校导师的实岗锻炼教师相应的待遇，对因指导研究生产生的交通费用等进行补贴。第四，高校根据实岗锻炼工作性质和研究生指导活动，给予教师卓越工程师培养津贴。第五，教师在企业实岗锻炼的经历认定为工程实践经历，可作为个人发展晋升的支撑。

以中航工业为例，中国航空工业集团公司沈阳飞机设计研究所从"建强企业导师队伍"和"建设导师双聘机制"两个维度构筑校企导师紧耦合关系，加强校企导师之间互融互通。在校企导师双向聘任常态化机制建设方面，开展校所人才共育共用，鼓励学校导师通过"人才联盟"来所兼职挂职，主动吸纳和聘任校内导师参研型号项目，组建柔性攻关团队，担任总师助理、技术负责人、主任设计师等重要技术岗位，涉及总体、机电、隐身等多个技术领域；同时，积极选派推送企业专家骨干前往高校兼职、深造，所内专家在各高校担任兼职教授近40人，通过人才有序流动和导师双向挂职兼职，实现研究所和高校的双赢，营造人才可持续发展的良好生态。

北航等学校制定了教师校外科研实岗锻炼管理办法，围绕国家重大领域、重点产业，组织产学研协同攻关，持续提升教师队伍在关键核心技术方面的联合攻关和工程实践创新能力，对派出教师的管理、支持举措、考核要求和纪律监督等方面做出具体的要求，全方位支持并激励教师揭榜挂帅，到相关科技领域企事业单位进行实岗锻炼。

2. 企业人员到高校兼职

充分发挥校外专家和高层次人才对卓越工程师培养的支撑作用，建立企业人员到高校兼职制度，构建由高校聘任的兼职教授（研究员）组成的兼职教师队伍。队伍主要来源于卓越工程师培养的合作企业，符合校企导师队伍选聘标准。

兼职教师的岗位职责。开设相关领域前沿课程、工程应用类课程，开展学术交流活动，举办学术研讨或学术讲座，符合研究生导师条件的可单独指导或联合培养研究生；参与高校或与高校教师联合申报工程项目或科研项目，开展协同攻关；提供相关资源，指导和推动卓越工程师培养、学术交流、国际合作或产学研对接转化等工作。

兼职教师的聘任考核。依照高校兼职教师聘任管理办法实行聘期制；高校定期组织聘任、开展日常管理与考核，共同明确兼职教师的工作时间、各方权利义务，根据具体工作任务和目标签订工作协议；聘期结束后由高校进行综合考评作为是否续聘的依据。

兼职教师的薪酬待遇。由高校按照合同约定发放工作津贴；推荐兼职教师申报有关国家、省部级人才项目。

3. "工程序列"教师职称发展

在现有教师职称序列基础上增设"工程序列"，具体设置"卓越工程研究岗""卓越工程教学岗""卓越工程实验岗""卓越工程管理岗"等相应标准，鼓励和支持专任教师和引进的企业人员通过"工程序列"晋升职称。对于专任教师，将教师工程实践经历和卓越工程师导师资格作为"工程序列"职称的基本要求，强化工程实践能力、技术创新能力、工程研究能力、工程教育能力考核。对于引进的长期在企业工作的高级工程技术人员和高层次管理人员，也可通过"工程序列"对入相应岗位，以此助力构建高水平应用型导师队伍。

"卓越工程研究岗"，培育和组建高水平创新团队，引领开展重大任务和关键领域攻关并支撑高水平人才培养，开设关键领域前沿课程。

"卓越工程教学岗"，面向工作在工程教育教学一线，尤其是参与卓越工程师培养的教师，领导建设卓越工程师培养教学团队、培养教学骨干，领衔开设前沿创新课程、精品课程等。

"卓越工程实验岗"，引领建设高水平实验技术队伍，开展高水平实验技术研究和大型仪器开放共享工作，领衔开展关键核心技术领域重大实验技术工作；开设实验技术类课程，支撑卓越工程师培养。

"卓越工程管理岗"，引领开展卓越工程师培养相关的项目管理、导师管理、学生管理、教学管理、企业对接与合作等工作，服务和支撑关键领域校企联合攻关和卓越工程师培养。

校企导师双向流动机制有效运行的关键在于解决校企导师的激励问题，通过减少校企导师参与卓越工程师培养的机会成本调动双方的积极性，确保校企导师个体层面的目标和利益诉求与高校、企业组织层面的目标一致。然而，不同类型的校企导师在双向流动中的激励要点存在差异（见表5.3），考评差异通过影响潜在流动成本而制约校企导师的双向流动，当高校和企业对进入双向流动的导师考评差异越大时，潜在流动成本越高。通常情况下，高校考评侧重科研和教学，而企业考评则侧重业绩和成果转化。因此，围绕卓越工程师培养这一目标，把考评重点落在协同育人成效上,将有效降低校企导师双向流动机制的潜在流动成本。

表 5.3　不同类型校企导师双向流动机制设计重点

导师	人事关系	身份认定	选聘标准	考评重点	主要激励政策与职业发展
U_1	高校	高校导师	研究生指导经验;专业领域前沿	协同育人成效	高校教师到企业实岗锻炼制度
U_2	高校-聘任制	高校导师	企业首席科学家、总工程师、型号总师或重大项目负责人、高级管理人员	侧重考评承担研究生的指导工作和课程教学任务、协同育人成效	企业人员到高校兼职制度;"刚性+弹性"薪酬;"特聘岗位"制度协同育人
U_3	高校-企业兼聘	高校导师	在满足 U_1 要求的基础上,参与企业重要工程或科研项目	工程实践或工程项目经验	高校教师到企业实岗锻炼制度;"工程型"教师序列
I_1	企业	企业导师	企业业务骨干、技术专家、高级管理人员	协同育人成效	企业人员到高校兼职制度;弹性薪酬、课程薪酬、"团体+个体"绩效
I_2	企业-高校兼聘	企业导师	在满足 I_1 要求的基础上,具有高校研究生指导经验	协同育人成效	企业人员到高校兼职制度;弹性薪酬、"团体+个体"绩效
I_3	企业	企业导师	原先为高校研究生导师或具有相关专业技术职称	研究生指导经验+工程项目经验	弹性薪酬、课程薪酬、"团体+个体"绩效;企业激励

　　除上述支撑校企导师双向流动有效运行的机制保障外,还需加强顶层设计,建立校企导师信息共享和沟通渠道,使校企导师及校企双方及时共享协同育人的最新进展,持续跟进卓越工程师协同培养的进程,解决可能出现的问题,使高校和企业更好地了解行业人才需求和变化,及时更新和完善卓越工程师培养方案。

案例：北航国家卓越工程师学院校企导师队伍建设

北航是首批国家卓越工程师学院建设高校之一，坚持校企共建、产教融合的思路，通过体制机制创新培养卓越工程师。具体而言，学院面向关键领域，由企业基于实际项目选定研究课题并遴选企业导师，高校则根据企业导师为学生匹配相应的高校导师，由学生选择项目课题和与之匹配的校企导师组，开展灵活的工学交替培养。其中，校企导师双向流动机制发挥了重要作用。

北航以国家卓越工程师学院为纽带，以面向关键领域的相关专业学院和研究院为主体，探索建立校企导师互聘互认、共同考核的校企导师双向流动机制。需要说明的是，本节探讨的校企导师双向流动机制具有普遍性，通常包含高校和企业两个组织；北航校企导师双向流动机制的特殊性在于，国家卓越工程师学院在其中发挥了关键性作用，以此为纽带构建了 3 个 1/3 的校企导师队伍结构，如图 5.3 所示。

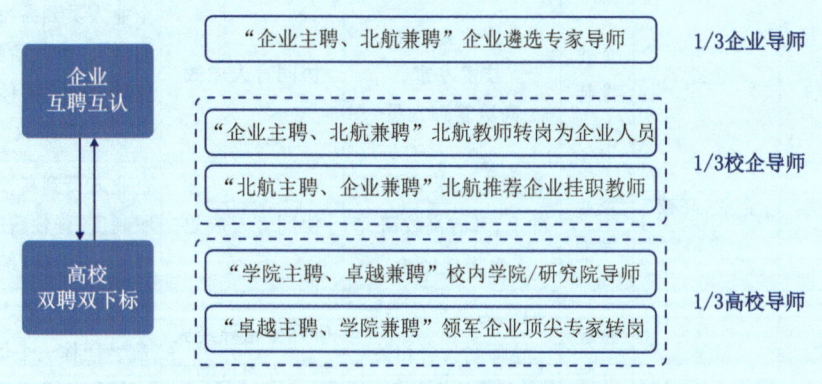

图 5.3　北航卓越工程师培养的校企导师双向流动机制

高校导师占比 1/3。实行国家卓越工程师学院和专业学院或研究院"双聘双下标"，对应解释高校导师的人事关系和身份。一方面，由国家卓越工程师学院兼聘原本属于校内专业学院或研究院的研究生导师为卓越工程师培养的高校导师；另一方面，引进关键领域领军企业的顶尖专家，由国家卓越工程师学院聘任并根据其所属的专业领域实行专业学院或研究院兼聘。

企业导师占比 1/3。由企业遴选专家担任卓越工程师培养的企业导师，经国家卓越工程师学院认定后实行兼聘并与企业互认。

校企导师占比1/3。一方面,北航专任教师前往企业挂职,维持高校人事关系不变并由对应企业兼聘;另一方面,北航专任教师转岗为企业人员,其人事关系调入企业后由企业聘任,围绕卓越工程师培养由北航兼聘。由此,校企导师双向流动机制确保了高校和企业之间人才的合理流动,并打破了传统学科化、学院制培养模式,从校企导师队伍的角度推动卓越工程师领域化、联合制培养。

从政策保障角度出发,北航国家卓越工程师学院基于卓越工程师培养的目标要求,为推动校企导师双向流动机制落地,制定了《校企导师遴选和管理办法》;同时,通过高校层面的顶层设计,围绕校企导师双向流动机制统筹教师兼职管理办法、职称评审实施办法、研究生导师管理办法等现有人事制度,共同支撑校企导师双向流动机制有效运行。

5.4 校企导师组育人机制

培养卓越工程师的过程中,校企导师必须突破以往的零散模式,在队伍建设中体现好、推动好、落实好工程教育的"三个根本转变"。校企导师组育人机制能够有效构建优势互补、密切合作的协同育人共同体,创新组织模式和教学方法,促进形成有组织的人才培养和有组织的科技创新。

5.4.1 组建策略

教育部、国务院国资委在共建国家卓越工程师学院有关通知中明确提出,要"面向工程实践组建联合导师团队,落实校企'双导师'或'导师组'制""形成一批具有示范作用的卓越导师队伍,让优秀的教师教学生,卓越的工程师带学生",对卓越工程师导师队伍建设提出了明确要求。从国家战略需求出发,聚焦产学融合、协同育人目标,在校企导师队伍建设的基础上,系统设计并组建高水平校企导师组是培养卓越工程师的关键所在。

1. 人员构成

校企导师组由 3～5 人组成，企业主导师和校内主导师为校企导师组必需成员，同时任双组长，共同负责学生全过程培养。企业导师是学生在企实践期间培养的直接责任人，是专业实践和职业发展教育的首要责任人，高校导师是学生培养的第一责任人，是学术培养、思想政治教育的首要责任人；根据实际工作开展情况和相关单位具体要求，可在校企导师组内设置校内副导师、企业副导师等，分别作为学生在校及在企业学习期间的重要责任人。在卓越工程师培养过程中，每名学生由一个校企导师组进行指导，高校导师和企业导师在学生培养各阶段明确分工、协同配合，保证学生在校学习与企业实践的有效衔接，实现对学生培养过程的全面覆盖和有效指导。

2. 组建原则

组建校企导师组应遵循优势互补、协作高效的原则。组内成员应在职称、年龄、专业、经历等方面形成合理梯队，有利于形成老中青传帮带机制。校企主导师的学术水平和工程能力应在国内外同行中具有一定优势，研究工作已取得突出成绩，或活跃在某一关键领域的前沿并具有明显的创新潜力；具有较强组织协调能力和合作精神，在领域内有较高的凝聚力；双方具有工程项目合作基础或潜在合作方向，能够依据合作情况指导学生选择满足培养要求的工程问题和符合毕业标准的毕业课题等；互相之间以及与组内其他成员之间能够协同配合，形成紧密的育人共同体，在学生指导过程中针对具体需求，充分发挥各方优势，保证卓越工程师培养质量和效果。同时，为形成校企导师组长效运行机制，真正激发校企导师及校企双方协同合作的积极性和主动性，校企导师组的组建应有利于寻找关键领域核心技术突破的可能性和创新点，组内成员本着合作共赢的原则，缔结为紧密的创新共同体，发挥校企双方的人才、资源、平台优势；在做好卓越工程师培养的同时，实现个人发展目标与校企利益诉求，促进教育链、人才链、产业链、创新链有机衔接。

3. 组建方式

校企导师组的组建可采用"自发组合"和"揭榜挂帅"两种方式。

"自发组合"组建方式,校企双方根据关键领域布局、人才培养情况以及项目选题,在校内外选聘符合条件的关键领域核心专家担任企业导师或高校导师,企业导师或高校导师可直接推荐具有相关技术方向或紧密合作关系的高校导师或企业导师,并与其组成导师组,同时根据需要推荐校企副导师。"自发组合"的组建方式通常适用于具有前期合作基础的校企导师之间,一定程度上可以缩短导师组建设的磨合期,但也可能存在"熟人圈子"问题,导致导师组的改革创新较为困难。因此,需要从制度机制上引导导师组破解固有合作惯性,按照新的要求开展卓越工程师培养。

"揭榜挂帅"组建方式,在全校范围内开展遴选匹配确定高校导师。符合条件的高校导师,按照组建导师组的标准和要求,根据项目选题所属领域、企业导师情况及个人研究兴趣和前期基础等,发起与相应企业导师组建导师组的申请,在征得企业导师同意的前提下,校企导师工作组对申请进行审核,通过后校企导师组即组建成功,并可根据需要推荐校企副导师。"揭榜挂帅"的组建方式可以充分激发校企导师参与卓越工程师培养的积极性,拓展校企导师队伍建设的外延,更好汇聚一流师资和优质教育资源,但在实际工作过程中,需加强对卓越工程师培养新理念、新模式的宣贯,确保导师组成员的有效协同。

将上述两种方式结合,可最大限度吸引理念相近、工程背景相似或交叉互补的校企导师对接合作,深度参与卓越工程师培养,既有助于实现重点关键领域的全覆盖,提升校企导师组建设的质量和竞争力,也为新兴方向和青年教师参与培养留有空间。

5.4.2 育人路径

校企导师组是一个多主体协同的系统,作用于卓越工程师培养的各个环节。基于卓越工程师的培养目标、培养环节、个性需求,校企导师组育人要在分工明确的基础上实现高效协同,需要以实现共同目标为牵引,以共建校企课程为基础,以实施项目育人为纽带,以提升培养质量为导向,通过机制设计促进卓越工程师培养各环节的融合,进而实现校企导师组的倍增效应,如图5.4所示。

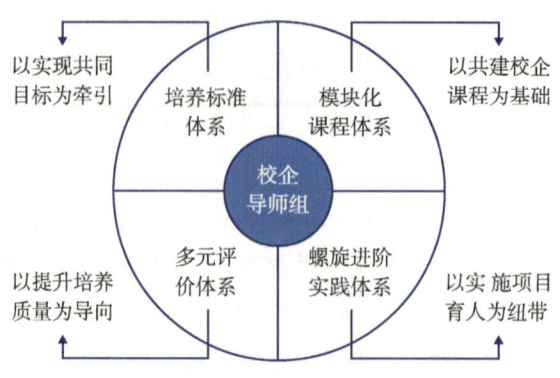

图 5.4 校企导师组育人路径

1. 以实现共同目标为牵引,明确卓越工程师培养标准体系

卓越工程师的培养目标和要求既要遵循人才培养规律,又要满足产业需求,还能够落地执行到人才培养的各个环节。培养科学家式的工程总师是新时代卓越工程师培养的新要求,也是校企双方人才培养的共同目标。校企导师组成员应在第一学年与学生充分沟通,按照各领域培养方案,共同商议卓越工程师培养的标准和实施细节,"一生一策"制定个性化的培养计划。高校导师应结合工程技术领域发展方向,重点考虑高校的目标定位、优势特色,以及自身的科研基础和研究方向。企业导师应从产业发展对工程人才的需求以及自身承担的科研项目角度,考虑人才的层次、类型和结构等,以产业发展、人才培养目标为协同育人方向,共同制定人才培养的目标并细化成为人才培养标准。在后续培养过程中,导师组应定期反馈在学生培养各环节中的计划落实情况,并根据实际指导情况、教学效果和学生反馈动态调整,不断地总结各方面经验和问题,以实现持续改进和培养标准的动态更新与完善。

2. 以共建校企课程为基础,建设"领域-行业"模块化课程体系

卓越工程师培养要避免过去仅由高校教师单方面推动课程和教学内容改革的现象,应与工程实际紧密结合。校企导师组要从产业发展对卓越工程师岗位实际要求的角度,参与建立模块化的课程体系,尤其是发挥企业导师作用,推动卓越工程师课程教学内容更新和教学方法变革。在专业实践方面,根据企业特色的工程创新需求,企业主导确定工程技术研发任务;在基础课程建设方面,结合学生需求,高校主导强化基础知识培养;在前沿探索方面,校企导师组应安排学生定期参加国内或国际学术交流会议等。此外,结合本领域的前沿动态和技术发展态势,开展教学与反思实践,导师组围绕本领域工程实践开展所需的交叉专业知识和技术,开展课程教学,共建工程领域专业核心课程和交叉课程,体现"高阶性、交叉性、挑战度",实现人才培养过程中的理论与实践融合,夯实卓越工程师的根基。

3. 以实施项目育人为纽带,协同构建螺旋进阶的实践体系

以项目为牵引的人才培养,是卓越工程师培养的重要实现路径。其核心特性是,突出项目或问题的实践性、前沿性和创新性,立足解决企业生产、设计、研发、创新、经营或管理活动中面临的重大现实问题。专业实践是卓越工程师培养的必修环节,是培养学生熟悉相关工程领域工艺、流程、标准、相关技术和职业规范等的有效途径。围绕卓越工程师培养所在领域的特点,校企导师组参照实际工程项目的技术需求和发展趋势,协同指导学生需要修读的课程和项目实践。企业导师围绕工程项目实践过程的突出技术问题进行实际指导,高校导师则在与企业导师协同攻关的过程中重点关注学生理论学习和从实践问题中凝练理论问题的能力。专业实践工作应符合培养方案要求,体现所解决工程问题的成效,包括工程技术的难易程度和工作量,在拓宽学生工程视野的同时,应具有一定的科学研究意义。通过开展工学交替培养,实现"实践—上升理论—再实践—形成新理论"螺旋式进阶的培养过程,培养学生的工程创新能力,实现理论与实践的持续融合。

4. 以提升培养质量为导向,探索建立校企联合的多元评价体系

在培养卓越工程师过程中,校企双方需共同商定各环节考核、评审专家组成员,毕业设计或学位论文应由校企导师组共同署名。在联合指导基础上,对于学生的毕业评价,应在与专业实践紧密联系的基础上探索更加多元的形式,如研究报告、工程创新案例、创新产品设计等。学生通过自主学习、与校企导师研讨等方式,研究、总结、升华课程教学模块和项目实践中遇到的工程问题,从中发现和总结规律;在校企导师组共同指导下,将工程问题的解决原理、方法和技术凝练为理论问题并形成毕业设计或学位论文;校企导师组围绕其毕业设计或学位论文的科学性、创新性、系统性等制定考核评价标准,指导学生完成毕业设计或学位论文。高校导师重点评价学生发现和凝练实践过程中的新问题、新想法的能力,企业导师重点关注学生对新技术、新方法的理解与掌握,从实践效果层面开展评价。通过多元的联合评价体系,有效引导校企导师组协同指导学生将理论研究与技术研发和产品开发相结合,全方位培养学生的工程实践、技术创新、工程设计、系统思维、团队合作和项目管理等核心能力,并在协同育人过程中使学生成为创新共同体的建设纽带和联合技术攻关的参与主体,以实现人才培养与技术创新的深层次融合。

5.4.3 育人保障

校企导师组的建设是一个长期的过程。组建之初,虽然在教育教学、人才培养、科学研究等方面已各自具备了一定基础,但导师之间,尤其是校企导师之间仍是一种"弱连接"。校企双方应加强组织管理,提供完善的资源和政策支持,不断提升校企导师组建设质量,以保障卓越工程师培养成效。

校企合作保障方面,校企导师组应建立合作与协调机制、导学交流机制,并签订校企协同育人合作协议,明确校企导师组日常交流方式和培养目标、合作模式、育人要求、评价考核、知识产权等总体要求。在充分参考高校发展规划和行业需求的基础上,共同制定一系列协同育人管理制度,如校企导师管理办法、毕业设计(或学位论文)校企导师指导办法等,厘清校企导师组在不同培养环节的权责利,形成"目标明确、协调顺畅、责任到人"的协同育人实施运行机制。在完善校企层面及各自内部制度规范建设的基础上,校企双方还要共同推动解决在校企导师组育人过程中面临的来自校企外部的问题,为导师组的建设提供稳定的政策条件支持。

校企导师组能力建设方面,校企双方要不断创新方式方法。一方面,可开展示范校企导师组创建工作,明确建设周期、建设目标并提供经费支持,建设期满后进行评估验收,建设成效显著的可确定为示范校企导师组,适时优先推荐参评国家级导师团队;另一方面,需完善基于导师组建设的考核评价体系,建立定量定性相结合、长期短期相结合的指标体系,定期开展考核和诊断性评估,以评促建,不断提升导师组的建设质量和育人成效。

校企导师组协同育人绩效管理方面,可采取"团队—个体"分层考核激励的办法,对校企导师组参与卓越工程师培养的整体工作进行考核评价,并给予协同育人评价绩效奖励;同时,对校企导师组中高校导师和企业导师参与卓越工程师培养的个体贡献进行考核评价,依据个体对团队的贡献发放个体层面的协同育人评价绩效奖励,以有效激励校企导师组内各成员的育人积极性与获得感。

小　结

建设一支能够胜任新发展格局需求、满足卓越工程师培养要求的导师队伍,是校企导师队伍重构的目标。本章梳理总结了国内外校企导师队伍的建设现状,从校企导师队伍的选聘、培育和考评三个方面介绍了制度设计的具体内容,从内涵特征、实践基础、参与主体和机制设计四个方面,并结合北航国家卓越工程师学院的实践,介绍了校企导师双向流动机制。最后从组建策略、育人路径、育人保障三个方面提出了校企导师组的育人机制。目前校企导师队伍建设开展了系列实践,取得了一定成效,但仍需多方主体共同努力,只有通过机制创新、高效协同,并长期探索、不断完善,才能真正组建起高质量、可持续的校企导师队伍。

第6章

学生工作体系创新

学生工作是保证高校坚持社会主义办学方向,全面贯彻党的教育方针,培养德智体美劳全面发展的社会主义建设者和接班人的重要保障。学生工作要牢牢把握人才培养的新形势和新要求,聚焦产教融合培养卓越工程师的重大战略任务,创新工作体系设计、机制保障,助力探索形成高校和企业联合培养高素质复合型工科人才的有效机制,在"努力建设一支爱党报国、敬业奉献,具有突出技术创新能力、善于解决复杂工程问题的工程师队伍"的过程中贡献重要力量。

本章提出卓越工程师培养校企协同"三横三纵"学生工作体系的建设思路及实施路径,阐释基于校企融合"一体化设计"的党建思政体系工作要点,提出涵盖行业领域认知、科研创新实践和奖助育人的基于校企协同"全周期育人"的成长服务体系,以及"一生一组""一校一档""一生一策"的基于工学交替"多频段视域"的管理保障体系。

6.1 学生工作体系创新的总体思路

卓越工程师培养在培养要素、校企导师组队伍建设等方面带来的体系性变革,给学生工作提出了新的挑战和新的要求。把握新发展契机,树立卓越工程师培养的学生工作新理念,是做好卓越工程师培养学生工作的前提和基础。构建中国特色、世界水平的卓越工程师培养体系,需要坚持以立德树人为核心,以厚植爱党报国情怀为底色,其工作重点是如何贯彻爱党报国、敬业奉献的培养目标,其工作要点在于如何厘清责任,实现高校从"单主体"育人到校企"双主体"育人的转变,其工作难点在于如何构建工作体系,实现产教融合共创的"大思政"育人格局。

6.1.1 分析框架

面向卓越工程师培养的学生工作应以党建为龙头,充分发挥高校知识育人和企业实践育人的特色优势,校企双主体协同发力,有组织、有载体、有成效地开展系列思政教育活动,有巧思、有内涵、有创新地拓宽多元思政教育边界,为学生提供多空间柔性服务、打造多形态专业支持平台。通过全面加强党的领导,以"爱党报国、敬业奉献"为首要目标,发挥校企导师的榜样示范和思想引领作用,构建多场域联合思政教育的长效机制,共同凝聚学生的价值追求和精神内核,引导学生党员先锋投身重大工程创新问题攻关。

在学生工作体系框架设计中,充分考虑学生在不同培养阶段的成长特点,由校企共同打造横跨校企的"三横"工作体系,以党建思政体系筑牢思想引领"高线",以成长服务体系提升综合素质"中线",以管理保障体系坚守安全稳定"底线"。应充分考虑校企工作实际和内部分工,划分高校、企业、校企协同三条"纵向"工作线。"三横""三纵"交织形成创新型校企协同学生工作体系,实现对学生的思想引领、能力培养和安全守护,如图 6.1 所示。

同时,为充分发挥"三横三纵"学生工作体系的重要作用,聚焦"爱党报国、敬业奉献精神怎么培育""综合素质能力培养怎么提升""工学交替跨时空保障管理怎么实施"等关键问题,创新设计"一体化设计"的党建思政体系、"全周期育人"的成长服务体系和"多频段视域"的管理保障体系。

6.1.2 实施路径

1. 产教融合,打造"一体化设计"的党建思政体系

面向卓越工程师培养的学生工作,要建立校企融合的思政工作体系,应聚焦"爱党报国、敬业奉献"的育人目标,创新党建工作形式。在打造校企融合"一体化设计"的党建思政体系,体系化开展对学生的思想政治教育的过程中,应以党建促进资源汇聚,紧密围绕人才培养,调动校企双方资源,示范引领形成样板;并以数字平台支撑校企互联互通,充分发挥党建引领作用和"一站式"社区等资源平台的硬件支撑作用,建设形成校企一体化网络。

第一,扎实浸染卓越培养红专底色,做到"关口前移",在招生环节进行思想把关,在入学前教育中进行思政引领,第一、第二课堂紧密联动,思政课程、课程思政、思政工作"三位一体"紧密协同,筑牢学生思想根基。

第二,创新校企基层学生组织建设。在学生入学后,综合考虑关键领域人数分布、年级学生体量等因素设立党支部,按照年级横向成立团支部、

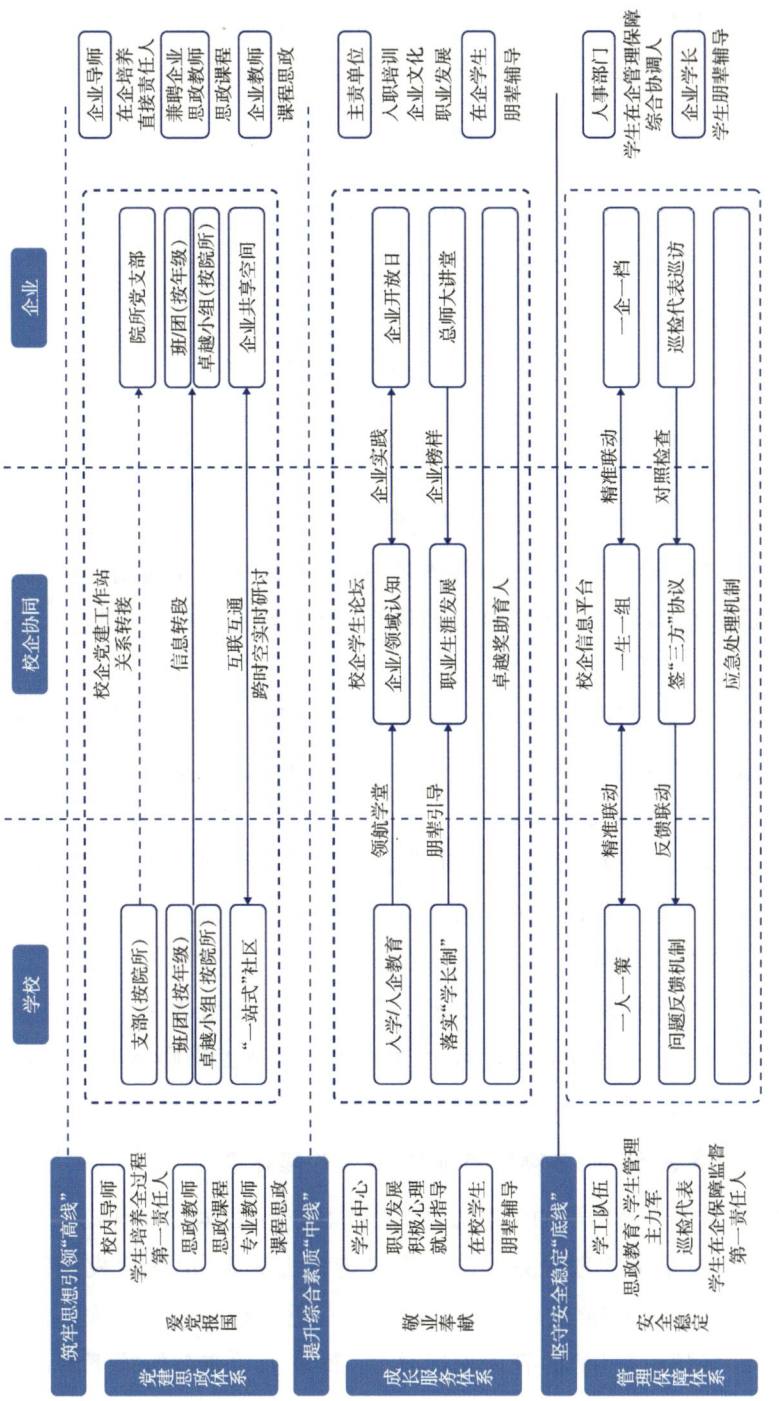

图 6.1 卓越工程师培养校企协同"三横三纵"学生工作体系

行政班级,按照集团建立校企党建工作站,形成横纵交叉的工作网络;在学生转段进入企业时,以企业为单位,建立在企学生交流小组,支撑校企协同稳步开展工作。

第三,打造校企协同育人"样板间"。校企互联互通,社区提供硬件条件支撑,党建提供软件运行;校企共谋共商,助力校企远程实时研讨,企业定向开展宣讲报告;校企共建共享,打造校企数字课程,实现学生与企业员工共同受益的局面。

2. 校企协同,建立"全周期育人"的成长服务体系

面向卓越工程师培养的学生工作要调动校企双主体育人的积极性,切实落实校企双主体育人责任。在打造"全周期育人"的成长服务体系、全过程地实现对学生的能力素质提升的过程中,应由校企协同开展专业领域认知教育,打造螺旋上升的发展教育体系,构建贯通全培养周期的奖助育人体系,不断完善卓越工程师能力培养体系,校企紧密配合全面提升学生综合素质。

第一,开展系统性的专业领域认知教育。开设研究生入学教育课程,建立全覆盖的企业"学长制",定期组织企业赴校宣讲,多措并举共同指导学生加强对专业领域的认知。

第二,开展有组织的科研创新实践教育。结合企业真实项目开展学生工程实践创新活动,让学生在解决实际问题中锻炼创新实践能力,助力全面提升学生的综合素质。

第三,开展全周期的卓越奖助育人教育。设置覆盖入学、培养、就业的全周期卓越奖学金体系,全过程激励学生达成卓越工程师培养目标,将最优秀的毕业生输送到企业。

3. 工学交替,创新"多频段视域"的管理保障体系

面向卓越工程师培养的学生工作,要做好应对工学交替模式的充分准备,做好跨时空学生管理服务保障。应坚持育人为本,以学生发展需求为导向,结合领域、企业和学生的实际情况,以往返于校企间的频次和时间为依据,设计"多频段视域"的管理保障体系,解决工学交替模式下跨时空管理难题。

第一,校企导师协同落实"一生一组"。压实校内主导师"第一责任人"、企业主导师在企实践期间培养"直接责任人"的责任,组织校企导师组定期线上线下研讨,加强校企导师互访、多方联动共谋学生发展。

第二,定期赴企巡访落实"一校一档"。签署"三方协议",建立定期巡访机制、师生座谈机制,明确各类问题反馈路径,及时响应学生在校、在企期间的相关诉求。

第三,精准关爱帮扶落实"一生一策"。实施"精准识别—系统分析—全面关爱"的规范化流程,建立快速响应机制、应急处置流程,推进积极心理健康,为遇到困难的学生提供专业化、精准化的帮扶指导。

6.2 基于校企融合"一体化设计"的党建思政体系

6.2.1 "一体化"组织架构设计

针对校企融合思政教育的难点,通过建设校企融合的"一体化设计"思政体系,为卓越工程师培养过程中的学生思想政治教育提供全新的建设框架,突出组织设计与培养进程有机融合、组织框架与教育体系有机融合、组织落实与主责单位有机融合,契合一体化领导、一体化运行和一体化育人的"大思政格局",完善学生的党团组织关系转接管理办法。

1. 全面加强党的领导是鲜明主题

将党的领导融入卓越工程师培养全过程,构建卓越工程师校企融合的党建思政体系,是实现强化爱党报国情怀教育的内在要求。在推进校企共育卓越工程师的进程中,校企双方要始终坚持习近平新时代中国特色社会主义思想的世界观和方法论。卓越党建工作站和校企"一站式"社区紧密联系、相辅相成、互相贯通、内在协同,将习近平新时代中国特色社会主义思想贯彻落实到教育、管理、培养等工作的各个方面和整个过程中,坚持学思用贯通、知信行统一,坚持把习近平新时代中国特色社会主义思想转化为师生坚定理想、锤炼党性的强大力量,转化为师生指导实践、推动工作的强大力量,以高质量党建引领高质量人才培养。

2. 五个"一线"原则是总体要求

"一体化设计"的党建思政体系按照校企力量下沉一线、思政教育扎根一线、校企文化浸润一线、管理协同围绕一线、服务资源汇聚一线的五个"一线"原则,通过卓越党建工作站和"一站式"社区的有机结合,促进校企优质资源汇聚,实现校企互联互通,升级校企共享空间。以卓越党建工作站作为组织关系依托,以相同领域、相同企业作为价值连接点,辐射形成"领域组"和"企业组",为学生打造理想信念坚定、价值取向一致、情感认知明确的精神家园。借鉴高校"一站式"社区建设的经验,在企建设"一站式"社区,打造学生在企期间学习、活动、交流的线下实体家园。

3. 校企深度融合是制胜密码

卓越工程师培养对校企深度融合提出了更高工作要求,校企在更广范围、更深程度、更高水平上的互信合作为卓越工程师的培养提供了强有力的支撑和保障,"一体化"教育实现高效组织延伸,"一站式"社区托举优质资源互渗。校企资源的延伸不仅让教育培养过程中的"软硬件"能够兼容协同,更能最大限度地实现从宏观设计到微观管理的一体融合。

4. 校企优势互补是内在逻辑

基于校企融合"一体化设计"的卓越工程师学生党建思政体系中,党支部和党建工作站全覆盖实现党员教育管理全流程,校企"一站式"社区配合实现育人效果全阶段,"一体化校企云平台"实现线上线下全交互,将党团组织的政治优势和组织优势与校企平台的教育优势和资源优势结合,有效转化为卓越工程师的培养优势、竞争优势和发展优势,如图 6.2 所示。

5. 运行模式

"一体化设计"的党建思政体系以"一体化校企云平台"为连接点,通过不同阶段线上、线下强耦合模式的转变和渗透,实现整个培养过程的有序衔接和平稳转换。具体而言,在校期间学生身处线下强耦合的高校小组和线上强耦合的企业小组中,学生转段至企业时,则转换为线下强耦合的企业小组和线上强耦合的高校小组。"一体化校企云平台"作为高度自动化、智能化的交互载体,实现了对学生党籍、团籍等信息的维护,翔实记录学生在校和在企两阶段学习、活动和实践的数据,跟踪学生的成长轨迹和发展

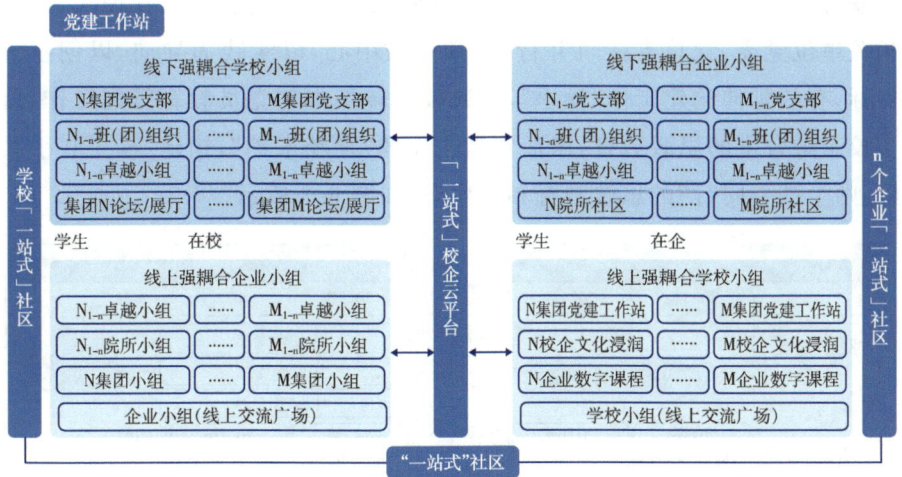

图 6.2　卓越工程师培养校企融合"一体化设计"的党建思政体系架构图

历程,追踪学生、领域与企业之间的互动情况。

在企阶段,强调实践性、包容性和开放性。校企共建拥有线下强关系的实体化小组,以企业思政导师常驻、专职辅导员派驻、思政教师轮驻的方式,将思政力量压实在学生一线。同时,按企业成立党建工作站,聚焦特色党建活动,针对企业特点量身定制思政活动和文化学习,激活企业文化和精神内核背后的报国情、强国志。通过产教精准对接,引领和带动多方力量参与共建特色实践基地,指导学生结合专业特色选题,依据工程实践问题开展社会实践;孵化创新创业、促进科技成果转化,依托企业现有的工程技术先进实践平台,组建高水平校企导师队伍,以校企联合攻克"卡脖子"关键技术为契机,形成产教融合人才培养共同体,打造创新实践平台,实现高校人才培养与企业关键核心技术攻关的合作共赢,提高学生创新与实践能力。

6.2.2　校企融合思政教育实践探索——卓越党建工作站

卓越党建工作站按照联合培养企业和关键领域相对集中的原则,充分结合校企分时空协同推行学生管理的机制进行创新,着力破解卓越工程师培养中思政教育所面临的现实困境。以党支部为依托,按照有利于企业或领域交流、有利于教育活动开展等要求,可设立"功能型"卓越党建工作站。

在联合培养过程中,卓越党建工作站逐步吸纳相应企业思政管理人员,与相关单位党委、党总支接轨并行,以学生为中心,以实践为导向,以创新为目标,有效延伸党建工作"触手",畅通校企转换中的党员教育管理工作,落实校企融合下的思政教育,激活党建工作的"神经末梢",构建"校企联手共建,师生携手同行"的思政教育和谐生态,如图6.3所示。

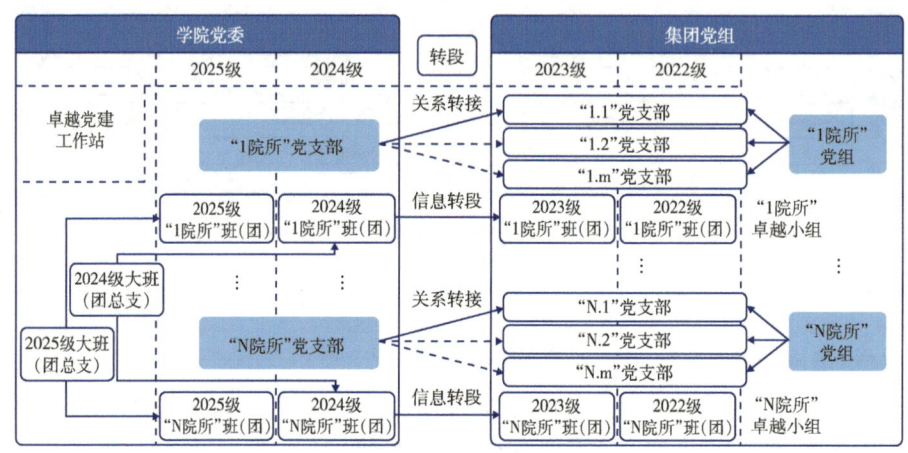

图 6.3　卓越工程师培养校企融合"党建工作站"结构图
（以 2022 级～2025 级为例）

1. 规范建设标准

党建工作站由国家卓越工程师学院党委与企业集团党组共同建设、共同管理,以《中国共产党章程》《中国共产党普通高等学校基层组织工作条例》等为纲领。学生入校后党组织关系属于学校,在以年级为单位的横向班团建设基础上,按照企业院所纵向成立党支部,在学院参加组织生活。在企阶段根据企业内部党支部设置情况,将党组织关系转至企业现有党支部或成立新的学生党支部。校企双方协同共建党建工作站,并汇聚双方优势资源,打造领域特色党建品牌;同时,卓越党建工作站逐步吸纳相应的企业思政管理人员,协同"校、企、思政"三类导师,构建全员参与的育人队伍。卓越党建工作站建立相应的党员、团员规范制度,工作站规范制度,加强组织内学生联系的紧密性,助推党建领域的科研实践与管理教育。整体上,校内党支部长期保留,随换届周期,呈现长期面向低年级硕博士学生、成员动态流转的外在表现。党建工作站覆盖学生在校在企培养的全流程,保障信息转段无缝衔接。

2. 发挥组织优势

针对学生在校企分时空协同管理培养模式下,转段过程中学生学籍、组织关系分散导致的思政管理弱化等问题,党建工作站有针对性地发挥党建工作在培养中的龙头作用。在党建工作站活动中加强校企沟通交流,将企业特色文化作为思政教育资源,打通场域限制,实现党建与业务深度融合。充分发挥组织优势和培养优势,同时谋划、同步部署、同频落实、同期考核,将党建工作延伸到教育培养的全过程,把思政工作深度融入日常,润物无声地引导学生将个人前途理想与国家命运紧密结合。

3. 激发组织活力

选优配强党建工作站负责人,激发党员骨干能动性,开展党员和组织表彰考评工作,在卓越党建工作站中挖掘先进党员事迹,树立党员先进典型,大力开展宣传引导工作。创新主题党日活动内容,与领域发展有机结合,在提升活动质量和吸引力的同时,充分调动学生党员投身科研实践的积极性。打造特色党建品牌,不断激发组织活力,在推进校企对接、产教融合培养卓越工程师的改革中发挥党建引领作用,不断扩大思政教育覆盖面,提升其影响力。真正让广大党员"动"起来,让基层党组织"活"起来,让党建生活"亮"起来。

6.3 基于校企协同"全周期育人"的成长服务体系

卓越工程师培养要适应时代变革,充分调动高校和企业两个积极性,共同探索助力卓越工程师综合素质能力提升的新机制,建设系统性全周期成长服务体系,教育引导学生形成综合素质能力体系和创新思维,成长为"科学家式"的工程师。高校、企业应明确各阶段双主体的培养重点,共同提升学生的行业领域认知,培养学生科研学术能力和综合素质,激发学生的内在潜力和发展动力,促进学生成长为解决国家重大战略需求的卓越工程师。

6.3.1 "全周期育人"的成长服务体系设计思路

在培养卓越工程师技术创新能力和工程实践能力等综合素质能力的过程中,存在着学科领域与国家战略产业发展方向匹配不足、学生创新创造能力实训不足等问题。在新一轮科技革命和产业变革蓬勃发展的大背景下,如何努力造就一支爱党报国、敬业奉献、具有突出技术创新能力、善于解决复杂工程问题的卓越工程师队伍,成为一个迫切的时代命题。

贯彻"全周期育人"理念需要校企双方明确"全周期定位",围绕各阶段培养重点发挥各自作用,切实履行责任义务,构建科学高效、和谐有序的组织机制,实现各要素的有机整合,进而促进学生成长成才。重点可从以下四个方面下功夫:

1. 把握国家战略需求

卓越工程师培养过程中,高校应立足党和国家建设发展的迫切需要,引导学生主动瞄准前沿性、革命性、颠覆性的技术发展,将个人理想与国家社会发展需要紧密结合。强化学生投身国家重大战略需求的意识,利用毕业典礼、毕业生座谈会等契机加强就业引导,加强国家航空航天与国防优势领域的就业服务;与就业部门联动,落实"到祖国最需要的地方建功立业"的行动计划,鼓励学生将个人发展与国家民族命运相结合,积极投身国家重大工程创新。国家战略需求对个人职业发展的指导作用不仅体现在学生在校时的专业选择上,还体现在学生毕业入职后可以聚焦国家战略需求、精确调整职业发展方向、为个人职业发展提供新的前景和空间上。

2. 加强校企协同合作

世界各高校在工程人才培养方面普遍采取与企业合作的模式。德国"二元制"模式、英国"三明治"模式、澳大利亚"TAFE"模式等,均融合了高校和企业二元主体,由校企共同参与人才培养过程。卓越工程师培养,应充分融入企业的技术判断已成为普遍共识,但同时应注重将高校立德树人根本任务、"为党育人,为国育才"要求放在首位、贯穿始终,通过组织国家科学与工程竞赛,激发学生对科学、技术、工程和数学等基础学科的学习研究热情。通过教育和行业、高校和企业密切合作,提高高校工程技术人才培养质量,促进就业意愿提升,培养多种类型的优秀工程师人才。

3. 聚焦核心能力提升

随着近些年中国工业化水平的大幅提高,企业对卓越工程师的核心能力也提出了全新的要求,其核心能力不再是固定能力的集合,而是在成长过程中逐渐形成的科学基础、工程能力,系统思维、人文素养多维互动的领域专属能力,灵活应对未来挑战的领域通用能力,统领社会价值和个体价值的卓越行为能力。这些都是为应对时代发展的需要而应当具有的素质与能力。根据学生的成长规律和个体发展需求,可以将核心素质的培养要求划分为四个基本维度。

(1) 培养敬业奉献精神和基础职业伦理

敬业是职业道德的灵魂,是社会主义核心价值观的重要组成部分。工程科技创新的过程,本质上是一个不断试错、持续迭代的长周期过程,需要涵养敬业奉献品格、塑造社会责任感、锤炼工程职业道德。

(2) 培养扎实科学基础和突出技术创新能力

卓越工程师需要具有从事工程开发和设计所需的相关数学、自然科学、人文社会科学的知识储备,掌握扎实的工程原理、工程技术,关注前沿发展现状和趋势,并具备一定的工程技术创新和开发能力。

(3) 培养系统思维和解决复杂工程问题能力

作为多学科综合体的现代工程,规模日趋庞大,要素日趋众多,复杂性特征也日趋显著。卓越工程师培养要紧扣"善于解决复杂工程问题"的能力要求,重构工程人才能力体系,强化多维思维能力养成,培养造就更多能担纲领衔复杂工程的工程科技创新人才。

(4) 培养领军领导能力和团队综合协作能力

作为大国科研的重要范式,有组织的科研对于我国科技自立自强有着特殊意义。当面向重大型号、系统级科研任务时,各层次、各子系统的分工协作极为重要,这就需要"总师文化"。工程人才需要具备良好的领军领导能力、较强的交流沟通、环境适应和团队合作的能力,集合不同学科和专业背景的研究人员以形成学术共同体。

4. 关注学生成长成才

在"使命、问题、需求"驱动的培养体系中,强调卓越工程师培养"全周期育人"的成长服务体系建设,需要找准突破路径,探索建立卓越工程师培养的综合素质能力培养新机制。随着校企合作的深入,应当加强生涯规划教育的启蒙,从结构上构建贯穿探索期、定位期、稳定期、收获期的职业生涯规划教育体系,分阶段明确职业发展的内容和重点。相较于传统发展路径,卓越工程师的发展应更强调针对性与层次性(见图 6.4),要求各阶段之间进行有效衔接,从微观角度出发,推动从"以高校教学、企业发展为中心"到"以学生发展为中心,以学生自主发展、自主管理为路径,以榜样引导、总师规划、奖助学金引导作为刚性引导机制"的转型;辅以"辅导员引领、企业引导、朋辈辅导"作为补充机制,根据个体差异调整。马克思主义关于人的全面发展理论指出,人是教育的基础和根本,人既是教育的出发点,也是教育的归宿。这要求校企两方从学生的个性出发,把学生的综合素质教育导向与自身发展和成长成才进行有机结合,把完善促进学生全面发展的成长服务体系作为职责和使命。

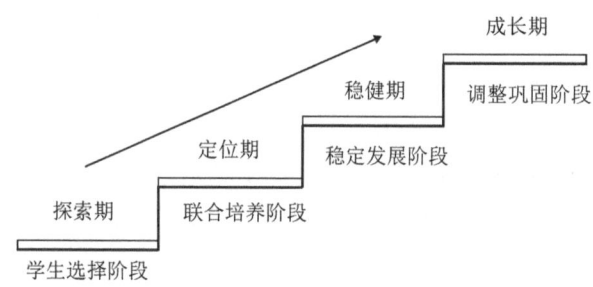

图 6.4 卓越工程师培养职业发展路径图

具体而言,在推进校企共育卓越工程师的进程中,按照卓越工程师的成长时间线,校企协同将全周期的培养要素有机地组合起来,协同进行系统性的专业领域认知教育,实施有组织的科研创新实践教育,配合全周期的卓越奖助育人教育,从三个维度共同发力进行全周期的成长服务体系设计,为学生成长提供全面系统的支持。

6.3.2 行业领域认知

1. 校企联动加强行业领域认知

结合卓越工程师行业领域特点,校企合作共研,开设入学教育课程,建设新生入学教育课程体系。通过精心设计,开展新生入学教育学习活动,帮助新生系统全面了解卓越工程师培养体系,明确卓越工程师的时代使命,增强爱党报国的情怀;通过组织参观国家级实验室、工程师技术中心等重点科研单位,组织赴企参观实践、企业优秀员工讲解等方式,帮助学生建立对企业的初步印象;通过组织"总师大讲堂""企业论坛"等系列活动,帮助学生全面了解企业文化、感悟企业精神。

2. 建立多通道职业路径调节机制

从发生学角度来看,因各学科的思维方式和理论体系存在差异且相对独立,往往会在其知识领域内形成认知排他性。而交叉学科则力求打破学科壁垒、贯通学科内容、融合学科优势,探索协同创新方向。相较于传统的以学科为划分标准的培养模式,在以项目为背景的工程人才职业发展路径规划中,工程人才职业道路细分专业的确定性相对较低,变动的可能性相对较大。在专业领域认知教育和职业路径规划上,应结合实际需求,突破传统做法,充分考虑学科交叉带来的可能性,使实际工作富有前瞻性、针对性和实效性,总师规划路径图如图6.5所示。

当前科技发展推动专业领域的交融裂变,产业和工程人才职业发展环境快速变化,工程人才行业认知、生涯规划、职业决策均存在更大的变化可能。通过在入学阶段协助学生建立多通道职业发展模型,可以有效避免教育工作与学生的实际发展脱节,便于工程人才充分理解自身定位,并根据自身发展及时调整发展路径,持续保持积极的学习状态、工作状态和心理状态。

3. 开展领域前沿系列论坛

依托高校、企业资源,开展高质量、高水平、高标准的工程前沿论坛,通过国际前沿论坛、创新高端论坛和卓越讲堂分系列实现卓越工程师能力培养的目标。国际前沿论坛汇聚海外一流院校的顶尖专家学者,重点聚焦前

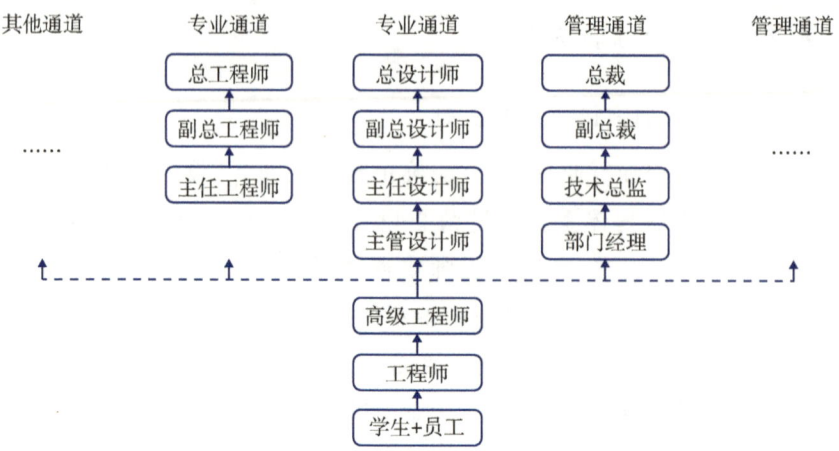

图 6.5 总师规划路径图

瞻性、变革性、引领性的全球基础研究成果和现代工程技术进展;创新高端论坛汇聚相关领域、重点行业的院士、总师、总指挥等,重点聚焦服务国家重大需求的科技攻关;卓越讲堂汇聚一线工程师、青年学者,分享先进理论与前沿技术,解答学生在接触工程项目时面临的困惑,分享项目成功经验,帮助学生广泛学习实践技能,积累揭榜挂帅的勇气与底气。

4. 建立"企业学长制"

建立"企业学长制",探索卓越工程师朋辈教育。在卓越工程师的培养过程中,企业的人力资源管理者和高校的教育工作者都是个体生涯发展不同阶段的陪伴者、见证者和参与者。双方共同设计"企业学长制",对学生进行一对一职业生涯规划指导,选聘企业学长,探索研究生朋辈教育,实现企业与高校零距离对接,开展个性化职业生涯专题讲座。树立企业优秀员工榜样,引导学生自发向榜样学习靠拢,在向榜样学习的过程中,引导学生了解行业的市场竞争态势、行业技术的现状和发展趋势、行业发展的动力和未来趋势。

5. 完善卓越工程师能力培养体系

围绕卓越工程师培养目标,深入推进学生个性化的学习和工程能力的提升,构建以创新实践能力为牵引的产教融合项目育人体系。依托高校、企业资源,开展高质量、高水平、高标准的卓越工程师的能力培养。

围绕创新实践能力培养的基本要求,对关键核心技术领域的重大前沿问题进行科学设计和转化,形成进阶式的项目育人体系,与挑战性的课程体系相互配合,保证卓越工程师培养的前沿性、发展性和引领性。

6. 健全学生职业发展服务体系

围绕就业指导与职业发展,面向卓越工程师从入学到毕业的培养全过程,健全学生职业发展服务体系。聚焦新时代国家重大战略需求,校企协同系统性开展卓越工程师就业引导工作,实施精准对接、全程指导的职业发展服务。设立专项就业奖学金,制定允许提前评聘职称等富有吸引力的留企就业激励政策,依托校企导师组联合开展就业座谈、职业辅导等活动,着力提高学生的企业认同感和留企意愿。校企导师、辅导员与学生充分沟通,了解学生的兴趣特长,对工作单位、工作地点、工作岗位的意愿,打通集团内互通就业通道,基于企业实际情况合理安排、做好统筹。建立卓越工程师职业发展档案,跟踪、指导其职业发展情况,定期提供就业发展咨询服务,帮助其解决在职业规划和就业准备过程中遇到的困难和问题。毕业后继续跟踪学生的职业发展情况,收集反馈意见,不断完善在校期间的职业发展服务体系,形成闭环,为后续学生的就业引导提供参考。

学生留企后,企业通过政策性吸引、接续性关怀、全方位支持,进一步加强卓越工程师接续培养,推动学生留企就业后实现"能力进阶—价值创造—长效发展"三位一体目标,打造政治过硬的技术领军队伍,健全企业端接续培养生态,提升企业人才留任率、技术贡献度及职业成长效能,为国家战略科技力量建设提供高水平人才支撑。对留企学生实施"X 年接续培养"规划,提供平台、项目、政策支持,全力协助推进解决住房、子女入学、医疗等问题。

北航与联培单位协同探索学生就业引导工作,已推出 AI 修改简历和 AI 模拟面试功能,并推进就业数字人建设。2022 级硕士生入企初期因理论认知与工程实践脱节、企业文化认同不足等原因产生适应障碍。依托定期巡访机制,校企及时发现并定位问题。通过校企联合座谈共商学生培养、组织开放日活动宣传企业文化、部门内协调就业指标等途径,学生提升了专业实践的获得感和对企业的归属感,以优异成绩通过学位答辩,最终选择留企工作。

6.3.3 科研创新实践

全周期系统性的校企合作模式具有显著的优势,有利于解决高校教学和企业需求脱节的情况。随着校企合作的深入,结合企业真实项目开展工程实践创新活动。

1. 营造朋辈引领氛围

邀请优秀企业代表与学生分享企业成长感悟,充分发挥"爱党报国"和"敬业奉献"精神的引领作用,引导学生不断追求职业生涯的高度,实现自我价值;追求职业生涯的长度,将人生目标和职业目标完美融合;追求职业生涯的宽度,实现工作和生活多角色、多状态的和谐;追求职业生涯的温度,在工作和学习中感受到暖意,体验到快乐和幸福。

在新生入学教育阶段,打造入学教育体系。组织好新生入学教育第一课,通过企业专家宣讲、企业参观实践等方式,帮助学生系统全面地了解卓越工程师培养体系,建立对各个专业领域的基本认知,通过组织赴企参观实践、企业优秀员工讲解等方式,帮助学生建立对企业的初步印象。

依托实践基地,举办学术沙龙、工程素养讲堂。将学术沙龙作为师生学习交流的新型知识场域,针对开放式话题研讨,引导参与活动的学生及嘉宾快速进入讨论的主题,在思想上形成共鸣。将工程素养讲堂作为提升科研素养与能力的重要知识场域,邀请高年级硕博研究生,面向低年级研究生开展专题分享会,针对学生在校期间和在企业期间的学业生活安排、专利撰写与申请、程序设计、开发技能学习等话题,帮助新生建立工程思维,夯实学术基础,提高信息检索、论文阅读和文章撰写的效率,增强学术规范和学术道德意识,全面提升科研素养与能力。

2. 打造高水平创新科研体系

依托国家重大项目,建立校企协同的项目育人体系,引导学生敢于创新、勇于突破。以项目为中心,深入推进学生个性化学习,构建起以创新实践能力为牵引的产教融合项目育人体系。

项目培养体系与院所、企业联合,以进阶式项目牵引的方式兼顾知识链的横向交叉与创新链的纵向贯通,可以分为"揭榜挂帅"和"直接申请"两类,不断激发企业与学生的创新探索意识。"揭榜挂帅"类项目由企业"出题",由学生组队进行申请,高校对其择优遴选;"直接申请"类项目,由高校和企业共同选定关键技术领域,在领域内由学生组队进行申报,课题来源于企业项目,由高校组织专家评审。

激励学生扎根工程实践和生产一线,达成培养目标,加强就业引导。允许毕业生提前一年参评所在企业、国家实验室、科研院所的工程师和高级工程师职称;研究生毕业后留在相关企业工作的,企业实践时长计入工龄;同时畅通分流渠道,及时让不适应培养要求的学生退出。

校企结合学生发展需求和工作实际,共同探讨明确学生在各培养阶段需要的职业发展指导和支持保障,引入企业优秀员工、人力资源部门、企业领导等多方力量,建设全员参与、全程指导、全方位支持的职业发展教育体系。会同相关行业主管部门在准入类工程技术领域探索建立工程师制度,推动国际工程师资格互认。

3. 举办卓越工程师创新挑战赛

围绕"赛育协同"驱动卓越工程人才培养等热点问题,提出校企合作探索科创竞赛"样板间",打造卓越工程师培养新"增长点"。举办卓越工程师创新挑战赛,可以为高校储备科创"真项目",为企业解决工程"真问题",为学生锻炼实践"真能力"。

卓越创新挑战赛面向工程创新,瞄准关键领域"卡脖子"难题,由高校、企业、科研机构等单位发布前沿性、应用性和可赛性较强的工程实践选题,积极引导广大师生参与创新创业实践,鼓励学生协同创新、敢于亮剑,引领学生胸怀"国之大者",提升学生技术创新能力,破解复杂工程问题,强化学生横向交叉链能力和纵向创新链能力。

卓越工程师创新挑战赛按照关键领域方向,组成"1杯N赛"的竞赛体系,还可进一步分为:领域赛—全国赛,"1杯"即全国赛"卓越杯",力争将校企合作举办卓越工程师创新挑战赛升级到和"挑战杯"同等级别,"N赛"即18个卓越工程师培养关键领域赛。

卓越创新挑战赛参赛作品突出产教融合,由校企导师立足产业一线提供项目命题,选题要求来源于工程实际,聚焦"卡脖子"技术,解决实际问题,成果具有工程应用价值。鼓励卓越工程师培养学生结合工程实践项目,将工程实践创新成果转化为参赛作品。

6.3.4 奖助育人工作

激励学生扎根工程实践和生产一线,达成卓越工程师培养目标,向企业输送优秀的毕业生,实现卓越工程师培养校企协同、有效衔接,应进一步完善卓越工程师培养奖助体系,建立覆盖"入口－过程－出口"全阶段卓越工程师培养的奖助保障体系,加大研究生奖助学金的力度并扩大覆盖面,可以按类别分设"卓越启航奖学金－卓越领航奖学金－卓越就业奖学金"多层次的奖助保障体系,并设立专项奖助学金、助学贷款等进行定向支持,最大化发挥卓越工程师培养资助育人作用,更好地服务国家重大战略需求,进一步提升高校人才培养质量和社会服务能力。

卓越启航奖学金和卓越领航奖学金应以国家、高校投入为主,企业投入为辅,卓越就业奖学金应由企业出资设立。通过建立完善新型奖助体系,解决学生学费及生活费的后顾之忧,使学生充分发挥个人潜能,更好地激励学生全身心投入到科学研究工作中来,从而提高人才培养质量。卓越工程师奖学金类别和定位如图 6.6 所示。

图 6.6 卓越工程师奖学金类别和定位

1. 入学阶段

卓越启航奖学金评定面向对象为每年录取的新生,激发学生的学习热情,探索科学前沿,鼓励学生培养创新思维,提升科研能力,以满足国家重大战略的需求以及经济发展和社会发展的需要。

2. 培养阶段

卓越领航奖学金评定面向对象为规定学制年限内的全日制非定向学生。卓越领航奖学金旨在表彰优秀学生，充分发挥标兵模范作用，激励学生达成卓越工程师培养目标，进一步引导学生扎根工程实践和生产一线，在工程实践中凝练和培养科学研究方法，强化技术创新能力和解决复杂工程问题的能力，持续提升核心竞争力，更好地发挥高层次应用型人才的引领作用。

3. 毕业阶段

卓越就业奖学金评定面向对象为毕业后继续留在培养企业就职的优秀毕业生，旨在加强就业引导，向企业输送优秀的毕业生，实现卓越工程师培养的校企协同、有效衔接。

6.4 基于工学交替"多频段视域"的管理保障体系

工学交替培养模式下，学生跨时空交替存在不确定性，且地域分散程度大。硕士项目学制3年，直博项目学制5年（或以上），须在高校进行公共课程和专业基础课程学习，在企业、国家实验室或科研院所进行专业实践。每个学生工学交替的时间并非固定且一致，以硕士为例，工学交替可以分为以下三类：一是刚性交替，学生往返校企的频率处于低频段，即学生第一年在校学习，后转段前往企业专业实践两年，属于"1+2"模式；二是弹性交替，学生往返校企的频率处于中频段，即学生第一年在校学习，后两年根据项目的需要定期往返校企之间，属于"1+X"模式；三是弹性交融，学生往返校企的频率处于高频段，学生第一年在校学习，后两年频繁往返校企之间，校企培养管理深度交融，属于"1+Y"模式，如图6.7所示。三类模式在学生管理保障要求方面有着很大差别，校企各自负有的责任、需要联动开展的工作也各不相同，其培养的个性化很强，对于工作人员的要求很高，校企应当深度开展合作和研讨，加强学生管理保障体系顶层设计，携手应对不同频段下学生管理保障的全新挑战。

卓越工程师培养的校企协同管理应坚持"共同负责、分段主责"总体原

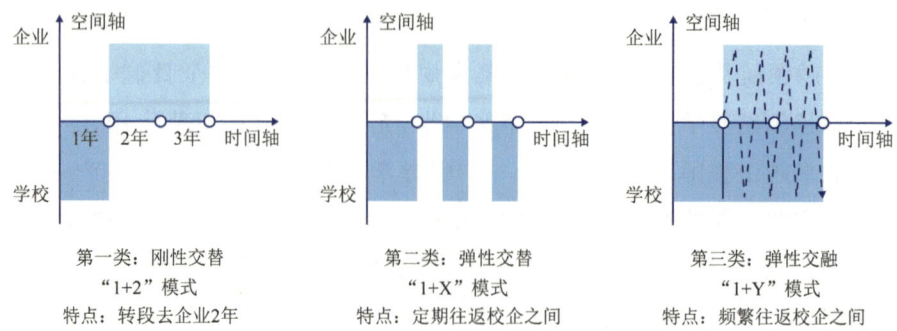

图 6.7 工学交替培养模式三类典型情况

则,在校阶段,国家卓越工程师学院应承担培养的主体责任,协同联动相关专业领域学院、相关部门和联合培养企业,做好学生的思政教育及管理服务保障工作;在企阶段,企业应承担培养的主体责任,协同联动高校做好学生的思政教育及管理服务保障工作。通过签订校企生"三方"协议明确各自的权利、责任和义务,约定学生在培养过程中的管理、服务和保障措施。

6.4.1 校企管理模式的异同点

高校传统的"单主体"育人模式已经积累了大量的育人经验并已经形成成熟的育人模式,但是在校企"双主体"育人模式的新形势下,过去的经验和传统的模式难以符合全新的培养要求。就学生管理工作而言,需要结合工学交替的新形势和新要求建立全新的校企协同学生管理服务体系。工学交替培养模式重在跨时空的"交替变换",需要深入分析研究高校学生管理模式和企业员工管理模式的异同,探索建立连贯、融通、交互的工学交替学生管理模式,帮助学生平稳地完成在校企之间的过渡。

1. 高校学生管理模式

一直以来高校不断在培养体系、机制制度等方面加强建设,推动学生管理工作向多主体联动、主动精准感知、网络化数字化的新管理模式转变。2017年,教育部修订了《普通高等学校学生管理规定》,提出了更高的要求,包括坚持社会主义办学方向,以学生全面发展为本,强化依法治校,树立服务意识等。高校积极探索学生管理的路径方法,促进教育、管理和服务的有机融合,不断提高学生管理服务效能。

(1) 多部门协调联动的管理服务组织机制

高校学生管理服务通常由学校党委领导下的多个部门共同负责,包括学生管理部门、教学科研机构、组织宣传部门、后勤保障部门等。其中,学生管理部门是学生管理服务工作的核心,负责协调联动各部门,共同为学生提供日常事务管理、心理健康教育、就业指导和创新创业等多种服务;负责组织开展各项保障工作,规范学生群团组织建设,协同解决学生问题,促进学生全面发展。

(2) 支撑学生全过程培养的工作服务体系

高校学生管理服务的重点内容主要包括学生事务管理、学风建设管理、生活服务、心理健康服务、就业指导服务以及学生权益保障等。其中,学生事务管理包括学籍管理和安全管理等,学风建设管理包括出勤管理和课堂纪律等,生活服务包括宿舍和餐饮服务等,心理健康服务包括心理咨询和辅导等,就业指导服务包括招聘信息发布和求职技能培训等,学生权益保障包括权益维护等。

(3) 管理与服务协同育人的人才培养目标

高校学生管理体系要坚持以学生为本。通过将教育引导和制度规约相结合,打造多元互动的管理服务平台,提高专业化的学生管理服务水平,致力于实现管理育人和服务育人的目标,促进学生高质量发展。高校学生管理体系主要包括两方面:一方面是发挥学生自主管理作用,搭建自我管理、自我学习、自我发展平台,形成自驱动管理模式;另一方面是创新开展多主体协同治理体系,以学生成长发展为核心目标,整合课内课外资源,协同各机构人员,构建协同治理体系,发挥校企合作优势。

2. 企业员工管理模式

企业员工管理是为实现企业目标而对员工进行全面、系统、科学管理的方式,包括招聘、培训、绩效管理、激励机制、福利保障和关怀服务等。近年来,大型国有企业和科研事业单位的员工管理模式不断创新,更加注重人才引进和培养、绩效管理和激励机制的推广、数字化和信息化管理等方面,以推动员工管理模式不断进步,适应经济社会发展需求和企业可持续发展目标。

(1) 以人力部门为主体的组织机制

企业员工管理体系通常由人力资源部门负责管理和实施,其他部门和工会组织则协助开展具体管理服务工作。此外,还会设立一些委员会或小组,如薪酬委员会、绩效评估小组等,以协助实现员工管理目标。

(2) 以管理增效为核心的工作方案

企业员工管理体系包括招聘、培训、薪酬激励、福利保障和企业文化建设五个方面的工作。其中,通过薪酬激励的绩效考核和奖惩制度可以激发员工的积极性和提高工作绩效;福利保障可以提高员工的福利待遇;企业文化建设可以增强员工的归属感和凝聚力。为提高员工的工作绩效和企业的管理效率,企业需要制定科学的招聘标准,为员工提供针对性的培训,建立多样化的薪酬激励机制,健全福利保障体系和企业文化建设。

(3) 以企业发展为目标的实践特点

企业员工管理模式的本质是实现可持续发展,因此需要重点关注以下三个方面:第一,建立有效的企业治理机制,实现权力制衡和科学决策;第二,推动科学管理,构建具有企业特色和先进性的管理系统,强化制度规范,建立完善的企业管理制度和流程体系;第三,打造企业文化,形成文化治企的新模式。这些重点工作的实践将有助于企业实现可持续发展目标,提高生产力和效率,为企业创造更大的经济和社会价值。

3. 校企管理模式的分析比较

对比高校学生管理模式和企业员工管理模式,可知两者存在互通点和差异点,分别如表6.1和表6.2所列。

表 6.1　高校学生管理模式与企业员工管理模式的互通点

互通点	高校学生管理模式	企业员工管理模式
指导方针	坚持党对人才培养工作的全面领导,坚守为党育人、为国育才,把立德树人融入教育各环节,贯穿管理体系建设各方面	坚持党对人才工作的全面领导,坚持深化改革、创新机制、优化服务,推动企业高质量发展

续表 6.1

互通点	高校学生管理模式	企业员工管理模式
建设目标	促进发挥高校人才培养"主阵地"作用,推动全员全程全方位育人,促进提升人才培养能力	促进强化企业作为国家战略人才力量、国家战略科技力量的主力军作用,系统优化企业人才发展体系建设,提升企业人才承载力、创新力、竞争力
人才培养	以培养一流人才为目标,制定人才培养方案,有组织地培养担当民族复兴重任的时代新人	将"人才培养"提升到人才管理工作的首位,基于人才成长规律的认知和总结,建立有效的培养机制,突出高精尖紧缺人才培养
组织架构	设立专门的学生管理机构、服务机构等	设立专门的人力资源部门、培训部门等
培训制度	为学生提供丰富的学习和实践机会,如社团、比赛、实习等	为员工提供各类培训课程、职业发展计划等
激励措施	奖学金、荣誉称号等	奖金、晋升、股权激励等

表 6.2 高校学生管理模式与企业员工管理模式的差异点

差异点	高校学生管理模式	企业员工管理模式
管理目标	立德树人,人才培养	实现企业发展目标和发挥社会功能
管理方式	面向学生群体,以教育为主,注重启发、引导和激发学生潜力	面向员工个体,以业务为主,注重约束、规范和约定目标
核心任务	学生以学习为核心任务,主要是输入阶段,从教育教学、管理服务等方面输入,提升能力	员工以工作为核心任务,主要是输出阶段,从落实职责、完成指标等方面输出工作成果
绩效考核	以学生学业成绩、科研成果、社会实践等为主要考核指标	以员工绩效、完成任务质量、创新能力等为主要考核指标
职业规划	以学生的职业规划和发展为中心	以企业业务需要和员工个人意愿为中心

续表 6.2

差异点	高校学生管理模式	企业员工管理模式
心理健康服务	高度重视学生心理健康教育，按比例配置学生心理健康服务团队，引导学生提升积极心理水平	高度重视员工心理健康状态，对员工承压能力和自我调节能力要求较高
生活保障	为学生提供安全优质的食宿环境	根据企业管理安排，非必需工作项
文化生活	提供丰富多彩的文艺体育活动和平台，建设"第二课堂"	通过工会组织等发起集体活动

卓越工程师培养要求实行工学交替培养模式，学生需接受、适应高校和企业的双重管理服务。两种模式的有效创新融合面临多项挑战，也给传统的学生管理服务模式带来了新的挑战。

工学交替培养模式要求高校和企业对学生提供分段管理服务，但是由于高校和企业的相关制度、机制和保障条件存在差异，不同企业的管理模式之间也存在差异，所以如何为学生提供精准可持续性管理服务是第一个关键点。

高校学生管理模式以教育引导和关怀服务为主，而企业员工管理模式则更加注重标准要求、绩效考核等奖励管理机制，如何聚焦人才培养目标，实现管理服务育人是第二个关键点。

在卓越工程师培养过程中，教育者包括企业和高校两个主体，二者需要相互借力、同声相和，将高校和企业两个相对独立的管理体系互相联动融合，构建校企多部门协同治理的顶层体系，做到"工程实践"与"课堂学习"两手都要抓、两手都要硬，打造全新的工学交替教育管理服务模式是第三个关键点。

6.4.2 一生一组

卓越工程师培养模式和传统培养模式相比，教育主体从高校"单主体"变成了校企"双主体"，校企共同承担培养责任，为了实现"责任共担、权力共享、利益共赢"的目标，应当探索高校、企业、学生各自权责的合理边界。责任划分不是简单的责任平摊或者固定的一方主责一方配合，而是需要根据学生所处培养阶段校企共同探索制定划分机制。与此同时,责任划分还需具体到人,需要根据实际情况细化明确校内导师、企业导师的责任义务。

1. 校企导师协同落实"一生一组"

校企导师组包含校内主导师、企业主导师,可根据需要配备必要的校内副导师、企业副导师等,形成"一生一组"的工作模式。卓越工程师培养采取校企导师组指导制度,校企共同推荐、共同遴选、按需聘任、动态管理校企导师组。校企双方应明确校内导师和企业导师在学生培养各阶段的职责分工,校企导师应主动配合,共同指导好研究生。企业主导师是学生在企实践期间培养直接责任人;校内主导师作为学生培养第一责任人,应全过程掌握其专业实践进展;校企导师组着力提升学生道德修养、职业素养等综合素质,保障学生培养质量。为促进校企导师组更好开展工作,校企应加强校企导师组岗前培训,压实校企导师组责任,提升校企导师组协同育人水平。具体而言,校企导师组应按照要求定期开展线上研讨及互访,共同研讨学生培养工作最优解。与此同时,也应建立有效评奖评优机制,调动校企导师组工作积极性。

2. 全面加强"一生一组"建设

第一,加强对校企导师组的岗前培训。校企双方需为校企导师组创造能力提升的条件,确保校企导师组指导学生的理论创新能力、工程创新能力、团队合作能力、处理突发事件的应急能力、人才培养合作协同能力、国际化的全球胜任力等得到有效、快速的提升。校企导师组需经常参与工作单位或高校组织的导师培训。明确校企导师责任划分和校内主导师的学生培养第一责任人身份,提高校企导师思想站位,压实校企导师组责任;为校企导师系统地介绍卓越工程师培养的相关背景、培养模式、学生特点、工作要求等,提供卓越工程师培养方法指导,明晰工作开展方式方法,并配合导师管理制度。校企导师组须在招生选拔环节对学生进行学术把关,进一步压实校企导师组责任。

第二,定期开展校企导师组线上研讨。校企导师组每月进行一次研讨,企业导师每周与学生开展至少一次线下或线上交流,校内导师每月与学生开展至少一次线下或线上交流。对于在职博士,校企导师组可根据实际情况调整指导频次,但每月应开展至少一次线上或线下交流,每季度开展至少一次线下交流,并将导学时间、地点、形式、交流内容记录在《月度工作进展报告》中。校企导师组共商学生培养方式及方法,优化学生成长成才路径,同时共享学生培养进展及优秀经验方法,共同进步、互相促进,做好不同培养阶段的协调和衔接,促进产教融合,助力学生培养和发展。

第三,定期开展校企导师组线下互访。校企导师组应通过企业科研项目、卓越工程师培养等建立相对稳定的合作模式。企业导师每年原则上应邀请校内导师参与至少一次与培养项目相关的会议或所在单位的学术交流活动;应定期前往高校了解高校理论研究最新进展、卓越工程师培养需要的企业支持、学生在校学习情况等;通过项目合作、项目外协、联合申报项目、专家咨询等方式,邀请校内导师实际参与到用于联合培养卓越工程师的项目中。校内导师应邀请企业导师参与必要的教学方法交流、学术研讨、学术讲座等;每学期应前往企业了解领域和企业发展情况、卓越工程师培养真实需求、学生在企实践情况等,共同更好地培养学生。校企导师组在互访中不断增进彼此了解,共同研讨学生培养,深度促进产教融合。

6.4.3　一校一档

在工学交替多频段视域的学生培养管理过程中,高校与企业之间的联系是"多对多"的模式,校企之间的沟通成本总量很大。一基于成本集约角度,应当建立协同高效的校企联动保障体系,降低因"多对多"沟通所致的额外工作成本。为保证卓越工程师培养效果,校企应当建立精准有效的校企联动保障体系,精准感知学生面临的困难并及时联动处理。

1. 优化校企转段流程

学生从高校转接到企业,需做到信息对等、平稳有序、安全闭环。校方须为企业提供学生基本信息、第一课堂及第二课堂成绩单;规范进行党组织关系转接,企业应将入企学生党员和入党积极分子编入所在部门党支部,或专门成立工程硕博党支部进行统一管理,校企双方应对党校学习经历和积极分子考察情况互认互通;建立闭环学生转接联络机制,学生转段期间接收方应与学生沟通交通方式和到达时间,做好记录并全程保持联络,负责购买保险等事宜,同时转出方也应当全程关注学生转段情况。

2. 推进校企生"三方"签订

赴企进行专业实践前,校企生应签订"三方"协议,明确各方的权利、责任和义务,为卓越工程师培养的责任落实提供基本遵循。协议中应明确学生在企期间,企业应向学生发放报酬、购买商业保险,规定学生遵守保密、知识产权保护、竞业禁止等规章;同时还需明确转入/转出标准和机制,为不适应卓越工程师培养的学生提供流转机制。

3. 建立定期巡访机制

由校院领导、学工队伍协同企业相关领导和部门选派校企巡访代表,定期前往企业了解学生在企学习生活情况、实践项目进展情况、企业条件保障情况,如发现学生遇到困难或培养环节出现问题,则及时反馈给高校、企业协调解决,保障各方权益。

4. 确立学生流转机制

为落实有组织的科研与人才培养方案,充分保障学生权益,应由校企共同研究确定流转机制,充分考虑因思想品德及学术道德问题、身心健康问题、个人学术兴趣和发展方向调整等各类不同情况,妥善处理学生流转申请,明确分流与终止培养机制。

5. 建立学生数字档案库

校企应共同建设和维护学生数字档案库,记录、存储并及时更新工作开展情况,包括赴企实践学生的基本信息和专业实践进展,以学校为单位建立学生档案库,形成"一校一档"。通过建设学生数字档案库,充分掌握每个学生的信息和情况,校企协同扎实开展卓越工程师培养工作,做到工作有迹可循、有据可依,同时也方便了解、跟进、督促工作开展情况。

6. 建立师生座谈机制

促进校企导师组与学生充分交流,广泛调研并充分了解学生问题及实际需求,解决学生关切的问题,为校企协同育人提供更好的指导。

6.4.4 一生一策

工学交替培养模式下,卓越工程师培养和传统研究生培养相比,增加了相对固定的赴企实践环节,这是新的尝试,同时也是新的挑战。学生自身对于赴企实践等环节会有一定的心理预期,但是真正赴企实践后学生的亲身体验可能与自身预期不符,也可能遇到意料之外的困难,在不同企业实习的同学之间也会有所比较,这些都是工学交替培养模式下可能存在的"非预期效应"。因此,校企需要共同谋划,制定精准培养策略,加强对学生关心关爱,积极应对工学交替培养模式带来的"非预期效应"。

1. 校企协同精准排查

校企应协同建立精准关爱帮扶体系,对于学生面临的困难或问题要做到"精准感知—科学分析—全程关注—精准施策",对于存在经济困难的学生,要设立专项奖助学金、助学贷款等进行定向支持,进一步引导学生形成自尊自信、理性平和、积极向上的健康心态。

2. 坚守安全稳定底线

安全稳定是学生管理工作至关重要的底线,校企共同运用高校成熟的学生工作经验指导落实"一生一策",有效落实安全稳定底线工作并坚持以下工作原则:一是坚持学生为本。围绕学生、关照学生、服务学生,把学生的健康安全放在首位,促进学生身心和谐发展。坚持早发现、早调查、早化解、早干预,最大限度预防和减少极端事件的发生。二是坚持全面精准。多渠道做好全覆盖学生排查,客观精准感知学生的困难与问题。精心制定个性化、定制式帮扶方案,确保落地有效。三是坚持科学规范。遵循学生身心发展规律和心理健康教育规律,提升工作科学化水平。遵守相关法律法规和高校规定,尊重学生隐私,提高工作规范性。四是坚持协同联动。建立健全工作体系,充分发挥学生工作体系中各育人主体作用,明确责任主体、工作内容及工作途径。统筹协调各方资源,强化校企联动、校院联动、部门联动、家校联动,形成育人合力。

3. 推进积极心理健康教育

定期开展积极心理健康教育活动,发挥体育、美育、劳动教育在积极心理方面的重要作用,丰富学生业余文化生活,引导学生保持积极良好的心理健康状态。建立线上心理咨询渠道,让有需要的学生随时、便捷地获取心理援助。

4. 建设"多频段"管理信息系统

结合高校、企业、教师、学生等多主体、多环节、时空分散性高的卓越工程师培养特点，借助信息化手段，实现校企协同学生管理的信息实时记录、共享、分析、研判等功能，包括：全过程记录不同频段学生在各个培养环节中的全部现实表现；校企共享项目库、导师库、学生库、课程库、教师库、专家库、基地库、成果库等信息；积累数据，逐步推进基于大数据分析的高质量管理和决策。"多频段"管理信息系统为校企跨时空协同管理提供了有力抓手，降低了学生跨时空管理难度，助力全面提升卓越工程师人才培养质量。

5. 加强学生思政教育队伍建设

校企选拔政治素质高、业务能力强的优秀人才从事学生思政教育工作，熟悉高校和企业工作模式，能够深入高校和企业一线开展高质量的思想政治教育工作，强化与校企导师组的协同联动，加强学生心理健康教育、安全生产教育和关爱帮扶等工作开展。高校根据在校和在企学生的总人数，按比例设置专职辅导员，企业根据实际情况参照执行，强化研修培训，不断提高学生思政工作队伍的专业水平和职业能力。

小　结

卓越工程师培养过程中的学生工作至关重要，结合卓越工程师的培养模式和学生不同培养阶段的特点，设计"三横三纵"的工作体系。校企协同学生工作体系，划分高校、企业和校企协同三条"纵向"工作线。横跨校企的"三横"工作体系包括：党建思政体系，筑牢思想引领"高线"；成长服务体系，提升综合素质"中线"；管理保障体系，坚守安全稳定"底线"。为了充分发挥校企协同学生工作体系的作用，实现对学生的思想引领、能力培养和安全守护，在落实学生工作的过程中要把握三项关键机制，分别为：产教融合，打造卓越工程师培养"一体化"党建；校企协同，服务卓越工程师培养"全周期"成长；工学交替，创新卓越工程师培养"多频段"管理。

第7章

工程师技术中心建设

工程师技术中心是培养卓越工程师具备突出的技术创新能力和解决复杂工程问题能力的关键平台。教育部相关文件明确指出,每个国家卓越工程师学院均需配套建设工程师技术中心。在有关文件精神的指导下,各国家卓越工程师学院、卓越工程师培养单位就工程师技术中心建设开展了一系列丰富的实践探索。

通过调研发现,目前由企业牵头建设的工程师技术中心可以依托企业现有的工程实践环境组建,此类工程师技术中心往往具备天然的真实工程环境,在建设过程中应侧重加强育人功能的建设,本章对此不做重点探究。而由高校牵头建设的工程师技术中心目前仍处于探索建设阶段,尚未就工程师技术中心的建设思路、组建模式和管理机制等形成广泛的共识。

本章将在对国内外工程师培养经验进行梳理的基础上,基于专家调研,提出高校视角的工程师技术中心建设路径,以期为工程师技术中心建设提供借鉴和参考。

7.1 国内外经验与启示

科技革命和产业变革推动工程教育不断发展,工程师技术中心相关平台建设也在探索中形成了相应模式和经验。调研发现,国内外相关平台建设主要以政府主导、高校主导或校企共同主导等方式开展。

7.1.1 政府主导开展平台建设

政府主导开展平台建设即在政府的统筹指导和资金支持下,围绕国家和产业发展需求,将工程师技术中心设立在高校、企业或其他研究机构的一种建设模式,此种建设模式具有鲜明的"政产学研"合作建设特征。政府在工程师技术中心建设过程中发挥了关键性的规划、指导、协调和资源调配作用。美国加州理工大学喷气推进实验室、加州大学伯克利分校法律与技术研究中心、宾夕法尼亚大学工程机械生物学中心、比利时微电子研究中心等均是由政府主导并在工程师培养方面发挥重要作用的平台机构,培养了大批工程技术人才。其中,以比利时微电子研究中心(Interuniversity Microelectronics Centre, IMEC)为例,它探索出了一种联系政府、产业界与学术界,实现将集成电路工程师培养与政府战略需要、产业实际研发相结合的建设模式。IMEC 是比利时弗兰芒地方政府于 1984 年在鲁汶大学微电子系的基础上成立的一个非营利性组织,其研究主要聚焦于半导体制造工艺、集成电路设计、新材料与器件等微电子产业相关领域。在 IMEC 的建设管理过程中,比利时政府充分发挥了其资源调配与协调管理的优势,为充分发挥高校在研究方面的能力,政府将绝大部分研发经费拨给了 IMEC;同时规定这笔经费中的一定比例必须以合作研发的方式转给高校,通过 IMEC 提出项目需求、互换学生与研究人员、成立工作组等方式开展研发工作。通过政府的统筹调配,既最大化利用了 IMEC 与产业界的密切关系,保障高校的研发方向具有产业应用潜力,也充分利用了高校在基础研究领域的优势,为卓越工程师培养提供了成长通道,这是发挥政府主导作用搭建卓越工程师培养平台的典型探索。

7.1.2 高校主导开展平台建设

依托高校建设和管理平台是工程师技术中心建设的重要途径。其中,高校内部整合学科资源建设平台和校际合作建设平台是两种常见的建设模式。高校内部以学科建设为龙头,通过升级、整合内部重点实验室、技术中心等科研创新平台资源来打造工程实践平台,是从高校内部建设工程师技术中心的有效路径。美国密歇根大学的跨学科合作平台,其研究项目来源于不同的院系或学术部门的相关领域,由多个学院或部门协同参与、设计或制定。斯坦福大学的跨学科人才培养,以交叉性和开放性著称,目前的跨学科独立研究机构将近 20 个,学科方向面向健康和人类生存、环境等领域。麻省理工学院借助相关平台,展开了跨度大、灵活多样的跨学科人才培养,如运筹学中心的项目交叉融合了医疗保健、运输、制造和服务等领域。国内高校在此方面也进行了丰富的探索,以北航智能微纳公共创新中心(以下称"北航微纳中心")为例,北航微纳中心首创"通用平台+特色平台"协同运行模式,其中,通用平台主要满足各学科微纳技术的共性需求;特色平台围绕北航"空天信医"特色研究方向及重大任务,由 16 个学院跨学科合作,协同共建。北航微纳中心以通用平台为支撑,各特色平台互为补充,覆盖北航优势学科,功能逐级拓展,形成涵盖材料、器件、系统到仪器的全链条教学与科研体系,通过创造开放共享的微纳综合实验条件,为师生教学科研活动提供服务,帮助师生团队承接重大项目,促进了学科交叉融合和科研成果转化。

校际通过一体化合作,打破学校、学科壁垒,形成更高层次、更系统性的平台系统,也是工程师技术中心建设的有效路径。以荷兰开展卓越工程师培养的探索为例,该国代尔夫特理工大学、埃因霍温理工大学、特文特大学和瓦赫宁根大学4所理工大学,通过跨学科、跨学校的技术中心集成各高校多学科、多领域的研究优势,在人工智能等前沿领域开展工程技术创新研究和高素质工程师培养,在人才培养过程中聚焦真实的产业研发需求,引导学生开展学习和科研,实现了高校之间的科研资源整合与联合人才培养。

7.1.3 校企共同开展平台建设

聚焦领域产业研发需求,高校和企业之间通过共同成立研究中心或平台,构建校企融合的科学研究与人才培养环境,是校企共同建立平台的有效路径。密歇根大学、麻省理工学院等高校通过与微软、亚马逊等企业开展合作,依托项目完成工程博士培养的方式,为工程师技术中心开展人才培养提供了一定参考思路。国内高校也在积极探索校企共建平台的新模式,以浙江大学CMOS集成电路芯片设计与制造成套工艺技术公共创新平台为例,为实现国家亟需的高端集成电路芯片研发和先进微纳电子技术攻关,浙江大学微纳电子学院和浙大杭州科创中心联合创建了该平台并进行企业化运营,大力开展与国内外知名高校、领军企业及新兴企业的深度合作,探索产教研一体化育人机制改革,注重提升芯片设计与制造领域人才的专业技能教学和实习实训能力,推动技术技能人才企业实训制度化。通过CMOS实验平台建设及成套工艺开发、面向产业需求的芯片技术研发、IP建设与前沿科学研究、技术团队建设与人才培养,打造了具有产教融合特色的卓越工程师培养平台,为长三角乃至中国的芯片产业技术发展提供了有效支撑。

国内外卓越工程师培养探索经验表明,政策指导、产业引领、科教融汇、产教融合、学科交叉、高水平建设是工程师技术中心建设的重要指标。

工程师技术中心建设可以充分实现政府、高校和企业资源的系统协调，实现科研攻关、技术交流、资源整合共享的"同题共答"，切实培养卓越工程师突出的技术创新能力和善于解决复杂工程问题的能力。

7.2 工程师技术中心的建设意义

工程师技术中心是促进产教双方有效匹配的重要纽带。习近平总书记在中央人才工作会议上指出，要调动好高校和企业两个积极性，实现产学研深度融合。目前，产教融合培养卓越工程师虽然已经取得积极进展，但校企融合的深度和广度仍有不足，基于共同利益的实质性合作尚未形成常态。工程师技术中心可以通过整合校企优质平台资源，共同搭建类企业级的工程实践平台，为校企联合培养卓越工程师建立一套新的管理运行机制，既帮助企业及时对接高校学术科研和人才资源，又能为高校的学生提供传统培养模式下难以接触的真实工程环境，从而实现高校和企业的直接对接、有效匹配。

工程师技术中心是深化卓越工程师培养改革的重要载体。高校传统培养模式往往重知识传授、轻动手实践，一方面是由于培养环节中理论与实践缺乏有效联系，另一方面是因为高校类企业级真实工程环境相对较少。建设工程师技术中心，围绕育人目标有效整合校企实训资源，将企业需求、企业生产研发环境引入培养环节，系统设计实训课程，建设配套的新形态教材，开发虚实结合的工程实践平台，配置理论实践兼备的导师团队等，为打造真实工程环境下实习实践教学新模式、深化卓越工程师培养改革提供了有力支撑。

工程师技术中心是培养卓越工程师"两个能力"的重要平台。卓越工程师应具有突出的技术创新能力和善于解决复杂工程问题的能力，这对卓越工程师培养中理论学习和工程实践能力的锻炼提出了更高要求。通过建设工程师技术中心，可以有效汇聚企业真实工程项目，并将科研攻关与理论知识和实践训练有机融合，让学生可以深度参与企业科研创新与技术研发，形成系统化的实践训练体系，实现学生在真实工程环境中研究真问题、开展真科研、产出真成果，切实培养学生突出的技术创新能力和解决复杂工程问题的能力。

7.3 工程师技术中心的建设路径

通过梳理国内外相关平台建设经验,按照工程师技术中心建设要求,本章编制了工程师技术中心建设调查问卷,邀请具有丰富行业经验和专业知识的高校、企业、科研机构专家,对工程师技术中心的目标定位、建设模式和建设任务等内容开展论证评估。主要面向北京航空航天大学、浙江大学、重庆大学、中关村实验室、中国航天科技集团有限公司、中国航天科工集团有限公司、中国航空工业集团有限公司、中国船舶集团有限公司、中国电子科技集团有限公司、中国电子信息产业集团有限公司、中国商用飞机有限责任公司、奇安信科技集团股份有限公司、天融信科技集团股份有限公司等单位的23位专家开展了调查与访谈。所选专家均具有丰富的卓越工程师培养经验,部分专家直接参与所在单位的工程师技术中心建设工作,保证了样本的代表性。

问卷邀请专家对工程师技术中心的建设思路进行评分,依次为"很好""较好""一般""较差""很差"5个等级,同时,征求专家对于建设内容的修改意见和改进建议。通过对调研数据的统计分析和论证,最终提出工程师技术中心的建设路径,主要包括目标定位、建设模式、建设任务和保障机制4个部分,如图7.1所示。

7.3.1 目标定位

工程师技术中心是由高校、政府、合作企业等主体参与方,联合国家实验室等高水平科研机构,统筹各方资源,整合延伸高校、企业、科研机构实验室的育人功能,升级高校原有的科研育人平台所建立起的包括硬件和软件在内的类企业级别的仿真环境及工程实践平台,使学生在真环境中研究真问题、开展真科研、产出真成果。本小节提出工程师技术中心建设目标主要分为课程学习、实践训练和协同创新三个方面。

在课程学习方面,工程师技术中心应当以学生为中心,整合实践培养体系与行业资源。经调研论证,工程师技术中心应当强化课程体系的改

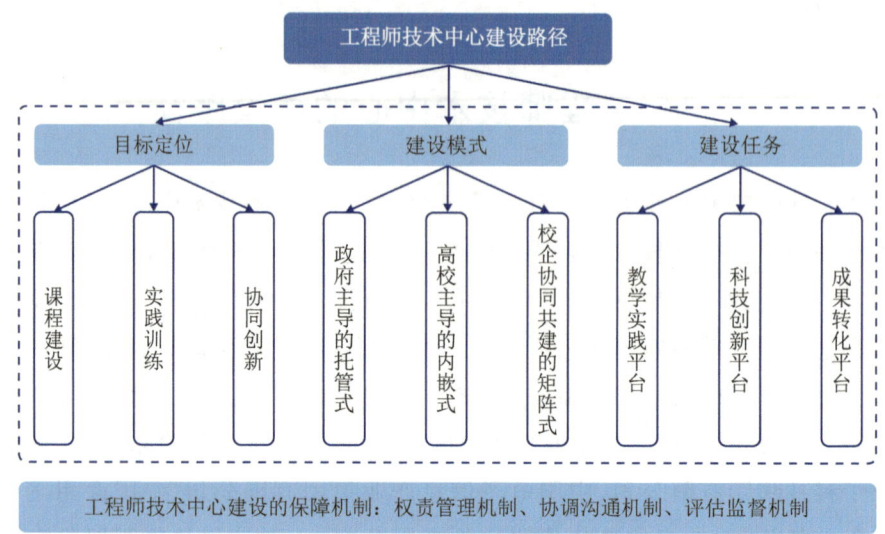

图 7.1　工程师技术中心的建设路径

革与设计,积极引入企业资源,重构、升级实践课程,建立符合卓越工程师培养特点与成长规律的课程体系,讲授专业领域和行业实践的理论知识。

在实践训练方面,工程师技术中心应当强化能力培养,打造类企业级实践训练环境。经调研论证,工程师技术中心应当充分统筹实践资源,打造真环境,帮助学生与企业生产研发一线接轨。培养学生的技术创新能力和解决复杂工程问题的能力,为其进入企业"实战"打下坚实的基础。

在协同创新方面,工程师技术中心应汇聚真实项目需求,推动科学研究形成闭环。工程师技术中心在服务人才培养目标的基础上,还应支撑相关领域科学研究,推动各参与主体的协同创新。经调研论证,工程师技术中心应服务国家重大需求,破解"卡脖子"技术难题,并在成果的产出与转化、知识共享与产权共享方面发挥支撑作用,实现科学研究的闭环。

7.3.2　建设模式

工程师技术中心应广泛汇聚高校、企业和科研院所的优质资源,既要做好校内重点实验室、工程技术中心的整合共享,也要加强与校外校企平台和实践基地的衔接融合。要通过科学高效的管理实现课程建设、实践训练、协同创新的融合共进。从主导方的类型出发，工程师技术中心建设可划分为 3 种模式，分别是政府主导的托管式、高校主导的内嵌式、校企协同共建的矩阵式。

1. 政府主导的托管式

政府主导的托管式工程师技术中心，是由政府相关部门主导，组织高校、企业、科研机构共同建设的模式。由政府相关部门进行建设主导和经费投入，高校提供智力资源，企业提供项目、设备等资源。对于政府主导的托管式工程师技术中心，政府在校企合作过程中发挥关键性的规划、引导、协调作用，通过资金注入、政策支持等措施引导高校、企业共同来搭建工程实践平台。此类工程师技术中心应面向国家重大需求开展建设，一般强化多学科交叉、产学研融合，建设周期相对较长，资源投入较大，往往单独依靠某一高校或者企业无法满足建设要求。

对于政府主导的托管式建设模式，核心在于如何通过政策支持和资源配置，强化教育和产业的有效衔接，实现高校和企业在核心利益上的深度协同。政府应明确工程师技术中心建设高校和企业的参与要求与考核标准，引导高校和企业投入真资源，产出真成果。

2. 高校主导的内嵌式

高校主导的内嵌式工程师技术中心，是由高校主导建设，或整合、升级高校内部原有重点实验室、工程技术中心等资源，或打破高校壁垒，整合校际优质资源建立的工程实践平台。内嵌式工程师技术中心的管理应独立于大学内部的各院系，能够在全校层面统筹管理，可以与高校共享管理体系，高校的跨学科资源为工程师技术中心的核心功能创设提供便利，以此实现各类实践资源的共建共享。

对于高校主导的内嵌式建设模式，需要解决的关键问题是如何实现产业需求和资源的引入。内嵌式工程师技术中心可以通过建立企业需求对接机制、校企融合教学团队、校企联合招生培养等方式实现企业资源和产业需求的引入。

3. 校企协同共建的矩阵式

校企协同共建的矩阵式工程师技术中心，是指由两个及以上的高校、企业、科研机构和行业组织协同创建,以行业需求为牵引,以领域为基础,充分整合多元主体优质资源,建立的多学科交叉、产学研融合的工程实践平台。从物理位置上来说,矩阵式工程师技术中心可以集中建设,也可以按照各单位优势特色和工程实践规律分布在各单位之间,形成有机整体。矩阵式工程师技术中心应更加注重虚拟仿真技术应用和开放共享机制建设,打造多空间虚实融合互补、多空间有机衔接的实践教学新模式。

在组织管理层面,矩阵式工程师技术中心应具有自主性较高的运营单位,享有相对较高的财务和人事自主权。工程师技术中心可设置管理委员会,进行专业化建设和管理,配备学科专家,结合各个单位管理实际,配备相应的组织管理机构。矩阵式工程师技术中心的教师团队人员可以是来自高校的教师、相关行业企业的专家、工程师。同时,应专门建立工程师技术中心教师的聘任、考核与晋升制度,可建立专职聘任制(将高校教师和企业工程人员调离出来,专职隶属于工程师技术中心)、联合聘任制(工程师技术中心与教师原隶属高校或企业共同聘任教师)、兼职聘任制(短期聘任高校教师和企业工程技术人员,完成学生培养某个阶段或某部分任务)等。工程师技术中心应具有根据实际情况确定教师聘任制度的权限。

7.3.3 建设任务

根据工学交替培养要求,卓越工程师培养阶段的理论学习阶段主要在高校完成,专业实践阶段主要在企业、科研机构等(以下统称企业)完成。工程师技术中心应重点搭建教学实践平台、科技创新平台和成果转化平台,以支撑卓越工程师培养的育人、实践与协同创新环节,从而使学生在真环境中研究真问题、开展真科研、产出真成果。工程师技术中心建设任务如图 7.2 所示。

第一,搭建教学实践平台。教学实践平台是工程师技术中心的关键平台,工程师技术中心应强化卓越工程师培养理论与实践有机结合、课堂教学与产业发展有效衔接。在理论教学环节,工程师技术中心应充分发挥理论学习与工程实践的相互促进作用,以理论为基础,在实践中加深对理论知识的理解和运用,在干中学、学中干。应突出融合课程和新形态教材建设,为学生提供多元化的知识学习渠道。应强化校企导师的共同参与,组

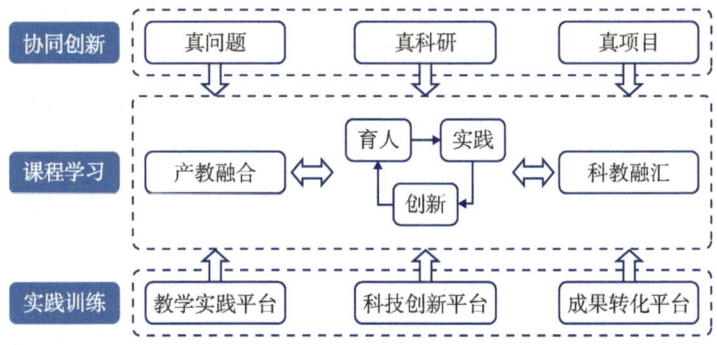

图 7.2 工程师技术中心建设总体任务

织多学科教师与企业资深工程专家共同设计课程大纲、共同授课。在工程实践环节，工程师技术中心应发挥工程实践资源的整合能力，引入企业实际使用的软件和硬件资源、企业优质的培训课程和先进的生产管理经验、真实工程问题等，结合高校的学术科研优势，真正实现类企业级软硬件环境构建，为学生未来更好地适应企业的研发环境、顺利在企专业实践或就业奠定基础。工程师技术中心还应为学生入企实践提供学业支撑。应打造模块化的虚拟仿真环境，提供安全可控的实验环境和个性化学习支持，减少因学生所处物理环境分布的差异造成培养内容的差异性和不适应，实现卓越工程师培养阶段工学交替全培养周期的系统化训练和实验教学资源有效支持。

第二，搭建科技创新平台。工程师技术中心应为校企科研合作搭建沟通桥梁。卓越工程师培养模式改革的重要内容之一就是通过有组织的科研，推动有组织的人才培养。工程师技术中心应聚焦关键领域国家需求，以项目为牵引，持续加强全链条、全要素、示范性的产教融合科研合作。依托工程师技术中心汇聚各单位优势领域专家资源，开展联合科研攻关，实现校企优势互补，共同孵化科技成果。工程师技术中心应为校企协同育人创新培养机制。可以通过模拟建立企业生产线、模拟建立企业研发环境等方式为学生构建入企实践前的"预科"训练，强化校企科技研发和创新实践资源的深度融合。可通过"揭榜挂帅""赛马"等方式，将培养过程与"卡脖子"技术突破、企业技术攻关、企业项目研发、校企联合项目申请等有机结合，建立工程实践类竞赛体系，由企业出题、高校答题、企业判卷，实现"项目驱动、竞赛提升"的人才培养模式,让学生通过真实的项目实践训练与科研攻关,系统培养技术创新能力和解决复杂工程问题的能力。

第三,搭建成果转化平台。在研发成果形成初期,可侧重协调产业需求对接。优先考虑企业对技术的实际需求,深化信息对接服务,及时了解产业重要信息,提升研发方向与产业需求之间的信息匹配度,为成果转化打造坚实的依托基础。在成果转化过程中,可侧重成果转化服务支撑。通过建立完善的服务流程、知识产权服务等方式,提供精准有效的转化策略,打通科技成果转化的"最后一公里"。在评估阶段,可侧重为成果转化的可持续性提供保障。从制度建设入手,建立科研成果转化评价体系和开放共享机制,通过建立考核体系,通过建立考核体系,借助第三方咨询和专家组评估等,对工程师技术中心的成果转化进行有效评估,同时推动工程师技术中心的研发成果面向相关产业实现开放共享,服务社会公共所需。

7.3.4 保障机制

第一,建立责权管理机制。工程师技术中心作为由多主体、多要素、多子系统交互作用的有机体,只有保障资源分配的公平性,才能实现对多主体的科学管理,可通过签订协议等方式对共建高校、企业等参与主体之间的责任义务进行明确规定,以保障卓越工程师培养各环节的规范性,资金、研发资源等的注入与分配的公平性。工程师技术中心可设置理事会,由组建单位共同参与构成,根据国家政策导向和培养实效,负责调整科研攻关方向和培养方案;设置专家指导委员会,负责制定科研方向,并参与卓越工程师培养方案制定及成效评估;设置管理委员会,管理委员会应由一支稳定的、有科研实践工作组织管理经验的人员构成,负责工程师培养过程管理,不决定技术路径和研究方向,是贯彻理事会和专家指导委员会提供决策和建议的执行机构。通过明确多方参与主体的权利和义务,设置独立的决策机构、咨询机构和执行机构,可以保障工程师技术中心的高效运行和功能实现。

第二,建立协调沟通机制。工程师技术中心的教学安排、科研项目、资源配置、服务管理等各环节,都需要形成良好的协调沟通机制,保障每一个环节的育人投入与高效合作。工程师技术中心的协调沟通机制可分为两个层次,分别是面向学生的协调沟通机制和面向工程师技术中心建设参与主体的协调沟通机制。面向学生的协调沟通机制,主要应用于提升各人才培养环节的管理效率与资源适配效率,助力形成良性的人才培养质量信息反馈与优化措施,为提升人才培养质量、优化人才培养各个环节提供保障。面向工程师技术中心建设参与主体的协调沟通机制,主要应用于提升政府、高校、企业等参与方的资源配置效率,保障各参与方输入资源的有效配置与评估,进而为人才培养、研发成果输出提供支撑。

第三,建立评估监督机制。工程师技术中心应当开展绩效考核工作,制定绩效评估实施办法,组织行业内相关专家对工程师技术中心的各方建设单位的参与情况、校企导师队伍投入情况、校企课程教材建设情况和卓越工程师培养质量进行评估,对于绩效考核优秀的参与方予以相应的奖励,为无法适应卓越工程师培养各环节的参与方提供相应的退出机制。同时,工程师技术中心各级管理部门还应加强对工程师技术中心日常工作的业务指导和过程监督,确保落实工程师技术中心建设基本条件,定期组织对工程师技术中心进行评估,根据评估结果拨付下一年度财政资金,确保工程师技术中心建设质量和成效。

> **案例:** 浙江大学校企协同推进工程师技术中心建设的探索与实践
>
> 围绕产业界对工程硕博士"T"型能力素养需求,浙江大学国家卓越工程师学院针对校企实践衔接不足、资源整合不力、协同机制不全等痛点,以校内工程师技术中心(总部)为基础,整合工程硕博士培养改革专项、卓越项目制、订单式联合培养等校企优质实践育人资源,依托中国石油、中国船舶等企业共建了一批专业领域工程师技术中心(分部),构建了校内实践、入企实践"双轮"驱动、"四共""四通"机制有效支撑的校企协同实践育人体系。
>
> 一是强化产教融合,创建拥有1.5万平方米、设备总资产超3.5亿元的八大工程技术实践平台的实体化工程师技术中心(总部),实行校企共建合作机制,实现校企共同招生、师资互通;二是强化实践培养,开设年度教学量5.5万余人时的《高阶工程认知与实践》等大工程类综合实践课程40余门,打造学科融汇、产教协同、全程贯通的高阶工程创新实训体系,实现校

企共同培养、课程打通；三是强化平台育人，联建一批企业工程师技术中心及高能级工程技术实践平台，建立工程师技术中心（总部）与企业平台双向赋能机制，实现校企平台融通、政策畅通；四是强化科研育人，开展"顶层设计式""揭榜挂帅式"校企有组织科研协同攻关与有组织人才培养项目紧密协同，形成一套产学研合作规范体系，实现校企共同招生、共同选题、共享成果。

经过多年的改革探索，实践成果已获得全国卓越工程师培养改革优秀案例和入选教育部工程案例，并支撑学院获得国家级教学成果一等奖；为国家卓越工程师学院开展校企有组织科研与人才培养合作，推进教育、科技、人才一体化融合发展提供借鉴。

案例：立建设标准　抓校企共建
——重庆大学加快推进工程师技术中心实体化建设

为培养爱党报国、敬业奉献、具有突出技术创新能力、善于解决复杂工程问题的工程师队伍，重庆大学国家卓越工程师学院紧密对接国家战略需求与产业发展方向，聚焦工程实践教育核心环节，秉承"需求牵引、产教融合、实践创新、动态优化"四大原则，系统探索三种工程师技术中心建设路径，加快推进工程师技术中心实体化建设，让工程硕博士研究生在类企业环境中研究真问题、开展真科研、产出真成果，为国家打造一支兼具家国情怀、工程智慧与实践精神的卓越工程师队伍。

一是高校主导型工程师技术中心，学院依托校内重点实验室挂牌共建，充分发挥学校科研实力、教育资源与学科优势，同时积极引入企业资源和政府支持，致力于打造类企业级的仿真环境和工程技术实践平台，共建实践课程，培养学生的"大工程观"；二是企业主导型工程师技术中心，学院已与中国商飞、南方电网、华润集团等头部企业揭牌共建，围绕企业技术需求和产业布局，依托企业现有工程技术中心基础进行升级改造，形成产学研深度融合的平台，聚焦破解企业在实际生产中的技术瓶颈，加速科技成果的转化应用，提升学生解决复杂工程问题的实践能力与创新水平；三是新建校企合作型工程师技术中心，以国家和区域产业需求为导向，依托学校科研资源与企业工程技术能力，学院打造世界级智能网联汽车创新平台

"明月湖智能网联新能源汽车创新平台",与长安、赛力斯、西部智联等企业共建联合实验室,集中攻克环境感知、决策与控制、动力学执行等关键技术难题,形成相关核心技术,支持企业智能网联产品的研发与推广,为企业在领先产品开发和技术研发上提供强有力的技术支撑。重庆大学国家卓越工程师学院经过多年的改革与探索,成功打造了一批实体化的工程师技术中心,入选了教育部工程案例,牵头制定了《工程师技术中心建设指南》;为强化有组织的科研和人才培养,统筹推进教育科技人才体制机制一体改革提供了"重大"探索和实践经验。

小　结

建设工程师技术中心,迫切需要统筹各方资源,整合延伸企业、科研机构、实验室的育人功能,升级高校原有科研育人平台,建设类企业级别的仿真环境及工程技术实践平台,使学生在真环境中研究真问题、开展真科研、产出真成果。本章通过梳理国内外工程师培养的探索经验,在面向行业专家开展调研的基础上,提出工程师技术中心的建设意义和建设路径;从工程师技术中心建设的主导方角度梳理出政府主导的托管式、高校主导的内嵌式、校企协同共建的矩阵式三种建设模式;从教学实践平台、科技创新平台、成果转化平台三个方面论述了工程师技术中心的建设任务并提出了工程师技术中心建设的保障机制。

第8章
领导力培养路径探索

就卓越工程师的培养与成长规律而言，要想使一名工程师能够解决复杂工程问题、不断走向"卓越"，我们既要引导其打牢卓越工程师的"基本功"，还要注重对其领导力的培养。"领导管理与持续改进能力""终身学习与全球胜任力"已纳入卓越工程师培养通用能力要求。本章将探讨如何从领导力培养角度助力卓越工程师培养。

在"两个大局"的时代背景下，卓越工程师是支撑我国从制造大国迈向制造强国的战略人才力量。卓越工程师既要适应工业界、胜任工作岗位的需求，在具备扎实理论基础和突出实践能力的同时，还要适应和引领未来工程技术发展方向，能够团结带领团队共同完成一项或多项大国工程。领导力是一名卓越工程师所必不可少的重要能力之一，必须将人才培养的"全周期"与"大国工程"的"全链条"相匹配，为卓越工程师培养量身打造具有中国特色、世界水平的领导力培养范式。

本章将立足"大国工程"实践，提出以政治引领力、通用领导力、工程领导力为核心要素的领导力培养主要内容，构建思想政治教育"一体化数字课堂"、人才选育"个性化精准画像"和工程实训"交互化模拟平台"三条"数智化"领导力培养路径。

8.1 国内外经验与启示

8.1.1 国际工程教育有关领导力培养的研究与实践

21世纪以来，世界各国在激烈的竞争中逐渐认识到工程的重要作用，不断提高对工程人才的要求，国际工程教育实践纷纷将领导能力作为未来工程人才的核心能力之一。2000年，美国麻省理工学院联合3所瑞典高校创立了CDIO工程教育模式，以构思（Conceive）、设计（Design）、实施（Implement）和运行（Operate）代表4个教育和实践训练环节，制定了CDIO大纲（V1），成为国际工程教育的通用实践模式。该大纲将工程人才的培养目标分为4个层面：① 技术知识和推理；② 专业技能和态度；③ 人际关系技巧、团队精神和沟通；④ 在企业和社会的背景下对系统进行构思、设计、实施和运行。2011年，CDIO大纲的修订版在原有目标的基础上，进一步增加了工程领导力和创业能力两个部分。美国工程院在《新世纪工程学发展的愿景》中提出,工程师必须理解领导力的原理,并能够在个人职业发展中不断实践这些原理。英国皇家工程院在《培养 21 世纪的工程师——工业界的视角》中指出,作为未来承担重任的工科毕业生,需要具备在未来领导工业界走向成功的创造力、创新力和领导力。欧盟针对工程教育改革发布了《欧盟专题报告——提升欧洲的工程教育》,明确将领导力作为工程师的竞争力之一。这些说明,在国外新世纪工程教育理论和实践当中,工程领导力教育逐渐成为以美国为首的西方发达国家的热门话题和行动。

在国际工程教育实践当中,以"工程领导力"为培养目标的教育项目自 2005 年开始蓬勃发展,以美国麻省理工学院的 Gordon 领导力计划为典型代表,有学者详细梳理了对世界发达国家具有影响力的 26 个工程领导力教育项目,并系统总结如下:① 在项目类型方面,分为学位课程、辅修学位、奖学金项目、企业工程项目、综合领导力项目和综合训练 6 种类型;② 在项目核心主题和教育内容方面,包括团队合作、组织领导、沟通交流(必备素质)、全球化、多元化、社会责任(热门话题),以及专业实践、商业环境(专业素质)等,而工程管理、工程设计、环境保护和创新等内容则一般作为选修模块开展教育,同时开设商业模式、运营与领导、渠道及分销、会计等商业课程;③ 在项目组织和管理方面,大多数是由高校的工程学院统筹负责,只有少数跨州、跨校项目由外部小组进行委托管理。

关于工程领导力的理论研究,国际上多以西方领导力理论(包括特质理论、行为理论、权变理论、新兴领导理论等)为基础,普遍认为工程领导力是一项综合能力,涵盖有效沟通、积极参与团队合作和影响他人等多个方面,在领导力概念基础上,更加突出工程的因素,强调将领导力贯穿于工程创新和实施的全过程。而关于工程领导力的构成要素,国内外学者从不同侧面提出了不同观点,如从领导特质出发,以 Horse 的魅力型领导理论为代表,认为领导者必须具备支配欲、强烈的影响欲、自信心和强烈的道德价值观等;从领导行为出发,Cashman 提出了 7 种领导力路径,即目标控制、变化控制、人际控制、本质控制、平衡控制、行动控制和个人控制;从领导能力出发,Chapman 和 O'neil 提出了领导力模式的六大要素,包括充满理想色彩的使命感、果断而正确的决策、共享报酬、高效沟通、足够影响他人的能力和积极的态度。Amanda等人则提出了工程领导力发展的四阶段循环模式：自我认知、预备行动、领导力行动和领导力学习，这些构成了领导力开发理论的典型范本。

8.1.2 企业界有关领导力培养的经验与探索

在"两个大局"时代背景下，随着政治、经济、军事、科技等领域发生历史性、革命性变化，国际竞争日趋激烈，企业对卓越人才的渴求比以往任何时候都更为迫切。很多央企在充分借鉴国际工程教育经验的基础上，根据自身的实际需要，打造出一系列颇具行业特色、符合中国国情的领导力培训课程。例如，中广核集团的"白鹭计划"，是根据国际原子能机构倡导的"系统培训法"（简称SAT，即"培训—考核—授权—上岗"），结合自身需要开发的四阶梯培养体系，涉及基层管理者、中层管理者、运营高管、战略高管等岗位级别。中国商飞的"COMAC领导力培训""商飞之星""专家课堂"等特色项目，形成了"五层级领导力培训体系"。中粮集团的"晨光计划"，以"培养领军人才打造全产业链"为目标，构建了"三维度九要素"领导力模型和四级培养体系。不过，以上这些计划多以西方成熟的人力资源管理培训体系为样板，因此大多面向企业管理者，并未形成统一的领导力培训方案，也未针对工程师群体开发具有针对性的培训体系。

2020年，国务院国资委组织开展国有重点企业管理标杆创建行动，印发《关于开展对标世界一流管理提升行动的通知》（国资发改革〔2020〕39号），促进国有企业不断强化管理体系和管理能力建设，推动与世界一流对标、加快向世界一流迈进。在该行动指导下，国务院国资委干部教育中心举办了"对标提升行动"系列培训之战略领导力建设高级研修班，来自中国船舶、中国五矿、华润集团等19家央企的领导班子成员参加了培训。培训形式为分模块集中授课，为期5个月；培训目标为强化领导人员的战略引领和管理能力，提升战略决策水平，提升企业全球竞争力、控制力和抗风险能力；培训内容分为"宏观经济形势与国家发展战略""国企改革与对标世界一流企业""创新的基本理论与实践""投资战略""国际化经营管理"5大课程模块。2023年,面向48家央企推出"全球领导力培养计划",聚焦产业创新和国际化战略,加快建设世界一流企业。该计划分为"二十大精神与国家发展战略""国家宏观经济政策解读""绿色低碳发展与区域经济规划""数字经济与数字化转型""国家科学技术发展现状、趋势及规划""创新的基本理论与实践""'一带一路'与企业机遇""全球治理体系变革及中国企业国际化经营环境""世界一流企业建设""组织变革与管理创新""财务管理与资本运作""国际化经营管理"12个课程模块。

综上所述,目前企业界关于领导力培养已经形成了一些基本的经验和做法,既有企业从自身角度出发开设的领导力培训,也有国务院国资委从全局考量推出的领导力培养计划,前者侧重于人力资源管理技能,后者偏重于宏观战略决策,二者均以课程教学(含案例教学)为主要方式,但尚未加入实训演练。如何构建兼顾企业的个性需求和国家的战略需要、包含理论教学和工程实践的领导力培养体系,是当前企业界面临的重要问题之一。

8.1.3 我国工程教育领导力培养的现状

我国高等工程教育在领导力培养方面的起步较晚,虽然不少理工类高校都将"领军""领导""报国""责任"等关键词作为人才培养目标的重要内容,强调专业培养与社会责任、行业发展、国家需要的结合,却没有统一认定的工程领导力培养目标和能力要素。自2017年"新工科"从理念付诸实践,才开始注重培养新时代工程技术人才的"大工程观",旨在立足全球视野、未来发展的长远定位,深度挖掘学生在动态变化社会中的组织领导力、创造创新力、协调适应力,注重养成批判性思维、勇于创新思维、解决问题意识、团结合作意识、社会责任感、工程伦理道德感、科学与人文统一精神等素质,造就具有竞争力的未来工程领域引领者和实践者。以浙江大学为例,通过开展"领导力系列训练营"活动,依托课程学习、工程模拟和竞赛演练3种方式,建立了"春风化雨""思维碰撞""成长体验""挑战未来"四大模块。通过对国内5所高校工程教育实验班的工程领导力教育开展调查,提出要借鉴国外工程领导力教育的做法,在低年级本科生中开设工程预备课,让学生了解什么是工程;在高年级系统培养工程能力,同时提出要将领导力和工程元素相结合,将领导力开发融入工程实践当中,以团队合作的形式"真刀真枪"地提高学生的工程领导力。总体而言,当前国内高校工程领导力培养的已有实践较少,综合能力培养尚不够受重视,传统课程中实践性不足、批判性思维培养不足,学生难以应对解决复杂工程问题的挑战,且在校企联合、工程实训等方面仍存在明显短板,需要加大校企联合培养力度,凸显学校和行业特色,扩展多种培养路径。

8.2 "大国工程"领导力培养核心要素

领导力培养,需要考虑三个方面的因素:中国特色、世界水平和行业标准。而瞄准国家重大战略需求和关键"卡脖子"问题设立的"大国工程",往往带有天然的"红色基因",代表世界顶级科技水平,是具有战略性、基础性、引领性的重大工程项目,是培养卓越工程师领导力的"最佳土壤"。相较普通工程,"大国工程"在多维度挑战性、国家战略属性、多主体协同性、创新驱动性和社会影响性等五维度具有独特育人价值。立足"大国工程"开展领导力培养,旨在借助校企联合培养机制,在承接国家重大工程项目的企业与拥有雄厚科研实力的大学之间,架起一座培养卓越领导力的桥梁,让大国工匠始于"大国工程",从"大国工程"中走出真正的大国工匠。

总体而言,基于中国特色"大国工程"的领导力培养,以培养能够解决复杂工程问题的"领导力"为教育目标,提炼政治引领力、通用领导力、工程领导力三个维度的培养要素,如图 8.1 所示,分别作用于不同层面:政治引领力主要作用于决策层面,通用领导力主要作用于组织层面,工程领导力主要作用于实施层面,如图 8.2 所示,三者的具体内涵、相互关系、作用层面及对应案例总结如下。

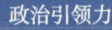

图 8.1 卓越工程师的领导力培养核心要素

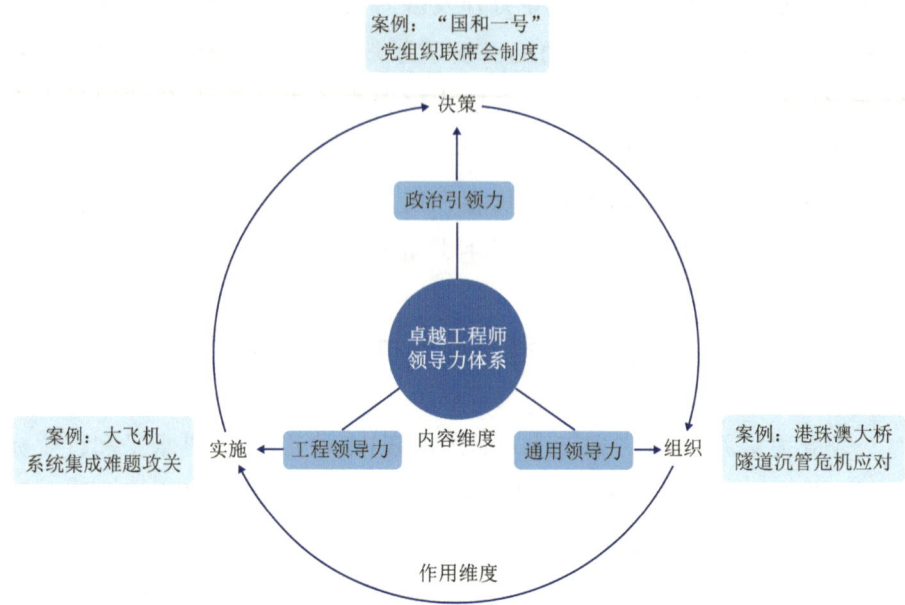

注：3种领导力素养绝非单独发挥作用，在"大国工程"实践中密不可分，唯有综合运用才能真正解决复杂工程问题。

图 8.2　领导力结构及其相互关系

8.2.1　政治引领力

卓越工程师的政治素养是其领导力的根基，这源于三个层面的必然要求。第一，国家大政方针的战略性。卓越工程师从事服务国家重大战略需求的行业（如航天、核电、高铁等），工程师的政治立场决定了工程方向与国家利益的契合度。第二，系统工程的复杂性。涉及跨部门、跨领域、跨层级的资源整合（如北斗系统需协调军方、工信部、中科院等30余家单位），必须依托新型举国体制的政治优势。第三，国际竞争的特殊性。西方技术封锁背景下，工程师需具备政治敏锐性识别"卡脖子"环节。如华为鸿蒙系统的突围正是基于对"科技自立自强"政治要求的深刻领悟。

政治引领力，主要作用于决策层面，通过对新型举国体制等中国特色社会主义制度优势增强认同、认知和应用，为服务国家重大战略需求的"大国工程"保驾护航，充分协调各方利益，实现有效资源整合等。其主要内容包括政治判断力、政治领悟力和政治执行力三个方面，如图8.3所示：政治判断力包括科学把握形势变化、精准识别现象本质、清醒明辨行为是非、有效抵御风险挑战的能力；政治领悟力主要指对马克思主义、共产主义、中华民族伟大复兴的中国梦、中国共产党人精神谱系等理想信仰的认同与党中央大政方针的深刻认知与拥护；政治执行力包括问题导向、底线安全、坚决贯彻、敢于斗争、为民服务等内容。

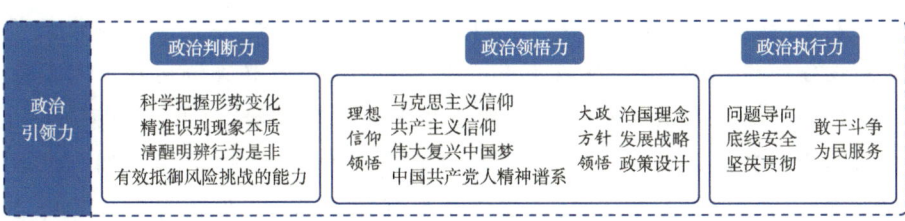

图 8.3　卓越工程师政治引领力的三要素

案例："国和一号"工程的党组织联席会制度

"国和一号"示范工程是《国家中长期科学和技术发展规划纲要(2006—2020 年)》确定的 16 个重大科技专项之一。国核示范电站有限责任公司作为工程的业主单位，创立党组织联席会制度，顺利推进工程建设，充分体现了政治引领力在大国工程决策过程中的重要作用，具体而言，体现在政治判断力、政治领悟力和政治执行力三个方面。

第一，政治判断力是大局认知和底线思维的关键。核能产业尤其要注重安全保障和环境影响，党组织联席会将"核安全文化"宣贯落地作为重要内容，组织项目各方从核安全文化、体系管理、核安全监督管理流程优化等方面全面提升质量管理水平，重点落实三大责任体系，安全质量可控在控。积极开展"保安全、保质量、提升工程"专项活动，统筹推进示范工程项目建设。党组织联席会通过推动成员单位集中优势资源，优化施工工艺、施工逻辑、管理流程、施工组织、建安一体化协调，优化设计变更流程，提高四率指标等措施，保证安全质量可控在控。

第二，政治领悟力关乎思想统一和队伍凝聚。党组织联席会制度，前置于其他具体工作部署，创新"大党建"工作机制，利用新型举国体制的优势，将国企党建和中心工作深度融合，把商业合同形成的线性工程项目组织架构变为有共同目标、统一思想的项目大团队,形成市场经济条件下新型举国体制的强大合力,用党建力量全面推动工程建设。参与工程建设的项目部都是临时性机构,党建力量薄弱,理论学习组织困难,通过全项目党组织联席会,统一开展政治理论学习,结合工程推进中的难点问题,开展交流讨论,研究落实举措,使上级党组织的各项部署真正落地见效。

第三,政治执行力是工程落实的关键。"国和一号"示范工程从设计研发到设备制造,再到工程建设有 600 多家单位参与,解决协同攻关问题是首要任务。通过高层指挥部会议到基层党组织联席会,强化了协同攻关,在原本各自独立的业主、总包、建设、监理等单位之间筑起"同心圆",实现哪里有制约"国和一号"示范工程建设的困难挑战,哪里就有党员冲锋在前。一是组建跨单位党员先锋队,打破业主、总包、设计、设备、建设单位之间的壁垒;二是组建跨项目部的"红军连",打破工程现场建设单位间的壁垒;三是各单位组建内部攻坚先锋队,打破参建单位内部间的壁垒;四是组织党员进全项目一线班组,消除工程建设中班组的管理盲点;五是组建全项目宣传团队,使"国和一号"的声音传达到每一名参建者,有效激发斗志和责任心,让每个人都成为最有贡献的建设者。

8.2.2 通用领导力

通用领导力,主要体现在"大国工程"的组织层面。借鉴中国科学院"科技领导力"课题组的经典研究成果——科技领导力的"五力模型",将领导力聚焦于领导过程,旨在确保领导过程的顺利进行或领导目标的顺利实现;同时以重大工程项目的实施过程和实践案例为蓝本,提炼出前瞻力、感召力、影响力、控制力、决断力 5 个方面内容,如图 8.4 所示。

1. 前瞻力

前瞻力,对应于组织目标和战略的制定能力,包括:领导者和领导团队的领导理念;组织利益相关者的期望;组织的核心能力;组织所在行业的发展规律;组织所处宏观环境的发展趋势。

2. 感召力

感召力,对应于吸引被领导者的能力,包括:具有坚定的信念和崇高的理想;具有高尚的人格和高度的自信;有代表一个群体、组织、民族、国家或

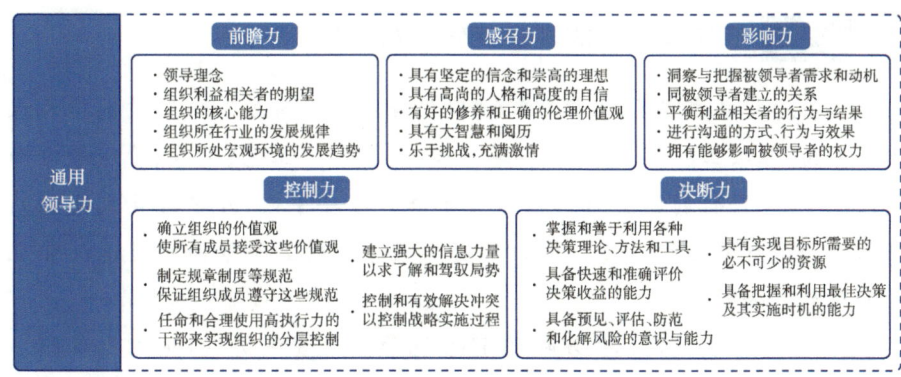

图 8.4　通用领导力的五大要素

全人类的伦理价值观和臻于完善的修养；具有超越常人的大智慧和丰富曲折的阅历；不满足于现状，乐于挑战，对所从事的事业充满激情。

3. 影响力

影响力，对应于影响被领导者的能力，包括：领导者对被领导者需求和动机的洞察与把握；领导者与被领导者之间建立的各种正式与非正式的关系；领导者平衡各种利益相关者特别是被领导者利益的行为与结果；领导者与被领导者进行沟通的方式、行为与效果；领导者拥有的各种能够有效影响被领导者的权力。

4. 控制力

控制力，对应于控制组织目标实现过程的能力，包括：确立组织的价值观并使组织的所有成员接受这些价值观；制定规章制度等规范并通过法定力量保证组织成员遵守这些规范；任命和合理使用能够贯彻领导意图的干部来实现组织的分层控制；建立强大的信息力量以求了解和驾驭局势；控制和有效解决各种现实的、潜在的冲突以控制战略实施过程。

5. 决断力

决断力，对应于正确和果断决策的能力，包括：掌握和善于利用各种决策理论、决策方法和决策工具；具备快速和准确评价决策收益的能力；具备预见、评估、防范和化解风险的意识与能力；具有实现目标所需要的必不可少的资源；具备把握和利用最佳决策及其实施时机的能力。

案例： 港珠澳大桥的隧道沉管危机应对

港珠澳大桥被英国《卫报》评为"现代世界七大奇迹"之一，被国内外媒体赞誉为"超级工程"。为了破解港珠澳大桥设计、工艺、设备、管理等方面的诸多难题，科研创新成为工程项目推进的必要手段，其中最具挑战性的难题之一是隧道沉管工程。下面从通用领导力的五个方面对隧道沉管危机应对展开分析。

2014年11月16日，8万吨的E15沉管到达安装海域，施工人员顾不得连夜浮运的劳累，立即做好沉放准备，潜水员则潜水"探底"。结果发现在海底沉管基槽里的回淤物厚度约4厘米，并且有一定的稠度，"用手都拨不开"。林鸣总指挥迅速召开团队会议，有3种方案摆在与会者的面前：计划不变，继续安装；暂留附近海域，待清淤后安装；停止安装，沉管回撤。无论是哪一种方案都隐藏着意想不到的风险和挑战。

前瞻力体现在对隧道沉管工程的总体统筹规划中。"最大的浪费是设计上的浪费"，各项沉管方案将几乎所有预期后果一一陈列，尽最大可能为国家避免财产损失，保障人员安全，维护海洋生态环境。

感召力主要体现在工程团队的士气鼓舞上。几次三番的重大挫折，让整个团队士气低落，港珠澳大桥岛隧工程沉管安装项目副书记王有祥说："哭，全哭了，全都在抹眼泪，我也在抹眼泪，哭得一塌糊涂……"后来经过几个月的休整和组织上的重新动员，终于以全新面貌亮相，并克服巨大困难，上演了"人定胜天"的豪情壮举。

影响力主要体现在对不同利益主体诉求的平衡上。隧道沉管工程需要采砂、捕鱼等海上作业反复停顿，涉及许多国营民营主体，最终经过艰难谈判，2015年春节前夕，在广东省政府统筹协调下，7家采砂企业近200艘船舶在不到两天的时间内全部撤离了现场。工程方与地方利益主体达成一致和谅解，保证了工程的按时按质完成。

控制力主要体现在制定规章制度等规范，并通过法定力量保证组织成员遵守这些规范上。大国工程团队依托国务院国资委和中央企业联合组建，各项规章制度的制定与完善都能得到最大程度的保证。

决断力主要体现在具备把握和利用最佳决策及其实施时机的能力方面。

比如现场工程实施的临危处置,在管道回淤的过程中,如果强行安装,万一基床上的淤泥让沉管发生滑移,对于设计使用寿命120年的港珠澳大桥来说,未来可能就是致命的隐患。这时总指挥林鸣下令撤回,"沉管回坞!"虽然承受了来自各方巨大的压力,但仍然以高标准的质量要求,果断地将潜在危机化解于萌芽之中。

8.2.3 工程领导力

工程领导力主要体现在项目实施层面。广义上讲,工程领导力是领导力与工程专业能力的有机结合,是在工程环境中综合运用技术与非技术的能力,是推动技术创新、变革的一种能力。而具体到我国国情及"大国工程"的实施背景,我们更关注非技术能力的教育和补充,因此采用工程领导力的狭义概念,即工程领导力是工程环境下应具备的领导力,将广义概念中的工程专业能力要素分离出来,重点关注工程实施过程中的领导力要素。结合对卓越工程师所应当具备的"突出技术创新能力""善于解决复杂工程问题的工程师队伍"要求,以现有研究成果为基础,提出四个层面的工程领导力目标:工程战略预见能力、工程创新决策能力、工程规划共创能力和工程危机处理能力。卓越工程师工程领导力的四大要素如图8.5所示。

图8.5 工程领导力的四大要素

工程战略预见能力,是指在工程环境中,能够在了解本行业发展规律、分析国内外重大政策影响、关注行业创新动态的基础上,创立并提出美好的组织愿景,并带领和指导团队成员将愿景具体化为团队目标和行动计划,从而推动组织的变革和发展的能力,具体包括政治环境、社会诉求、文化认同、生态环评、经济支撑等五个方面。工程创新决策能力,是指具备变革型领导的创新思维和创新胆识,能够应对漫长工程创新过程中的挫折甚至失败,通过创新的思路和方式去处理新问题,通过构思、设计、开发、生产过程打造新产品并将其推向市场的能力,具体包括战略符合度、工程可行性、效益合理性、影响持续性、风险可控性等五个方面。工程规划共创能力,是指在面临严峻挑战、高度复杂性和不确定性时,工程师必须具备的自下而上式的"向上管理"能力,因为"大国工程"本身的政治高度、科技难度、组织协同度,甚至利益复杂度都远超一般的市场项目,对卓越工程师的责任担当、职业素养、沟通协同等方面提出了更高的要求,要将一线一手信息转化为正确决策,就必须确保工程团队上下一致,塑造卓越工程师与更上层的大团队领导者之间合作共创的工作关系,包括问题共识、方案共商、权责共担、利益共享、团队共建等五个方面。工程危机处理能力,是指在工程实施过程中具备高度的敏感性和危机意识,注重收集各类内外部信息,基于各类风险和危机制定应急处理预案,在工程过程出现危机时具有充分的责任感和应对能力,能够带领组织和团队通过工程的方法提供相应的解决思路和方法,具备参与处理重大危机事件的能力,具体包括法律法规运用、伦理道德澄清、技术解决方案、公共关系维护、团队协作巩固等五个方面。

案例: 中国大飞机研制过程中的系统集成难题攻关

2022年9月29日,C919大型客机迎来了最重要的时刻——取得中国民航局颁发的型号合格证,标志着我国的适航审定能力达到了世界先进水平。在15年的大飞机研制过程中,零部件系统集成一直是困扰大飞机最终成型的难题,下面以工程领导力要素为框架,分析大飞机系统集成难题攻关的成功经验。

工程战略预见能力,主要体现在大局观视野下对大飞机中长期、潜在价值的整体理解方面。在大飞机立项之初,社会上曾有一些不同的声音,认为大飞机投入大、不确定性太强,不如将资源分给确定性强的优势潜力产业。这种观点仅从大飞机的短期经济效益来看,没有从"大国工程"战略规划全局理解它的整体价值。事实上,大飞机制造因其技术的复杂性、经济上的高风险性,无可争辩地处在现代航空制造业的产业链顶端。它的实施将推动我国产业结构的调整,促进高技术产业的发展。大飞机项目可以带动上千个相近工业部门的经济发展,其技术上的创新更是促进中国经济发展的巨大动力。

工程创新决策能力,主要体现在体制机制创新方面。围绕体制机制建设,设计形成"一个总部、五大中心"的项目实施架构,提出重点打造研发设计、总装制造、服务支援三大平台,重点建设民机研发设计、总装制造、客户服务、市场营销、适航取证和供应商管理六大核心能力。着重处理好安全性与经济性、自主创新与利用全球科技资源、体制机制创新与发挥现有科技人才作用、研制攻关与实现产业化、政府主导与市场机制五大关系,逐步形成"以中国商飞公司为主体、市场为导向,产学研相结合"的技术创新体系和"研制一代、生产一代、预研一代、探索一代"的可持续发展模式。

工程规划共创能力,主要体现在卓越工程师的"向上管理"能力塑造。其具体包括达成问题共识、方案共商、权责共担、利益共享、团队共建,最终"让听得见炮火的人来作决策"。大飞机的规划设计先后经历过三轮重大调整,有不少关键零部件甚至系统的重新规划设计就来自于一线工程师的智慧。比如整液压工作包和电源,分别涉及安全和成本要素,专家重新论证后形成了新的设计方案。每一轮调整都是一种质的飞跃,离不开卓越的一线工程师的"向上管理"。

工程危机处理能力,主要体现在对"大飞机"工程多重风险的研究、预警与处置方面。"大飞机"工程投资巨大,工程周期较长,技术难度空前,市场与军地双方压力较大,其工程自身在研制、投产、试飞、运营进程中,所涉及的技术与哲学伦理方面的因素都是可能的风险点。有研究指出,"大飞机"工程的风险主要包括技术、体制、外部竞争风险、市场、军地兼容、管理运营等六个方面。需要综合运用法律法规运用、伦理道德澄清、技术解决方案、公共关系维护、团队协作巩固等方式来化解。

8.3 领导力培养体系及其"数智化"路径

卓越工程师肩负着服务国家重大战略、关键领域和社会重大需求的责任和使命,"大国工程"将是卓越工程师未来的主战场,因此以项目制为牵引,基于实际工程项目开展领导力培养是针对性更强、实效性更高的人才培养模式。然而,"大国工程"本身的艰巨性、复杂性,使得工程场景还原成本极高,甚至不可复制,也就无法获得真实的交互体验,更难以达到对学生知、情、意、行等要素的综合即时研判,从而形成领导力培养的闭环。目前的工程教育须构建卓越工程师领导力培养的新生态。结合前述章节的探讨,数字化学习与创新素养也是卓越工程师应具备的重要素养之一,而数字化改造升级的人才培养模式能够有效突破上述工程教育困境,因此可以"数智化"为路径,构建卓越工程师领导力培养体系,分别针对政治引领力、通用领导力和工程领导力三个层面,通过"一体化数字课堂"扩展价值塑造的时空场域,通过"个性化精准画像"增强能力培养的定制化,通过"交互化模拟平台"驱动工程实训的创新实践,从而将"数智化"转型贯穿卓越工程师领导力培养的全过程。

8.3.1 政治引领力培养:建设思政教育"一体化数字课堂"

1. 建设路径:师资＋平台＋教学一体化

在政治引领力培养方面,借助"数智化"平台将思政教育资源"数字化"。将红色基因、行业精神和文化作为立德树人的重要内容,将思政教育与现代教学手段结合,通过云上教研"共同体"、国际交流"朋友圈",实现教育资源"全共享",培根铸魂、启智润心,培养爱党报国的卓越工程师。一是,师资一体化,形成云上教研"共同体":借助网络协同平台,形成思政课教师、专业课教师和学生工作队伍集体备课常态化,从而实现师资队伍"立德树人的人,必先立己;铸魂培根的人,必先铸己"。二是,平台一体化,打造国际交流"朋友圈":通过线上交流平台,提供中国形象的国际视角,培养讲好中国故事的国际视野,从而培养走向世界舞台中央、具备国际竞争力的工程领军人才。三是,教学一体化,实现教育资源"全共享":通过智慧赋能思政,构建行业类人才培养的思政知识谱系,建设一批红色共享资源,上线一批精品思政慕课等;同时探索建设以行业历史、学校历史为主题内容的线上博物馆和虚拟仿真体验教学中心,实现"沉浸式"入脑入心的思政教育。

2. 建设内容:"双层一体两翼"式思政课程体系

依托一体化数字课堂建设系列思政慕课,搭建针对卓越工程师培养的定制化思政课程体系。微观层"一体两翼"结构:思政必修课+思政选修课+专题思政课,旨在提升学生的政治领悟力。通过体系化建构,以思政必修课为"体",思政选修课和专题思政课为"翼"。思政必修课重"面",属于"理论与方法"模块,注重讲授完整的逻辑体系与方法论框架,尤其注重将"思政课讲出专业情",激发学生热爱专业、钻研专业、专业报国的爱国心、强国志、报国行;思政选修课重"线",属于"历史与社会"模块,注重理论与实践的深度挖掘,引导学生深入历史、感悟思想;专题思政课重"点",属于"个人与时代"模块,注重时事热点内容的快速更新,引导学生扩大格局、激发思考,以满足学生多样化的思政学习需求。宏观层"一体两翼"结构:思政课程+形势政策+社会实践,旨在提升学生的政治判断力和政治执行力。以思政课程为"体",形势与政策课程和社会实践为"翼",构成"问题与能力"模块,在思政课教师的引导下通过理论讲授、社会调研等方式,不断增强学生对具体问题的甄别、分析和解决能力;形势与政策课开设"科技创新与强国使命"模块,邀请思政理论名家、两院院士、科学家同时参与授课;社会实践课采取双导师制,由思政课教师和专业课教师联合指导开展社会实践,引导学生将论文写在祖国大地上。三者发挥协同作用,形成全员、全过程、全方位育人大格局。"双层一体两翼"式思政课程体系如图8.6所示。

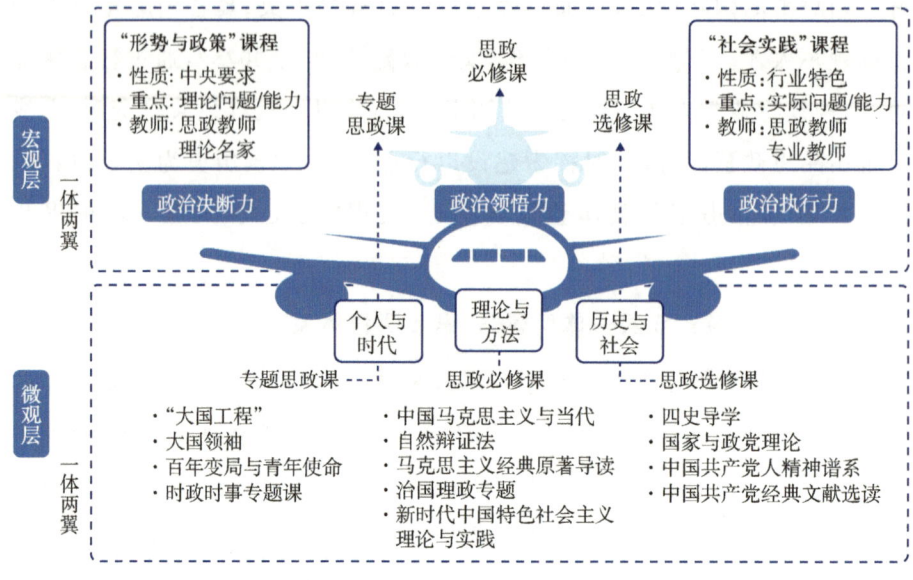

图 8.6 "双层一体两翼"式思政课程体系

8.3.2 通用领导力培养：构建人才选育"个性化精准画像"

1. 构建路径："建模—测评—激发—迭代"的 4M 路径

通用领导力培养在人力资源管理和培训领域的运用较为成熟，但远无法满足卓越工程师领导力培养的要求。一是内容上，目前主要以管理能力为主，包括 KPI 考核、薪酬计算与发放、人才测评等，与工程教育本身关联不大；二是技术上，以课堂授课和人力资源评测的描述性记录为主，难以实现智能化交互与实时反馈；三是对象上，以针对绝大多数人的普适课程为主，无法达到针对卓越工程师的个性化、定制化、精准化培养要求。

针对以上问题，提出通用领导力培养的"4M 路径"，即"建模（Modeling）—测评（Measure）—激发（Motive）—迭代（Modify）"四个培养环节，在对通用领导力的培养要素和指标进行定制化建模后，将"测评—激发—迭代"三个环节在整个培养周期内循环往复，并借助人才数智化大数据平台，从而不断优化"私人定制"的学生领导力培养计划，直至实现"从优秀到卓越"的提升和质变。"建模—测评—激发—迭代"的 4M 路径如图 8.7 所示。

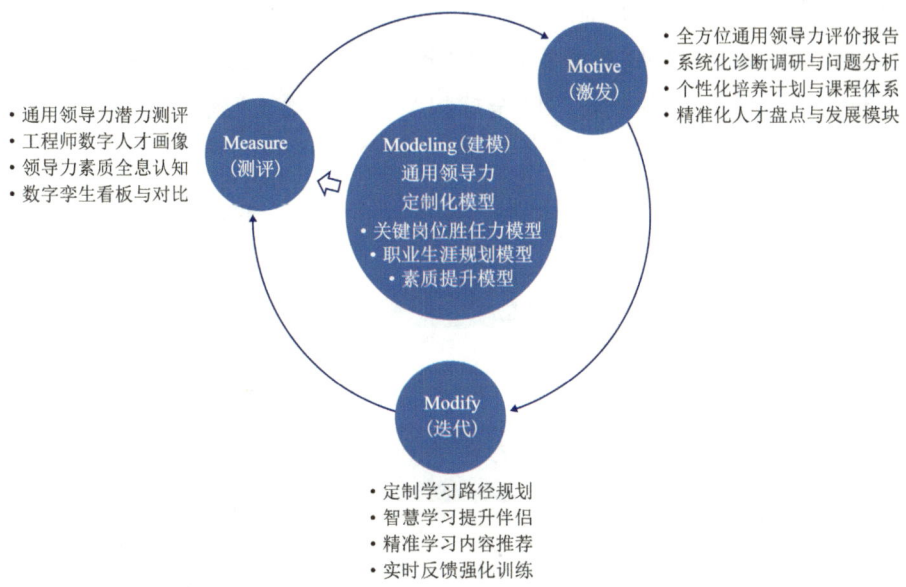

图 8.7 "建模—测评—激发—迭代"的 4M 路径

建模：针对高校、企业、"大国工程"的具体需要，对未来卓越工程师可能从事的"大国工程"岗位数据进行深度调研，获取关于岗位胜任力的全面数据，并依据通用领导力五大关键要素进行定制化建模，为下一步精准测量领导力潜质与岗位匹配程度做数据库和模型的基础准备。测评：卓越工程师通用领导力潜质测评，根据上一步的领导力建模展开工程人才画像（包括群像和个像），获取对学生通用领导力各维度水平的全息化认知。激发：根据测评结果，获取针对每个学生的全方位通用领导力评价报告，并由导师团（企业＋高校＋人力资源机构）结合数据分析，共同制定个性化的培养计划和课程体系，更高效地激发通用领导力潜质，发展领导力技能。迭代：通过不断优化需求、诊断现状、研判差距，制定个性化学习路径规划、智慧学习伴侣、精准学习内容推荐，并通过实时反馈提供强化训练，开展全周期、闭环式、跟踪式领导力迭代提升。

2. 构建内容：从"本土"到"全球"的教育教学计划

卓越工程师未来将在世界范围内流动，承担着贡献中国智慧、提供中国方案、传播中国声音的责任和使命，培养面向全球的通用领导力自然是题中应有之义。因此,在通用领导力培养过程中应当注重三个由"本土"向"全球"的转型:一是从"产业发展"到"全球整合";二是从"中国智慧"到"全球价值";三是从"个体成长"到"全球担当"。从"本土"到"全球"的通用领导力教学计划如图8.8所示。

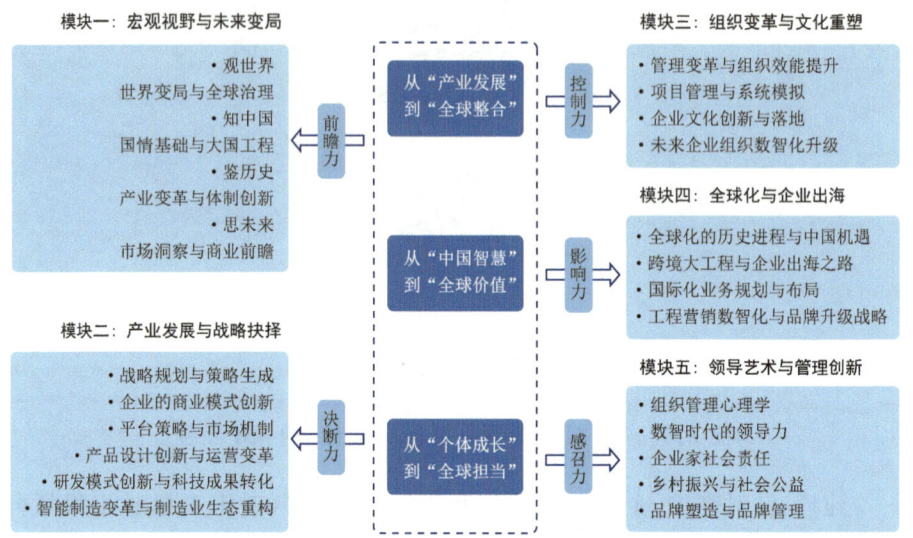

图8.8 从"本土"到"全球"的通用领导力教学计划

具体而言,在通用领导力培养"4M路径"的"激发"和"迭代"阶段,不仅要结合学生自身的素质水平不断优化方案,而且要密切关注世界局势变化、全球经济局势变迁、区域经济发展和企业国际化战略与布局等核心问题,通过数字化资源平台不断引进和更新系列海外课程,从而培养卓越工程师与全球价值对接、多方资源整合、参与全球投资与合作的素质和能力。结合通用领导力的五项能力,设计五类基本教学模块,在此基础上进行个性化定制和迭代优化。

在教学计划中设计差异化、多样化的学习主题与学习内容,可支撑学生分类别、分场景、分能力的自主学习。结合前述"4M路径",将工程师的个性化发展规划与普适性培养计划相结合,鼓励学生根据测评结果,重点选择五大模块的发展能力项,并根据相关数据和模型,对能力发展进行管控、跟踪,通过实践的方式,既提升个人待发展能力,又获得对企业的系统全面认识。

8.3.3　工程领导力培养：搭建工程实训"交互化模拟平台"

1. 搭建路径："云—边—端"的"数字孪生"路径

数字孪生（Digital Twin），也被称为数字映射、数字镜像，最初是在NASA的技术报告中被正式提出的，并被定义为"集成了多物理量、多尺度、多概率的系统或飞行器仿真过程"，后来被越来越多地应用于航空航天领域，包括机身设计与维修、飞行器能力评估、飞行器故障预测等。学术界对"数字孪生"的定义是，以数字化方式创建物理实体的虚拟实体，借助历史数据、实时数据以及算法模型等，模拟、验证、预测、控制物理实体全生命周期过程的技术手段。

如前所述，"大国工程"本身任务艰巨、技术细节繁多、周期长且过程极其复杂，很难直接为学生提供实训机会，也就失去了在真实工程场景中交互体验和学习的可能，而"数字孪生"能够有效弥补这一缺憾，使得工程领导力培养真正步入沉浸式阶段，有效提升实训效果。基于卓越工程师培养实际，设计搭建"云—边—端"的"数字孪生"路径，包括"云"：多对一"大国工程"领导力导师团，由高校导师、企业导师和人力资源导师共同组成；"边"：多维度"大国工程"线上案例库，包括正反、中外、国有/民资等多维度的工程案例分析；"端"：多学科虚拟科研实践训练平台群，构建虚拟和实体相结合的"认知—实践—创新—创业"四级实践训练体系。

（1）"云"：多对一"大国工程"领导力导师团

由高校导师、企业导师（工程团队领导、现场技术专家、项目型号总师等）和人力资源导师共同组成导师团，根据工程领导力基本框架，结合行业特色、企业要求与工程项目的具体需要，制定项目本身对卓越工程师领导力的要求；由人力资源测评专家，使用成熟的测评方法对学生进行领导力现状诊断，形成学员整体和个性化的测评报告，分析期望值与现状之间的差距；将学生的各项表现及时上传至云端，形成个性化数字孪生镜像；由导师团结合共性与个性问题对各项测评数据进行综合分析研判，在工程模拟实训过程中对学生的领导力表现进行即时管理，及时、适时地提出高匹配度的精准培育方案。

(2)"边":多维度"大国工程"线上案例库

借助数字孪生平台建设"大国工程"案例库,基于产教融合培养模式,由企业导师亲自讲授或让学生临场体验,说明同样的工程中国能行,还是外国能行;国资能行,还是民企更优;有哪些经验教训值得卓越工程师从领导力的角度展开批判与借鉴等。其中包括:正反两方面的产业案例;突出国际比较的视野,凸显中国特色工程领导力要素;比较国资和民企的不同之处,增强对工程实践的全方位理解;由企业界专家现场说法,或将学生还原到实际工程应用场景当中,切身体会,付诸实践。

针对工程领导力的培养要素、关键行为与问题挑战,设计相关教学大纲并融入案例如表8.1所列。

表8.1 针对工程领导力培养的多维度大国工程线上案例库

工程领导力	核心要点	中国案例	国际案例
工程创新决策能力	战略符合度 工程可行性 效益合理性 影响持续性 风险可控性	"两弹一星" 中国天眼 中国高铁 中国北斗 国际空间站	[美]曼哈顿工程 [美]阿波罗计划 [美]田纳西水利工程 [美]大科学装置与国家实验室 欧洲强子对撞机
工程规划共创能力	问题共识 方案共商 权责共担 利益共享 团队共建	南水北调 中国大科学装置研发 中国大飞机 援建坦赞铁路 中国量子科技重大专项	[英]工业革命,何以起源? [德]世界精工,何以铸就? [日]工匠精神,何以可能? [法]法国制造,何以转型? [美]硅谷传奇,何以延续?
工程危机处理能力	法律法规运用 伦理道德澄清 技术解决方案 公共关系维护 团队协作巩固	华为如何跨越至暗时刻 珠港澳大桥隧道沉管工程 特斯拉超级工厂 超级LNG船 特高压输电工程	国际大科学计划和大科学工程 [美]洛克菲勒基金会 [苏联]切尔诺贝利核电站事故 [荷]光刻巨人如何崛起 [美]新一代国家创新网络计划

(3)"端":多学科虚拟科研实践训练平台群

以实际工业环境为背景,以服务国家重大战略需求的"大国工程"为主线,依托高校先进的国家级科研平台,建立一流的创新人才培养基地,将一流科研成果转化为一流教学资源,由高校和企业形成完整的利益共同体。通过实践训练平台群建设,搭建虚拟仿真工程场景,设计多样化的跨学科创新项目,学生可自由申请并进行创造性实践,在高起点的工程环境中培养更高层次的领导力和实践创新能力。

以北航为例,发挥学科优势,汇聚校内教学实践平台、科研平台、工业技术研究院、国内外联合实验室、国内外企业的优质资源,构建"认知—实践—创新—创业"四级实践体系,加大创新实践能力培养力度,强化科教协同和产教融合育人,加快培养创新型、复合型的工程领军领导人才。工程领导力培养的虚拟实践训练平台群如图8.9所示。

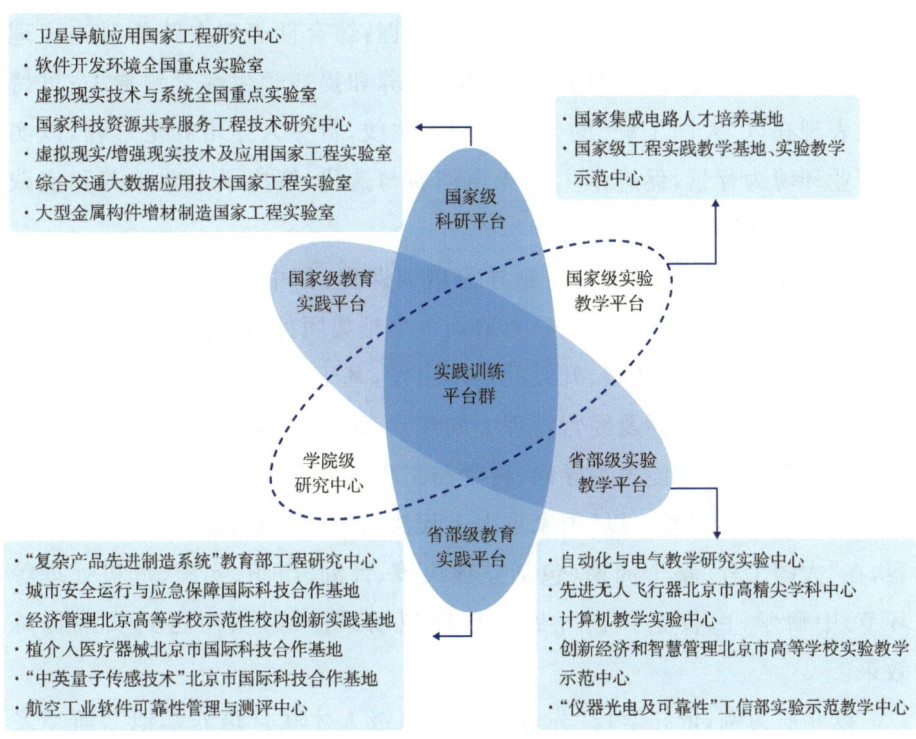

图8.9 工程领导力培养的虚拟实践训练平台群

2. 搭建内容:模拟"大国工程"全周期的实践训练体系

实践引领工程,实践驱动创新。卓越工程师,仅仅依靠理论课是培养不出来的,必须通过工程实践训练,促进多学科交叉融合,培养学生在"大工程观"背景下同时具备现代工程观、全面质量观和综合系统观。相应地,工程领导力培养也是多元化的、面向工程全过程的,它不只关注工程的某一环节,而是立足整个工程的全链条。

基于此,我们按照"厚基础、宽口径、重实践、个性化"的人才培养理念,以培养卓越工程师的工程战略预见能力、工程创新决策能力、工程规划共创能力以及工程危机处理能力为目标,以"认知—实践—创新—创业"为内容,以虚拟仿真数字化平台为保障,构建卓越工程师工程领导力实践训练体系。其特点主要体现在应用性、综合性和可持续性三个方面:应用性表现在要求学生将工程领导力相关知识理论应用于具体的工程实践活动中,以使知识理论得到充分的理解、深化和掌握;综合性表现在跨学科知识理论在大型工程实施过程中的综合应用,培养和提高学生综合领导力;可持续性表现在以"大国工程"的生命周期为主线,贯穿人才培养全过程,以实际产业环境为背景,促进学生的能力创新与迭代,解决了人才培养和实践训练脱节等问题。

借鉴部分央企较为成熟的领导力培训课程(如中广核集团的"白鹭计划"、中国商飞的"COMAC领导力培训"、中粮集团的"晨光计划"等),从服务国家战略和制造业转型、升级的角度出发,基于具体国情地情、企业战略发展形势、任务和目标及经营管理上的焦点、重点和难点,依托理工类高校的学科优势,构建以能力为导向、科学与工程素养并重、贯穿工程全周期的工程领导力培养体系。以"国家重大工程决策、组织与实施过程"为主要内容,在"大国工程"整个周期(包括立项决策、计划、组织、实施、危机处理等环节)中研学,由校企共创开展工程模拟场景演练,从而达到实践训练效果。

以北航为例,依托学校"先进飞行器高级人才联合培养基地""航空发动机高级工程人才联合培养实践基地"(二者获评全国示范性工程专业学位研究生联合培养基地),以及"飞行器空气动力学协同育人基地""大型飞机校企协同育人示范基地"(二者获评工信部校企协同育人示范基地),进一步深入挖掘我校工程师实践基地建设与管理的典型经验,发挥示范基地的引领和辐射带动作用。表 8.2 所列为以飞机设计专业的研究生培养为例,以大飞机工程的学习过程为蓝本,依托工程实践训练平台,拟定"全周期"模拟实训计划,后续可根据不同专业进行定制推广。

需要注意的是,在以"大国工程"为基点的领导力培养过程中,硕士的主要角色是参与者,博士则是工程项目的担纲者。限于硕士的培养周期较短,专业能力仍需持续精进等因素,博士是目前大国工程领导力培养计划中的主要对象。

从硕士阶段的参与者,到低年级博士生的小团队负责人,再到高年级博士生的领导者,按照由易到难的顺序,分别担任不同的岗位角色,将工程领导力训练分为初阶、进阶和高阶三类,选取三类大飞机产业的真实案例,搭建典型工程模拟场景;依据岗位胜任力由基础到顶层的顺序,设计不同层次岗位角色、不同层级工作内容;遵循人才培养规律,构建工程领导力培养的"数智化"路径,从潜质测评、行为数据采集到效能测评,有针对性地获取和分析学生能力图谱,从而开展虚拟仿真训练,以期全方位提升其"大国工程"的工程领导力水平。

表 8.2 飞机设计专业研究生的工程领导力模拟实训计划

培养阶段	硕士(初阶)	博士(进阶)	博士(高阶)
岗位角色	基层工程技术人员	系统负责人	大国工程领导者
职责重点	工程研制	方案评估	总体论证
工程环节关键行为	飞机详细设计 成品配套 飞机试制 地面模拟实验 机上地面实验 空、地勤培训及试飞准备	三面图 总体布置 理论图 结构受力系统 全机各分系统 设计要求 发动机及主要 机载设备选定	需求与概念论证 项目筹划启动 市场需求确定 初步技术方案遴选

续表 8.2

培养阶段	硕士(初阶)	博士(进阶)	博士(高阶)
工程模拟场景	1970年至今关于大飞机产业的四次顶层战略决策	机翼研发的艰辛探索：大飞机之魂	大飞机产业发展模式的抉择：主供模式下的"生命共同体"
领导力培养核心要素与关键行为阐释说明	政治引领力 工程战略预见能力 政治环境： 时代变迁,从富起来到强起来 百年未有之大变局 经济支撑： GDP大幅增长,国力强盛 社会诉求： 受到美国打压,科技自立自强愿望强烈 生态环评： 高标准严要求 文化认同： 文化自信、爱国情怀	通用领导力 工程创新决策能力 战略符合度 工程可行性 效益合理性 风险可控性 影响持续性 中国100名顶尖空气动力学专家共设计了500副机翼,经过艰苦测试、权衡与论证,最终优中选优定型,这个艰辛探索的科研与制造过程是提升领导力的绝佳场景	政治引领力 通用领导力 工程创新决策能力 工程规划共创能力 方案共商： 经过审慎研究,权责共担、利益共享、团队共建,遴选出适合我国国情、有效应对当今大飞机行业竞争格局的三种供应链方案,即战略合作伙伴关系、风险合作伙伴关系和一般供应商模式,并最终创造性整合为"主制造商-供应商"的最优方案
学习方式	① 虚拟仿真 VR/MR 体验、互动与领悟 ② 参与企业机翼相关零部件具体研发 ③ 参与实验室相关科研项目训练		
导师团队	高校导师、企业导师(工程团队领导、现场技术专家、项目型号总师等)和人力资源导师共同组成导师团		
"数智化"培养方法	① 工程领导力潜质测评 ② 工程领导力行为大数据采集 ③ 工程领导者效能测评 ④ 工程领导力数字虚拟仿真训练营		

小　结

　　不谋全局者不足谋一域。卓越工程师的领导力素养关乎工程大局的科学统筹、协调推进、总体谋划、精准落实。本章梳理了国内外相关领导力研究与工程实践，形成了工程师领导力培养的基本经验。结合卓越工程师培养通用能力标准和培养要求，立足"大国工程"的建设周期、科技攻关与实施特点，提出了领导力培养的三类要素，包括政治引领力、通用领导力和工程领导力，每一维度又详细分解为若干具体可行指标，力图使卓越工程师在百年未有之大变局与激烈国际竞争中更加坚定政治信仰，获得更全面的人文理论素养以及更务实的工程领导力经验。在培养路径方面，通过创设"数智化"特色培养方案，开展思想政治教育"一体化数字课堂"，构建人才选育"个性化精准画像"，搭建工程实训"交互化模拟平台"，切实提升产教融合卓越工程师培养质量与效益。

第9章

工程伦理教育研究

工程技术正以前所未有的速度推动社会结构的深刻变革。随着人工智能、大数据、基因编辑等前沿技术的蓬勃发展,工程技术已成为塑造国家竞争力、驱动经济社会发展的核心动力,并在全球治理格局的重构中发挥着举足轻重的作用。在我国,培养大批卓越工程师是全面建成社会主义现代化强国的内在需求,而卓越工程师的重要评价标准在于技术能力与道德水平的双重提升。在此背景下,工程伦理作为连接技术与人文的桥梁,其在日益复杂多变的技术实践中的重要性愈发显著,地位也日益凸显。

"工程伦理"指工程中得到论证的道德价值,明确何为嵌入工程活动中的"德行"(virtues)和"卓越"(excellences)。工程伦理关注的是工程实践中出现的特定伦理问题和伦理困境,通过践行并不断完善伦理规范和规则来实现"有限的伦理目标",为有效应对工程中出现的具体伦理问题提供指导。开展工程伦理教育有利于提升工程师伦理素养,加强工程从业者的社会责任;协调社会各群体之间的利益关系,确保社会稳定和谐;同时推动可持续发展,实现人与自然的协同进化。从当前的高等工程人才培养模式来看,还存在工程伦理教育目标难以协调、理论与工程实践融合不足等问题,亟需明确工程伦理教育多元主体的责任,重塑卓越工程师工程伦理教育体系,提升高层次创新人才的伦理素养,为我国战略人才培养和工程科技健康发展保驾护航。

工程伦理教育路径研究如图9.1所示。

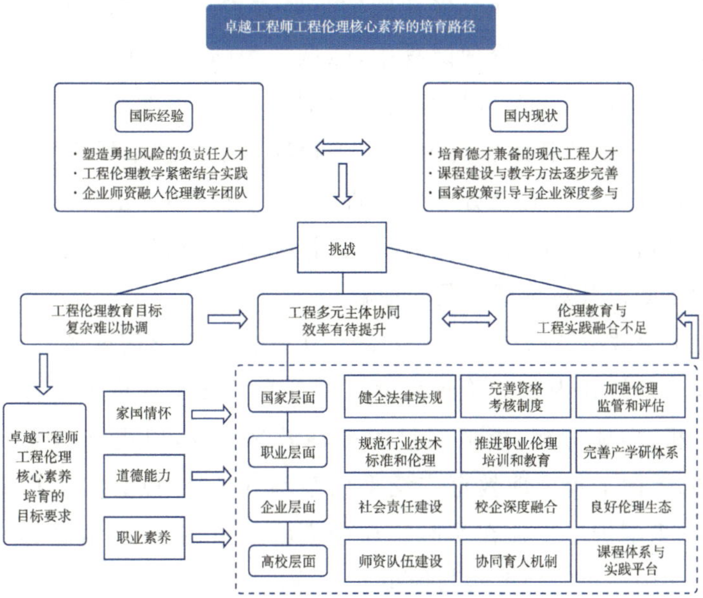

图 9.1 工程伦理教育路径研究

基于此，本章将在系统梳理国内外工程伦理教育现状的基础上，深入剖析并确立新时代卓越工程师工程伦理教育的目标要求。并从国家、行业协会、企业、高校四个重要教育主体出发，分别论述如何有效提升卓越工程师的工程伦理素养。

9.1 国内外经验与启示

1914年，美国土木工程师协会首次定义了工程师的伦理责任，强调对雇主和客户的忠诚。20世纪70年代，"责任伦理"理论兴起，工程灾难频发，工程师道德自觉被唤醒，全球工程伦理研究迅速发展；而我国工程伦理研究起步较晚，21世纪以来，国内工程伦理教育积极引入国外理念，探索具有中国特色的工程伦理教育体系。

9.1.1 国际工程伦理教育研究与经验

塑造勇担技术创新风险的负责任人才。从华盛顿协议创始国美国的发展经验来看，工程类高校普遍开设工程伦理课程，推进工程伦理教育成为提升工程职业素养和社会责任感的重要方式。美国麻省理工学院和斯坦福大学等高校在工程伦理课程中，强调工程师应当在技术创新的同时，履行对社会的责任，遵循可持续发展原则，以最大程度减少技术带来的负面后果。此外，欧洲各国也高度关注工程项目中的技术风险评估，要求工程师在进行技术决策时充分考虑伦理责任。通过建立伦理审查机制和定期举办伦理研讨会，帮助工程师在项目初期识别潜在的伦理风险，并在职业生涯中不断提升对伦理问题的理解。

工程伦理教学紧密结合工程实践。工程伦理教学需要结合工程实践，使学生深刻理解并内化为伦理素养。国外高校在工程伦理教育中广泛采用案例分析、实地考察、模拟项目等多种教学方式，以提高学生的实践能力。例如，美国工程伦理教育广泛采用案例分析法，以真实工程案例为依托，引导学生剖析工程师在实际工作中面临的道德困境，培养其伦理决策能力。德国则注重实地考察与模拟项目，通过组织学生深入企业或工程现场，参与实际项目模拟，使其在实践中深刻理解技术责任，减少技术对社会的潜在负面影响。

企业师资融入工程伦理教学团队。国外高校普遍采取校企合作模式，美国卡耐基梅隆大学在工程伦理课程中，邀请企业高级工程师定期授课，介绍企业在实际运营中所遇到的伦理挑战，并与学生共同探讨应对策略；英国剑桥大学通过与企业合作，设立"工程伦理实践工作坊"，让学生在企业工程师的指导下，分析工程伦理案例，提高其实践应用能力；法国巴黎综合理工学院要求企业导师深度参与学生的工程实践项目，通过定期研讨会促进工程伦理教育与行业实际需求的对接，并引入企业工程师作为导师或兼职讲师，增强工程伦理教学的实践性和现实针对性。

9.1.2 我国工程伦理教育培养现状

致力于培育德才兼备的现代工程技术人才。现代工程技术的复杂性和高度社会化要求工程师兼具卓越的技术能力与伦理责任感。因此，我国工程伦理教育强调工程师在社会责任、可持续发展和科技伦理方面的基本认知，并在课程中增加伦理决策训练，使学生能够在复杂的工程环境中做出负责任的决策。清华大学等高校已将工程伦理纳入工程学科培养体系，并设置了专门的伦理课程，鼓励学生在学习过程中深度参与伦理辩论、伦理案例分析以及工程伦理竞赛，以促进理论知识与实践能力的结合。

推进国家政策制度引导和企业深度参与。国家政策通过明确教育目标与规范实施框架，为工程伦理教育提供了宏观保障。中国信息通信研究院等机构在制定政策时充分考虑伦理教育需求，推动其规范化与标准化。企业则是实践化的关键力量，国内某生物工程企业在生命科学行业领域内率先成立了企业层面的科技伦理委员会。这一举措不仅彰显了企业对科技伦理的深刻重视，还通过设立伦理审查机制，确保所有研发活动均符合伦理规范，从而在实践中积极推动了工程伦理的落地与深化。

工程伦理课程建设与教学方法逐步完善。我国工程伦理课程体系不断优化，教材建设取得重要进展。多所高校编写了不同版本的教材，为工程伦理教育的发展提供了支持。如全国工程专业学位研究生教育国家级规划教材《工程伦理》在借鉴国外经验的同时，结合我国工程实践案例，突出了本土特色；在教学方法上，工程伦理教育正向案例教学、翻转课堂、项目式学习等互动模式转变,增强了学生的实践能力。浙江大学的《工程伦理》等数字教材通过多媒体技术提升了教学的吸引力和效率。北京航空航天大学的实践平台成为教学的重要组成部分,使学生在案例模拟中学习伦理决策,培养责任意识。

9.1.3 我国工程伦理教育新挑战

工程伦理教育目标复杂。一方面,人工智能等新兴技术的快速发展使工程伦理议题不断更新,工程师需要面对诸如算法歧视、隐私保护、责任归属等伦理困境,教育体系需及时调整以适应时代需求;另一方面,重大复杂工程涉及的问题更加广泛,例如港珠澳大桥建设中,工程师需要在设计和施工过程中保护珍稀物种的生态环境。这些问题不仅要求培养工程师的创新能力,还需确保技术发展符合伦理规范,避免带来社会负面影响,对工程伦理教育提出了更高要求。此外,如何针对不同专业方向制定适切的伦理教育方案,仍需进一步探索。

多元主体协同效率有待提升。国家及行业组织虽已出台相关政策推动规范化,但整体指导体系尚不完善,缺乏明确的考核与激励机制。高校方面,虽已开设工程伦理课程,但课程质量与覆盖面存在差异。企业作为实践场域,习惯于关注经济效益而忽视伦理培训的长期价值,加剧了协同性的不足。行业、企业与高校在工程伦理教育实践中所采取的举措尚未实现有效衔接,仍存在空白地带,校企之间的协同作用有待强化,以促进工程伦理教育的高质量发展。

伦理教育与工程实践融合不足。工程伦理教学主要依赖于课堂讲授和案例分析,缺乏系统化的实践训练,导致学生难以将伦理原则有效应用于真实工程情境。探索构建工程伦理教育综合实验平台,可弥补传统课堂教育不足,全面培育工程技术人才的社会责任感,提高其伦理意识,进而推进工程事业更好造福社会、造福人类。但目前此类平台的推广仍处于起步阶段,建设和维护成本较高,师资投入、教学设施、案例库建设等仍是当前亟待解决的问题。

9.2 卓越工程师工程伦理教育的目标要求

卓越工程师的工程伦理教育旨在培育家国情怀、前瞻性道德能力及增进福祉的职业责任。家国情怀为工程师提供精神动力,指引其服务国家科技自立自强;前瞻性道德能力使工程师在复杂情境中作出正确伦理决策,保障技术创新的伦理向善性;增进福祉的职业责任则强调技术发展与人类福祉的紧密结合,体现工程师的职业尊严与价值。三者相辅相成,共同构成了卓越工程师工程伦理教育的重要支柱。

9.2.1 厚植家国情怀

立足世界百年未有之大变局和中华民族伟大复兴战略全局,习近平总书记在2021年9月中央人才工作会议上指出"要探索形成中国特色、世界水平的工程师培养体系,努力建设一支爱党报国、敬业奉献、具有突出技术创新能力、善于解决复杂工程问题的工程师队伍。"这为新时代卓越工程师家国情怀的培养提供了指引。

服务科技自立自强的国家目标。卓越工程师作为技术创新的核心力量,不仅要在专业领域不断追求卓越,还应在情感层面融入国家发展大局。要把国家的科技需求作为个人奋斗的方向,立足创新驱动,推动国家科技自立自强,主动参与到国家重大项目和战略性新兴产业的技术攻关中;同时,卓越工程师应具备伦理意识和社会责任感,遵守工程技术的基本伦理准则,通过将科技与社会发展需求紧密结合,推动国家科技实力提升,确保技术创新成果能够最大限度地促进社会进步和民生福祉,真正做到"创新为民"。

塑造具备家国情怀的科学家精神和工匠精神。家国情怀不仅体现为对祖国的热爱与责任感,更是一种积极推动国家科技进步、社会发展和民生改善的使命感,科学家精神和工匠精神是家国情怀的重要体现。科学家精神强调的是追求真理、勇于创新的科学探索精神,工匠精神则强调对技术精益求精、精雕细琢的工作态度。新时代的卓越工程师必须将这两者有机结合，通过不断的技术创新与突破，推动国家在全球科技领域的竞争力提升。同时内化家国情怀，把个人的职业发展与国家的命运紧密相连，为社会进步和民族复兴贡献智慧与力量。

9.2.2 增强前瞻性道德能力

道德能力是指个体在道德领域内所具备的一种综合心理素质和行为能力，它涵盖了对道德规范的理解、道德问题的判断、道德选择的能力以及将道德认知转化为实际行动的能力。道德能力是卓越工程师在复杂社会环境中维护道德规范、作出正确道德决策并付诸实践的重要基础，包括以下基本要求：

增强道德敏感性与提升道德认知水平。卓越工程师需具备高度的道德敏感性，能够及时识别涉及伦理冲突、社会责任及人类福祉的问题，并理解其决策可能带来的道德影响。首先需提升道德认知水平，深入理解工程实践活动中应遵循的道德原则、伦理理论及社会规范，这一过程依赖于系统的伦理教育、丰富的职业实践及与同行深入交流的经验积累。其次，卓越工程师应考量新技术对环境的潜在影响，评估其是否会对生态系统造成不可逆转的损害；关注社会群体权益的维护，确保新技术不会加剧社会不平等，损害弱势群体的利益。最后，是否符合可持续发展的要求也是工程师必须考虑的重要因素。只有兼顾技术进步与道德责任，才能避免潜在的道德风险，增进民生福祉。

具备前瞻性道德判断力，提升复杂情境的伦理抉择能力。在复杂技术领域，伦理问题的存在往往具有隐蔽性和交叉性，短期内难以显现道德后果。因此，工程师的伦理决策需要兼顾多个方面，特别是要从长期考虑其社会风险，挖掘隐蔽的伦理问题。以智能城市交通系统工程项目为例，该系统旨在提高交通效率，但未来可能带来就业结构变化、个人隐私泄露及数字鸿沟扩大等不确定性风险。卓越工程师需具备前瞻性伦理素养，在项目初期就深入考量这些潜在风险，如司机职业的转型支持、乘客数据的严格保护及确保技术惠及所有群体。通过前瞻性判断，及早识别并规避风险，实现技术创新与伦理责任的和谐共生，保障技术成果惠及全社会。

坚定勇毅的道德抉择力贡献工程实践中的伦理智慧。在工程实践中，卓越工程师的道德抉择力是保障决策伦理正当性和履行社会责任的核心。面对技术革新、资源分配及环境保护等复杂问题，卓越工程师需融合深厚专业知识与强大道德决策力。在资源分配与环境保护上，权衡经济发展与生态保护，确保资源合理利用，避免生态损害。卓越工程师的道德抉择力还体现于责任感与使命感，其决策关乎公众安全、健康与福祉，应以社会利益和伦理价值为指引。此外，还需具备高效沟通与协调能力，与利益相关方沟通，协调需求，保持决策透明公正，减少伦理争议。

9.2.3 增进福祉的职业责任

技术热情是卓越工程师推动技术创新与发展的核心动力，源自于对技术进步的深厚兴趣和对技术挑战的持久探索，贯穿于工程师的职业生涯。技术热情既表现为对技术本质的深刻理解与执着追求，也体现为对技术进步可能引发的社会影响的高度警觉。在技术发展的进程中，卓越工程师不仅需要关注技术本身的突破性，更要以伦理考量为前提，确保技术进步始终服务于人类福祉的终极目标。深入思考技术应用可能带来的社会风险与伦理挑战，以实现技术发展与社会责任的有机统一。

技术创新能力成为卓越工程师推动技术发展和增强职业竞争力的核心要义，其价值实现必须与增进人类福祉的根本目标深度融合。卓越工程师通过系统性的知识积累与行业趋势的深入洞察，能够精准捕捉技术发展的关键节点，将前沿技术转化为具有广泛应用前景的创新成果。这种创新能力并非停留于技术本身，而是始终以解决实际社会问题为导向，关注技术应用对经济、社会、环境的综合影响。在关乎人类福祉的重要领域，卓越工程师通过将科技进步与社会需求有机结合，推动可持续技术方案的落地实施，实现技术价值与社会价值的双重提升。

增进人类福祉是卓越工程师职业尊严和价值的根本要求。在技术应用的全生命周期中，卓越工程师始终将社会影响评估作为重要考量，致力于开发既能创造经济价值又能促进社会公平的技术方案。特别是在清洁能源、医疗健康、智慧城市等领域，卓越工程师通过技术创新推动了资源的高效利用与社会服务的优化升级,为改善人类生活质量提供了有力支撑。同时积极承担社会责任,运用专业技能参与社会公益事业,为弱势群体提供技术支持与服务,展现了工程职业的社会价值与人文关怀。

9.3　卓越工程师工程伦理教育路径

在培育卓越工程师工程伦理素养的过程中,国家、行业协会、企业和高校相互依存、协同共进。国家政策为整体发展提供制度保障,行业协会则基于政策指引,制定具体标准并组织教育培训,规范职业伦理;企业作为实践主体,承接政策与行业标准,通过社会责任建设与文化培育,为工程师提供实践场景与价值引领;高校作为人才培养的基地,依据国家政策和行业需求,优化教学体系,培养学生的伦理意识和社会责任感。四者通过政策引领、标准规范、实践锻炼和教育培养,形成紧密的协同育人机制,共同推动卓越工程师从专业技能到伦理素养的全面提升。

9.3.1　国家与行业层面

首先,完善相关政策与规范建设。通过不断健全法律规范工程师的职业行为,明确伦理原则在法律层面的应用,为应对伦理挑战提供法律依据;推动工程伦理教育的制度化与规范化,将工程伦理教育纳入国家工程教育体系,鼓励和支持行业协会参与工程伦理教育标准的制定,确保伦理教育内容的统一性和权威性;行业协会制定并完善伦理规范,强调职业道德和社会责任,促进工程师的职业伦理建设,推动工程伦理教育的深入发展。自 2008 年起,我国高校已陆续将工程伦理作为必修课纳入课程体系,中国工程教育认证标准也将工程伦理教育作为重要考核内容之一,确保了工程师教育质量的全面提升。

其次,加强伦理教育与培训。行业协会定期组织伦理教育培训活动,采用多种形式如案例分析、情景模拟等,提升工程师的伦理意识和实践能力;推动工程伦理教育的交流与合作机制建设,建立全国性的工程伦理教育交流平台,促进高校、行业协会及企业之间的信息共享与经验交流,共同开发工程伦理教育资源,提升教育内容的时效性和针对性。

最后,强化伦理治理与实践。完善国家层面工程伦理监管与评估机制,设立伦理审查委员会,完善伦理风险预警,实时监测关键环节,保障项目安全质量;强化行业协会伦理治理与监管,推动产学研合作和就业平台建设,建立行业内部伦理问题的及时发现和有效处理机制;推动形成全社会共同参与的伦理治理格局,通过政策和资金支持鼓励行业协会和企业积极参与伦理治理,加强国际合作,提升我国工程伦理治理水平和影响力。

9.3.2 企业层面

首先,推进企业社会责任建设。建立健全企业伦理委员会,通过伦理委员会的审查与监督,促使企业将社会责任内化为核心运营的基石,实现经济效益与社会效益的双重增长;实施多元化社会责任活动策略,采取包括启动公益项目、加强环境保护措施等策略推进社会责任活动,积极参与社会公益事业,提升企业社会形象;深化社会责任实践,制定长远的发展远景目标,如实现碳中和、推动循环经济等,引领行业可持续发展;企业建立全面质量管理体系,确保产品质量安全可靠,进一步提升企业的社会责任感与公信力。

其次,打造负责任的企业联盟。构建企业联盟统一伦理框架,通过确立共同的伦理准则,确保联盟企业在研发、生产、销售等各个环节中遵循高标准的伦理要求;促进创新产品与伦理要求的融合,充分利用联合研发、技术共享等优势,注重伦理要求的融入,确保新产品、新技术在提升效率、创造价值的同时,符合社会伦理和法律法规;加强伦理监督与内外部合作,建立完善的伦理监督机制,对联盟企业的伦理行为进行有效监督和评估,加强与其他行业组织、政府机构及社会各界的合作与交流,共同推动行业伦理建设的深入发展。

最后,注重企业文化建设。塑造创新与管理并重的企业文化,设立机制支持企业成员在工作时间内探索个人感兴趣的项目或想法,同时注重管理的规范化与伦理化,建立明确的管理流程和伦理准则;构建以责任为核心的企业文化,明确"伦理先行"的价值观,通过培训、宣传等方式,增强企业成员对职业责任的认识和认同感,激发日常工作中自觉践行职业责任的内在动力;建立企业文化践行体系,将伦理要求融入企业文化的具体实践中，形成企业内部的伦理共识和行为规范。

9.3.3 高校层面

首先，打造核心教学团队。构建跨学科教学团队，通过多学科融合，组建涵盖工程、伦理、哲学等多领域背景的师资队伍，共同参与工程伦理课程教学，以提供多元视角，丰富课程内容；实施"双导师"制度，加深企校合作，为学生配备校内导师和企业导师，校内导师负责学术指导，企业导师提供实践经验，提升学生工程伦理素养和实践能力；加强教师培训与评价，积极引入行业专家和实践经验丰富的工程师，形成跨界师资团队；加强教师培训，提升跨学科融合意识和教学能力。优化师资评价体系，全面公正评价教师综合能力，促进师资队伍建设持续发展。北京航空航天大学践行"双导师"制度，为学生配备校内导师和企业导师，强化理论与实践的结合。《工程伦理》课程积极与企业合作，邀请具有丰富实践经验的工程师和行业专家担任兼职教师或客座教授，参与工程伦理课程的教学和实践指导，为学生提供了多元化的视角。

其次，着眼于前沿科技伦理探索和教学。构建"三元一体"的工程伦理基础教学体系，探索融合工程与伦理学等专业、中国传统道德文化及西方伦理理论的工程伦理课程体系，创新采用案例教学、机构联合的多元主体参与互动的教学方法，并以道德敏感性为标准完善教学效果评估，形成课程体系、教学方法和教学效果评估三位一体的工程伦理教学体系（见图9.2）；形成前沿工程伦理、工程实践伦理、工程职业伦理相结合的工程伦理前沿研究体系，研究前沿技术伦理问题、工程实践伦理问题、工程师职业协会发展路径，提出制定现代工程伦理规范的程序、标准与方法，促使前沿工程伦理研究与工程伦理教育实践比翼齐飞；创新教学方法，积极吸收国外工程伦理课程教学经验，通过案例教学、角色扮演、项目设计、榜样工程师访谈、工地采访、机构联合等多元主体参与的教学方法，促使卓越工程师关注并参与工程问题，增强道德敏感性和职业责任感。鼓励学生参与前沿科技伦理的科研项目，通过实践研究加深对前沿科技伦理问题的理解。

最后，建设前瞻性工程伦理教育综合实验平台。工程伦理教育综合实

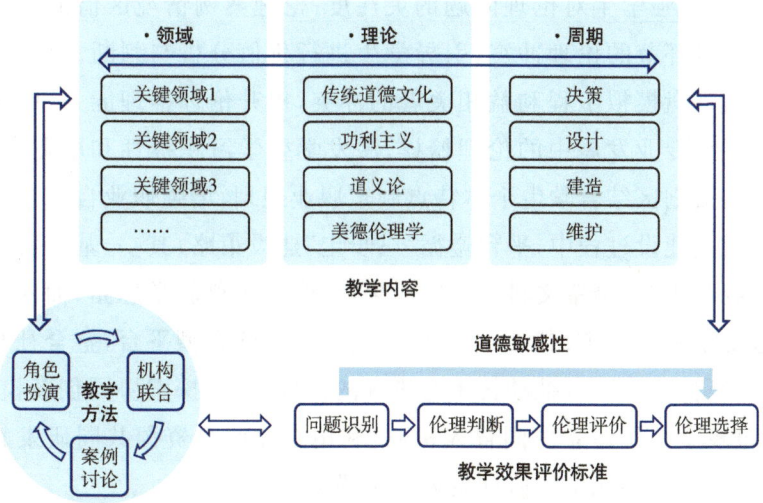

图 9.2 "三元一体"工程伦理教学体系

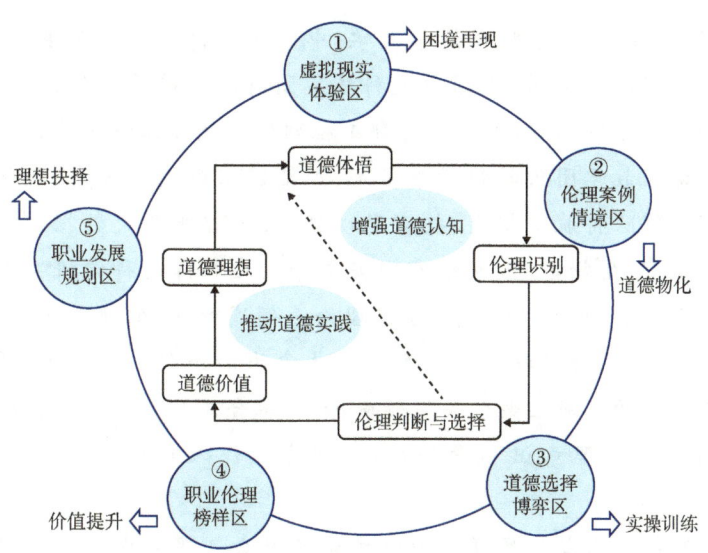

图 9.3 工程伦理教育综合实验平台示意图

验平台以提升工程类学生道德敏感性和伦理决策能力为目标,旨在通过现代科技手段与伦理教育理论的深度融合,推动工程伦理教育从传统课堂走向实验室,培养具有社会责任感和伦理意识的工程技术人才。如图 9.3 所示,平台设计分为五个功能分区:虚拟现实(VR)体验区通过影视片段再现伦理困境,增强学生对伦理问题的关注度;伦理案例情境区借助伦理装置模拟工程各环节的伦理冲突,引导学生进行价值分析与判断;道德选择博弈区设置沙盘模拟工程利益相关者的冲突,提升伦理推理能力;职业伦理榜样区展示专业发展中的伦理榜样,激发学生学习积极性和职业自豪感;职业发展规划区结合学生个体特点制定职业规划,增强职业自信与伦理意识。在推进建设过程中,平台遵循"三步走"建设策略:其一,基于科教融合构建支撑型平台,借鉴文科实验室成果,结合理工科教学思路,面向重大时代问题提供战略支撑;其二,依托学科交叉打造联合型平台,整合社会关注焦点与学科发展要点,推动技术与伦理的深度融合,探索协同创新模式;其三,通过校企合作建立协同育人机制,利用企业前沿资源共同研发教具与实验装置,形成多元主体协同发展的格局。

案例：北航《工程伦理》课程建设

北京航空航天大学联合清华大学、中国航天科工集团有限公司、中国航空工业集团有限公司、中国航天科技集团有限公司等单位,校企共同打造"工程伦理"数字课程,入选教育部工程硕博士核心课程上线国家智慧教育平台。课程教学团队学科背景多元,汇聚国家级领军人才、教学名师与行业专家。团队将航空航天、航空发动机、人工智能与大数据、集成电路、道路交通工程、生物医药、网络空间安全等领域取得的科学研究成果与工程实践经验有机结合,构建了"通识理论＋领域特色"的课程体系,通过深挖实际工程案例,为课程注入了鲜活的生命力。如图9.4所示,课程在多学科相互交叉的基础上聚焦关键领域,有机融合工程、科技与伦理,旨在培养学生的工程伦理意识和责任感,引导学生深入理解工程伦理的核心要义。

实战性教学内容与多样化教学方法的融合。课程内容设计强调把解决实际工程背景下伦理问题的实战性,与对待不同工程伦理问题靶向施策的针对性相结合。课程引入复杂多变的工程情境,将通用的伦理学理论与具体的工程实际紧密结合。通过学习,学生可以掌握基本伦理研究与分析方法,能够对特定的工程伦理问题结合实际、灵活应对、深入分析,最终作出承载工程师责任担当的判断与决策。课程采用案例分析、小组讨论等多

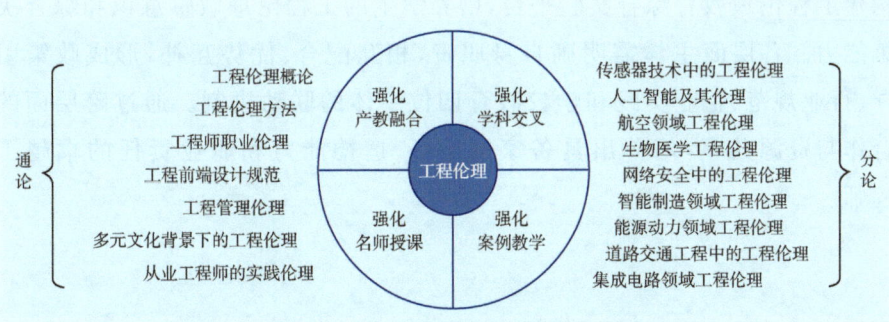

图 9.4 《工程伦理》课程建设框架

样化教学方法,强化学生的工程师责任意识。课程将在模拟情境中锻炼学生分析、解决工程伦理问题的能力,以工程师道德伦理意识与伦理问题研究分析方法,助力学生未来的工程师生涯发展。

爱国主义教育与工程伦理教育的深度融合。课程体系构建致力于将爱国主义教育贯通课程内容。课程中讲述了中国航空航天等领域的辉煌成就与感人故事,将爱国情怀深植学生心中,激发学生的民族自豪感。同时,课程引导学生将职业规划与国家需求紧密结合,明确新时代大学生的历史使命与时代责任,为培养爱党报国、敬业奉献的卓越工程师提供了有力支撑。

小 结

本章聚焦于卓越工程师工程伦理教育的议题,构建了一套综合培育标准体系。该体系以家国情怀为精神引领,道德能力为核心支撑,增进福祉的职业责任为全面要求,旨在实现工程师技术能力与伦理素养的双重提升。

卓越工程师工程伦理教育是一项系统工程,涉及国家、行业协会、企业和高校四个层面。国家与行业层面,通过完善政策法规、推进教育培训和强化监管评估,为工程伦理教育提供坚实的政策保障和监督机制;企业层面,通过企业责任建设、企业联盟发展和企业文化培育,确保工程伦理教育在企业实践中的有效实施;高校层面,通过加强师资建设、探索前沿科技与构建工程伦理教育综合实验平台，培养学生的工程伦理敏感意识和综合决策能力。各层面主体需明确自身职责，相互配合、优势互补，形成政策引导、行业规范、企业实践和学校教育四位一体的联动机制。通过跨层面的合作与资源共享，培养出具备家国情怀、道德能力和职业责任的卓越工程师。

第10章

培养评价与质量保障机制研究

从卓越工程师培养的时代要求出发,本书在前面的章节中已经分别阐释了培养要素再造、校企导师队伍建设、思政教育体系设计、工程师技术中心建设、领导力培养等方面的整体思路。为确保各项改革探索的目标达成,需要建立和完善卓越工程师培养评价与质量保障机制。

外部环境与培养目标的变化,必然带来质量评价机制的变化。科学合理的评价与质量保障机制是实现卓越工程师培养全过程闭环管理的关键一环,有助于提高培养效果、保障人才质量、满足社会需求、优化资源配置,也将反作用于卓越工程师培养各环节的完善和优化。人才培养质量评价不再局限于学生的学术水平与理论研究能力,坚实基础理论、系统专业知识、较强实践能力、较高职业素养等多维度评价要素也需纳入评价范围。各级评价主体中,行业企业专家的参与度也要大幅提高,专业实践成果的认定与评价将迎来新挑战,这就使得课程学习、开题、中期、同行评议、答辩等多环节全链条的系统性评价改革势在必行。

本章立足国家战略与行业企业需求,基于高校卓越工程师培养的实践经验,聚焦卓越工程师培养评价与质量保障机制,讨论人才培养质量评价的总体思路,探索兼具专业性和权威性的评价主体,构建以专业实践能力为核心的评价标准,提出具有科学性与可操作性的评价方式,以及基于全过程管理的多元主体质量保障机制。

10.1　卓越工程师培养评价的总体思路

卓越工程师培养评价,要服务国家战略需求,切合行业与社会发展需要,坚持价值、创新、能力、贡献导向,保持评价标准与培养目标的一致性,确保卓越工程师自主培养质量,总体思路如图 10.1 所示。

本节从全局角度讨论卓越工程师培养的评价依据和评价原则,从具体操作层面讨论评价主体、评价内容和评价环节,探索谁来评、评什么和怎么评三个关键要素,以此构建卓越工程师培养的综合评价机制,如图 10.2 所示。

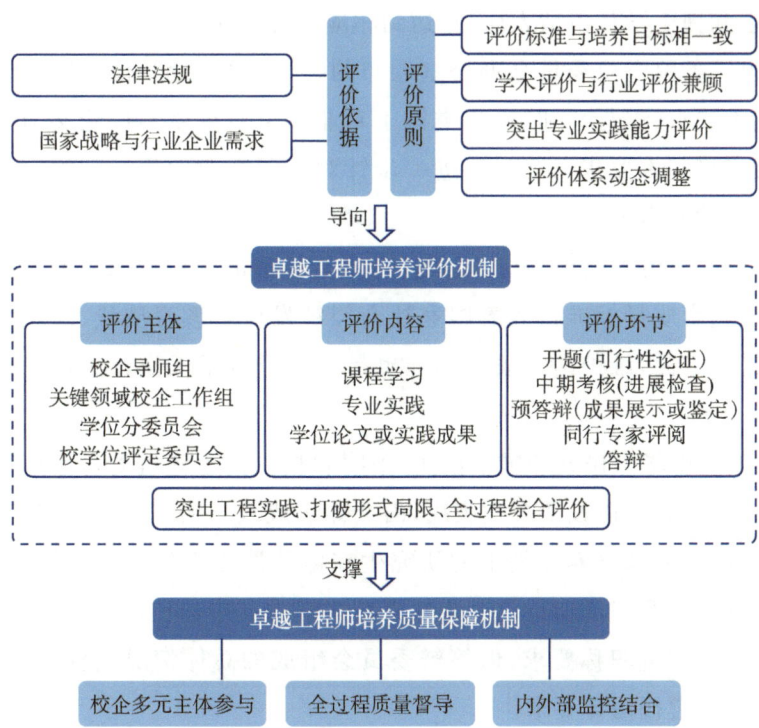

图 10.1 卓越工程师培养评价与质量保障机制总体思路

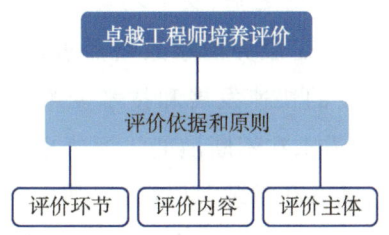

图 10.2 卓越工程师培养评价机制构建总体思路

10.1.1 评价依据

1. 法律法规

学位授予是一项具体的行政行为,由高校作为法律授权的行政主体,对学生的学位申请进行审核与确认。因此,学位授予行为应当遵循上位法的相关要求和规定。2024 年 4 月颁布的《中华人民共和国学位法》明确规定,硕士和博士学位申请人应当"达到相应学业水平、学术水平或者专业水平"。由国务院学位委员会办公室颁布的《工程类专业学位类别硕士学位论文基本要求(试行)》和《工程类博士专业学位研究生学位论文与申请学位实践成果基本要求(试行)》,进一步针对不同专业学位类别细化了申请学位成果的基本要求。

高校人才培养工作,应在国家教育质量标准的宏观要求下开展。一方面,国家教育质量标准代表着国家社会经济发展对教育质量、人才质量的要求;另一方面,维护国家质量标准也是对学位授予工作合法性和权威性的保障。

例如,《中华人民共和国学位法》中明确指出博士答辩委员会应当由五人以上组成,答辩以投票方式表决,由全体组成人员的三分之二以上通过。那么,卓越工程师培养计划下的研究生在申请博士学位论文答辩时,可以在规定框架下适当增加行业企业专家在答辩委员中的比例,对部分来自企业的专家可放宽职称要求,但答辩委员会组成的总体情况、表决形式与通过标准仍应遵循法律要求。

2. 国家战略与行业企业需求

科技自立自强是国家强盛之基、安全之要。卓越工程师培养的评价要紧跟国际科技创新形势,立足服务国家战略需求,瞄准我国科技事业面临的突出问题和挑战。科技的快速发展和技术变革给工业界带来了新的挑战和机遇,行业的技术和需求在不断演变。评价卓越工程师的培养质量需要紧密联系行业的最新动态和需求,卓越工程师应当具备相应的技术创新能力和解决复杂工程问题的能力,以及适应和应对技术变革的能力,能够快速学习和掌握新技术,并将其应用于实际工作中,从而帮助企业适应社会和市场需求的变化。

在卓越工程师培养体系下,产教深度融合,行业企业深入参与到卓越工程师培养的全过程中。一方面,国家战略与行业企业需求通过转化成为对卓越工程师的能力需求,成为卓越工程师培养的目标;另一方面,国家战略与行业企业需求也是卓越工程师培养质量的评价导向,为卓越工程师培养质量的评价提供了标尺,其关系如图10.3所示。

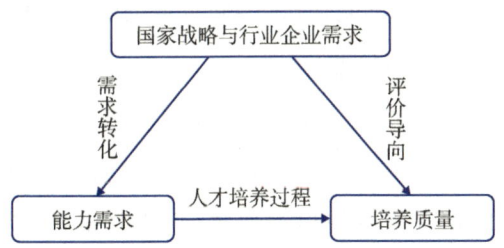

图 10.3　行业企业需求与卓越工程师培养质量评价关系图

卓越工程师培养的核心任务之一是培养卓越工程师解决复杂工程问题的能力,要求卓越工程师能够分析和解决复杂的技术和工程问题。此处的复杂工程问题应该是瞄准国家战略需求、切合企业实际需要、来源于专业实践中的实际问题,因此如何评价卓越工程师培养质量,应当从国家战略与行业企业的实际需求出发。

同时,国家战略科技力量不断强化,资源布局不断优化,推动科技事业不断发展,国家对科技人才的需求也随之变化;不同行业对技术的需求有所不同,不同行业不同领域对技术创新、工艺改进、成本控制等不同维度的需求也不尽相同。因此,评价卓越工程师的培养质量需要考虑国家战略需求的动态调整,以及不同行业的技术要求,在行业需求的引导下进行分类评价。

10.1.2　评价原则

1. 评价标准与培养目标相一致

卓越工程师培养目标是指导培养过程的重要依据,评价标准应当与培养目标保持一致性,以确保培养出的工程师具备所需的技能、知识和素质。

评价标准与培养目标的一致性原则要求建立起培养目标与评价标准的映射关系,实现对培养目标达成度的客观评价。例如,如果培养目标中包含培养具有创新能力的卓越工程师,则评价标准应当设定对成果的创新性及从成果中表现出的技术创新能力的评价要素。

人才培养目标通常是一个由不同层次、不同专业类别的培养目标组成的体系,要求评价标准需要根据培养层次和专业类别的差异进行设定,具体化、特色化、差异化地对不同层次、不同专业的学生进行评价。

2. 学术评价与专业评价兼顾

学术界和产业界存在着密切的互动关系。学术研究的成果可以为行业创新和发展提供重要的支持，而行业的需求和问题也可以激发学术界的研究动力。在评价卓越工程师培养质量时，需要兼顾学术界和行业的要求，以促进二者之间的有机结合。

学术评价主要关注学生在学术研究和理论知识方面的表现。这对于培养具备创新能力和解决复杂工程问题能力的人才至关重要。学术评价可以考查学生的科学研究能力、学术成果和学术交流能力等方面。

专业评价关注卓越工程师在实际工作中的应用能力和业务素养。卓越工程师需要具备与行业需求相匹配的实践技能和专业知识，以便能够在实际工作中有效地解决问题和应对挑战。专业评价可以考查卓越工程师在实际项目中的表现、行业认可度和实践能力等方面。

在评价卓越工程师的培养质量时，综合考虑学术评价和专业评价是必不可少的。学术评价关注学生的学术研究能力，专业评价关注工程师的实践能力和业务素养。综合考虑学术和专业评价可以提供全面的评估结果，有助于培养出既具备学术深度又具备实践能力的卓越工程师。同时，学术界和行业之间的互动也需要得到充分的重视和促进。

3. 突出专业实践能力评价

卓越工程师培养目标之一是培养学生"具有突出技术创新能力"和"善于解决复杂工程问题"。围绕这一培养目标，卓越工程师培养评价标准的核心应当是专业实践能力，尤其是技术创新能力和解决复杂工程问题的能力。

实际工程项目中的实践经验可以帮助学生更好地理解和应用所学知识，提升解决实际问题的能力。卓越工程师培养评价应当重点考查学生在实际专业实践项目中的表现和成果、积累的工程经验和实际贡献，以准确评估其专业实践能力的水平。

同时，专业实践能力的评价还应当考虑行业认可度。行业认可度的引入能够提升专业实践能力评价的有效性与针对性，更加准确地反映人才培养与行业企业发展需求的契合度。

4. 评价机制动态调整

评价机制应当具备一定的稳定性,以确保对人才培养质量的评价具有可靠性和一致性。稳定性可以通过建立明确的评价标准、使用可靠的评估方法和确保评价者的专业素养来实现。稳定的评价机制可以为学生提供稳定的参考和反馈,促进他们的成长和发展。

工程领域的不断进步与技术的不断发展,要求卓越工程师培养评价机制具备一定的可调整性。工程领域的需求和挑战不断演变,评价机制需要及时调整,以反映新兴技术和行业趋势对卓越工程师能力的要求。调整性可以通过定期审查和更新评价标准、引入监测评估体系来实现。

稳定性和调整性并不矛盾,而是相互补充的。一方面,在一个人才培养周期内维持评价标准的相对稳定,是人才培养单位维持教育教学和管理服务工作基本秩序、维护学位授予权威性和严肃性的必然要求。另一方面,工业界的快速发展,随之带来人才培养目标和培养方案的变化,带动人才培养评价标准的变化。同时,高校人才培养并非完全只对接业界需求,还受到服务社会、政策引导、学术研究、学科建设等多方因素影响,工业界需求向教育界的传导具有一定滞后性和局限性。工业产业变革对人才培养评价标准的影响示意图如图 10.4 所示。

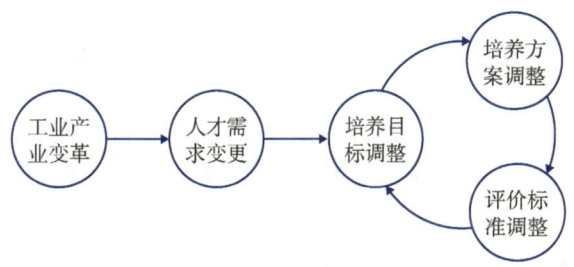

图 10.4　工业产业变革对人才培养评价标准的影响示意图

共同维护卓越工程师培养评价机制的稳定性和调整性,如图 10.5 所示。评价机制可以通过在稳定性的基础上引入一定的调整性,以保持评价的准确性和时效性。例如,可以设立基本的评价标准和指标来确保稳定性,同时通过为特定领域或新兴技术引入灵活的评估方法和参考指标来实现调整性。

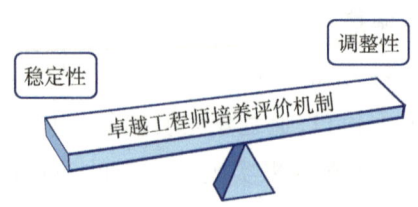

图 10.5　卓越工程师培养体系须兼顾稳定性与调整性

动态调整对评价机制的评估反馈机制提出了需求,通过校企双方联动、共同监测,同时吸纳业界建议,引入专家论证,充分考虑国家战略需求和工程实践工作需要,以及修订后评价标准的可靠性和可行性,兼顾人才培养单位教育教学秩序的稳定性需求,并为新旧标准的实施预留过渡期。卓越工程师培养评价标准动态调整示意图如图 10.6 所示。

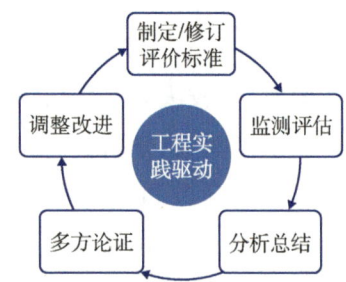

图 10.6　卓越工程师培养评价标准动态调整示意图

10.2　卓越工程师培养的评价主体

卓越工程师培养的评价主体构建可以校企导师组为培养第一责任人,以关键领域校企工作组为枢纽,以学位评定分委员会为核心,以校学位评定委员会为压舱石的多级联动评价体系,通过不同培养层次和专业类别的差异进行设定,具体化、特色化、差异化地对不同层次、不同专业的学生进行评价。卓越工程师培养的多级评价主体示意图如图 10.7 所示。

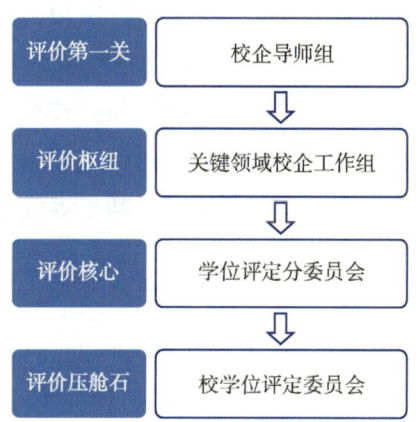

图 10.7 卓越工程师培养的多级评价主体示意图

10.2.1 校企导师组

校企导师组是基于由企业、国家实验室、科研院所导师和高校导师组成的双导师(组)联合指导学生的培养机制而设立的,既是培养第一责任人,也是评价第一关。

企业导师是学生在企实践期间培养的直接责任人,是专业实践和职业发展教育的首要责任人;高校导师是学生培养的第一责任人,是学术培养、思想政治教育的首要责任人。因此,校企导师工作组可从专业实践与专业理论双重维度开展研究生培养质量的评价,评价维度可包括(不限于)思想政治表现、专业理论知识、专业实践能力、成果质量评价等方面。

10.2.2 关键领域校企工作组

关键领域校企工作组是评价的重要把关主体。关键领域校企工作组是校企导师组与学位评定分委员会的连接枢纽,负责协同企业、国家实验室、科研院所和高校,做好本领域内校企导师的各项管理工作,并将关键管理工作呈报学位评定分委员会以供决策。关键领域校企工作组也是校企导师队伍建设水平的重要评价主体,对汇聚各关键领域联培企业、国家实验室、科研院所及高校的一流师资,建设一支聚焦国家重大战略需求,支撑产业链安全的校企协同高水平导师队伍起到关键作用。

以北航为例,各关键领域校企工作组可组织相关学院制定本领域校企导师管理实施细则,做好校企导师遴选,加强交流培训,规范管理服务,引导企业导师和高校导师开展持续深入合作,抓好校企导师在研究生培养中的引导评价工作,带领本领域校企导师共同促进卓越工程师培养质量不断提升,充分发挥校企导师作为北航卓越工程师培养改革必要环节和关键举措的重要作用。

10.2.3 学位评定分委员会

工程硕博士学位评定分委员会是卓越工程师培养评价主体的核心,能够对关键领域培养方案、课程教材、导师聘任、项目选题、学位标准和授予等重要环节进行监管评价,保障产教融合培养卓越工程师的质量。学位评定分委员会履行的职责包含(不限于):审定各关键领域培养方案、审定校企导师资格、审定专业评价和学位授予、做出建议授予和撤销学位的决议、推荐优秀论文或毕业设计名单及其他有关事项等。因此,学位评定分委员会负责对卓越工程师培养的领导和决策,为校企导师制的实施在顶层设计和政策支持等方面提供全面的组织保障,是卓越工程师培养质量评价主体的核心机构。

以北航为例,学校依托国家卓越工程师学院成立了国家卓越工程师学院学位评定分委员会。该学位评定分委员会在授权的学科专业范围内包括(不限于)以下职责:

① 受理并审核学位申请;
② 审核各关键领域研究生培养方案;
③ 制定各专业类别学位标准;
④ 组织实施学位论文或实践成果的评阅与答辩;
⑤ 审核校企指导教师年度招生资格;
⑥ 做出增列校企指导教师资格的建议;
⑦ 做出授予、不授予和撤销硕士学位的建议;
⑧ 做出授予、不授予和撤销博士学位的建议;
⑨ 组织各级优秀博士、硕士学位论文评选推荐工作;
⑩ 完成校学位委员会交办的工作。

学位评定分委员会的组成应考虑校企联合培养的特点,分委员会由高校与企业双方联合组建,相关领域依托单位派员参加。在国家卓越工程师学院学位论文或实践成果质量保障方面,学位评定分委员会应聚焦国家重大战略需求,依托校企在研合作科研项目、企业工程技术需求、企业在研项目组建校企双导师组,搭建校企合作平台、工程师技术中心,承担重大任务,为高质量卓越工程师培养提供优秀的保障条件和研究环境。学位评定分委员会可根据工程技术项目需要,将合作企业技术专家和高校导师组成校企导师组,把好开题、中期考核、论文或报告撰写、预答辩、学术规范检查、学位论文或实践成果的评阅和答辩等重要环节的质量关,促进卓越工程师培养质量不断提升。

10.2.4 校学位评定委员会

校学位评定委员会下设学位评定分委员会,是卓越工程师培养质量评价主体的压舱石,是学校的学位管理机构,对学位授予、学位授予学科调整和导师队伍建设等相关工作有评定、审议、评估和指导,审批分委员会的设立、撤销或合并等职责。校学位委员会具有合法性、方向性和全局性特点,作为学校层级的研究生培养质量评价主体,对学位评定分委员会审定关键领域培养方案、课程教材、导师聘任、项目选题、学位标准和授予等环节举措进行监管评价,进一步贯彻中央人才工作会议关于卓越工程师培养的重大战略部署。

10.3 卓越工程师培养的评价内容

10.3.1 课程学习评价

在本书第 4 章课程体系构建的内容中提到,应将工程理论知识传授和实践创新能力提升有机融合,课程学习评价也围绕工程理论知识的掌握与实践创新能力的提升开展。

1. 工程理论知识

评价学生课程学习的工程理论知识掌握水平,以对知识的掌握程度为核心,兼顾课程学习的参与度和完成度,可以通过考试成绩、论文报告、项目作业等方式来评估。

卓越工程师培养应体现"质量卓越"的要求。在课程学习的评价中,尤其对于专业基础理论与专业实践能力培养相关课程,其评价要求应当高于传统专业学位研究生。

不同培养层次下各关键领域需要掌握的工程理论知识在培养方案中已较为明晰。对工程理论知识的课程学习效果进行评价时,可以首先将培养目标分解为若干个指标点,然后分别进行量化评价,最终实现综合考量。工程理论知识和课程并不一定是一一对应关系,可能存在多门课程共同支撑一个工程理论知识的掌握,也可能一门课程支撑多个理论知识点的掌握。当出现此类交叉关系时,可以通过矩阵的方式来评价,如表10.1所列。

表 10.1 工程理论知识的课程学习综合评价矩阵示例

	课程1	课程2	课程3	课程4	课程5	……
知识点 A			熟练掌握知识点 A			
指标点 A1						
指标点 A2						
……						
综合评价						
知识点 B			掌握知识点 B			
指标点 B1						
指标点 B2						
……						
综合评价						
知识点 C			了解知识点 C			
指标点 C1						
指标点 C2						
……						
综合评价						

2. 实践创新能力

卓越工程师培养中有大量由企业专家主导的课程,课程学习不仅仅局限于理论知识的学习,还注重实践能力和创新能力的培养。卓越工程师培养评价可以考查学生在课程学习中的实践项目、实验室实践、创新设计等方面的表现,以评估其在实际工程应用中的创新能力。同时,学生能够通过课程学习发现自己的不足并探索改进措施,应用到专业实践中,促进实践创新能力的提升。

10.3.2 专业实践评价

1. 专业实践的评价内容

专业实践是卓越工程师培养的必修环节,是学生熟悉相关工程领域工艺、流程、标准、相关技术和职业道德的有效途径,是学生结合工程实际,进一步开展学位论文或实践成果工作的重要阶段。"完成专业实践训练"已列入《中华人民共和国学位法》,作为申请硕士和博士专业学位的必要条件。结合本书第 3 章提炼构建的卓越工程师培养通用能力标准体系,卓越工程师培养的专业实践可以通过考查以下四个方面的素养和能力进行评价,如表 10.2 所列。

表 10.2 卓越工程师培养通用能力标准对应评价要素分解

卓越工程师培养通用能力标准	能力标准分解	评价要素
家国情怀与职业素养	家国情怀	爱党报国
		敬业奉献
	职业素养	法律法规
		职业规范
		专业素养
		工程伦理

续表 10.2

卓越工程师培养通用能力标准	能力标准分解	评价要素
工程知识与创新实践能力	工程知识	基础知识
		专业知识
	创新实践能力	解决问题能力
		技术创新能力
	思维水平	系统性思维
		战略性思维
		创新性思维
领导管理与持续改进能力	领导管理能力	政治引领力
		工程领导力
		通用领导力
	持续改进能力	批判性思维
		全局性眼光
		推动改进能力
终身学习与全球胜任力	终身学习能力	终身学习意识
		自我学习能力
	全球胜任力	国际视野和全球眼光
		工程领域国际交流能力
		国际化工作环境适应力

(1) 家国情怀与职业素养评价

卓越工程师培养立足国家战略需求，"爱党报国""敬业奉献"是习近平总书记对卓越工程师队伍提出的明确要求，家国情怀与职业素养的树立尤为重要。家国情怀与职业素养不同于其他评价内容，难以通过具体的量化指标进行评价。因此，可以通过主观的方法进行评价。一方面，可以将评价融入人才培养过程，考查学生关于在职业道德相关培养环节的参与和完成情况；另一方面需要企业导师在专业实践中通过观察学生的学习态度、学习方法以及在实践中表现出的职业素养进行综合评价。

在评价过程中，企业导师可以将学生在专业实践中能否自觉遵守法律法规、职业规范和行为准则作为评价指标,具体考查学生在专业实践中能否遵守工程伦理与职业道德,是否践行可持续发展理念,能否负责任地做出工程决策等。

(2) 工程知识与创新实践能力评价

工程知识与创新实践能力评价可以具体划分为工程理论知识、解决问题能力和技术创新能力三个评价角度,分别对应理论、实践、创新三个不同维度。

工程理论知识的评价一方面是评价学生对工程原理、工程技术和本专业的理论知识掌握程度;另一方面还需要考查其对新材料、新工艺、新设备和先进生产方式以及本专业前沿发展现状和趋势的掌握程度。

解决问题能力可以通过考查学生实践经验的积累以及在专业实践中遇到工程问题时的表现予以评价。实践经验的积累可以进行部分量化评价,包括参与的工程项目数量和质量等。而解决工程问题的表现则需要综合评估其分析问题、制定解决方案和实施方案并解决工程实际问题的能力,包括对问题的理解、理论知识与工程技术的应用以及解决方案的有效性和可持续性等方面。

技术创新能力可以通过考查学生在专业实践中提出的新想法和新方法,以及在专业实践中取得的成果质量予以评价,包括评估其创新性和可行性,以及其创新成果对工程实际应用的贡献度和具体成效等。

(3) 领导管理与持续改进能力评价

在专业实践中,或许难以保证每位学生作为领导管理人员独立推进工程项目,本书第 8.2 节的内容立足"大国工程"的核心要素,从卓越工程师培养的"领导力"提炼出政治引领力、工程领导力和通用领导力三个能力要素,为卓越工程师培养评价领导管理能力提供了思路。在卓越工程师培养评价环节,通过将能力要素做进一步转换和细化,考查学生能否运用管理思维制定工程文件、标准、规范,或者对重大风险进行预判等,实现对学生领导管理能力的评价。

领导管理能力中的政治引领力主要通过决策层面的考查实现,例如对服务国家战略需求的认同、认知和应用,对复杂形势的科学分析,对各方资源的有效整合等;工程领导力主要在项目实施层面进行考查,专业实践项目往往需要与团队成员进行合作,并与其他相关方进行有效的沟通,通力合作完成工程项目,可以通过考查学生在专业实践中体现出的团队合作能力和沟通能力,以及对风险的预判、对突发情况的处置能力等评价;通用领导力主要在组织层面进行考查,卓越工程师的培养不单单局限于某一专业领域的具体工程问题,更需要善于解决突发性复杂问题,通用领导力可通过考查研究生在遇到复杂项目时表现出的系统思维和组织能力进行评价。

持续改进能力一方面可以考查学生是否具有扎实的工程理论知识和专业实践能力基础,另一方面可以通过学生在专业实践中体现出的批判性思维和全局性眼光进行评价,考查学生能否主动反思现有方案的局限性,能否全面综合地评价工程项目在外部环境中的影响,从而对学生主动推动工程的持续改进能力进行评估。

(4) 终身学习与全球胜任力评价

卓越工程师培养不仅仅局限于某一个项目,还应当培养学生持续学习、持续创新和发展,并适应和胜任国际化需求的能力。通过综合考查学生在不同项目或领域中的实践成果,在自身专业领域的持续学习和发展潜力,实现对学生终身学习能力的评价。全球胜任力可将外语熟练掌握程度、国际化视野以及跨文化环境工作适应能力作为基本评价要素。

2. 专业实践创新成果的评价

(1) 专业实践创新成果的主要评价要素

学生在专业实践结束后应当撰写《专业实践总结报告》,作为专业实践成果的具体展现,包括完成实践计划任务情况、取得的专业实践成效等内容。

评价学生专业实践成果时,首先需要考查其创新性。学生的专业实践成果应当具有较强的创新性,如探索了有价值的新方法、新工艺,在某个领域或行业中研发了新技术、新产品、新装置等。评价可以考查专业实践成果在解决问题、改进现有技术或开辟新领域方面的效果和成效。

技术贡献和社会价值也应纳入专业实践创新成果的评价范围。建议将专业实践成果在技术上的突破、对相关领域的推动作用,以及在实际应用中的效果和成效纳入评价内容,包括专业实践成果在专业实践中的可行性、可靠性和可持续性等方面。同时,可以考查专业实践成果在学术界、产业界或社会中的影响和认可程度,以及对解决社会问题、促进经济发展、改善人民生活等方面的贡献。

(2) 支撑专业实践的创新成果形式

近年来,越来越多的学位授予单位不再把发表论文作为申请学位的限制性条件。但学生实践成果的学术质量与知识贡献仍可作为评价的重要内容,成果的发表情况、知识分享与交流情况可作为评价的参考。

专业实践的支撑成果形式不作限制性要求。支撑专业实践的创新成果形式并不局限于正式发表的学术论文,也可以是科技奖励、发明专利、技术报告、工程设计、工程装备、仪器设备、硬件产品、软件产品、设计方案、技术标准、科创竞赛获奖、科技成果转化、成果鉴定等多种形式,或经分委员会认定的其他形式。专业实践的支撑成果应与专业实践密切相关,由学生独立完成或主要(参与)完成,具有一定的难度及工作量。专业实践的支撑成果是评价专业实践的重要参考。下面对几种常见的支撑成果形式展开讨论。

第一,发明专利。发明专利是专业实践支撑成果的常见形式之一,可以考虑从创新性、技术性、应用性与价值性方面进行评价。重点关注发明与现有技术的差异程度,以及在技术上的科学性与可行性,在工业应用中的可操作性以及对社会应用或工程实际的贡献程度。

专利申请需要经过较长时间的审查流程,通常一项发明专利需要经历2~3年以上方能获得授权。因此当发明专利作为专业实践的支撑成果时,不必对专利状态作严格限制,而应重点关注专利本身的创新性与工程价值。

第二,研究报告。研究报告的选题应当直接来源于工程实际问题或具有明确的工程应用背景,为综合运用基础理论与专业知识、科学方法和技术手段开展的应用性研究。评价工作可聚焦研究内容的先进性和实际应用价值,重点考查应用研究是否具有一定的难度及工作量,对拟解决问题的分析与实验过程是否科学完整,解决方案设计思路是否合理,数据是否翔实准确等。

第三,工程设计。工程设计成果可通过工程图纸、设计作品、技术方案、工艺方案的形式呈现,要求运用工程理论、科学方法、专业知识与技术手段等对工程项目、大型设备、装备及工艺进行设计。评价工作可聚焦设计方案的合理性、合规性、创新性和应用价值,重点考查工程设计成果是否科学合理,是否符合国家、行业标准规范,是否提出了新思路或新见解,是否具有一定工程应用价值等。

第四,案例分析。案例分析是学生运用专业理论、技术和方法,从实践经验、存在问题、发展规划等方面分析和思考,对某一具体的实际工作进行必要的概括描述、分析论证和总结。案例分析的概括描述应体现对典型案例从发生、发展到结束的完整描述,案例的选择应具有典型性;分析论证应体现对案例重要信息和内容的分析过程,对与案例相关理论或问题有适当引申和探讨,分析论据应当充分;总结应当对工程实践具有指导意义。

第五,科创竞赛奖励。近年来,各级科创竞赛涌现出大量优秀项目,部分竞赛项目直接面向行业痛点,提供解决方案,逐渐成为展现和验证创新性成果的重要平台。符合一定要求的科创竞赛奖励,可以考虑作为支撑专业实践的成果形式之一。

第六,经认定的科技成果鉴定。经认定的科技成果鉴定是学生专业实践领域内的总师/高级技术专家对学生专业实践情况的鉴定意见,应体现学生专业实践技术突破、对相关领域的推动作用程度,以及从可行性、可靠性和可持续性等方面分析专业实践成果在实际应用中的效果和成效。同时可以考查专业实践成果在学术界、产业界或社会中的影响和认可程度,以及对解决社会问题、促进经济发展、改善人民生活等方面的贡献。

第七,技术研究论文。技术研究论文作为传统的创新性成果展现形式,也可以作为专业实践成果的一种。作为专业实践支撑成果的技术研究论文,选题应有明确的工程实际背景,工作应有一定的技术难度和深度,成果应具有一定的先进性和实用性。对学术论文的评价,应当注重论文内容本身的质量评价,而非论文来源的评价。论文的来源期刊(会议)的检索类型和影响因子曾一度被部分专业人士作为评价论文价值的重要参考,但论文质量并不完全等同于期刊(会议)质量。专题论文的评价,应当重点突出论文所研究内容的创新性,以及通过论文内容展现出的论文作者解决问题能力和技术创新能力。

以上形式仅作为常见的专业实践创新成果形式举例，学生的专业实践创新成果形式并不作限制性要求，而应当重点突出对成果内容及学生对该创新成果贡献度的评价考量。

(3) 关于专业实践创新成果评价的思考

专业实践成果评价需将学生对成果的贡献度作为重要参考尺度之一。在传统的学术型研究生创新成果评价中，通常要求成果为学生在导师指导下独立完成。然而，工程项目往往是系统工程，需要多方合力共同推进学生个体难以独立完成。这对专业实践创新成果评价提出了高于传统创新成果评价的要求。专业实践成果评价不仅需要考查实践成果整体的创新性与实用价值，也需要充分考量实践参与人在其中的贡献度。学生个体在专业实践中的贡献度，不单指其在实践项目中投入的时间精力，更需要对学生本人在整个项目中的参与程度和技术贡献程度进行综合评价。

专业实践创新成果评价需要"小同行"的参与。专业实践支撑成果的评价，需要贴合工程实际，对成果内容的创新性和工程贡献开展专业性评价。当实践成果的评价专家与成果所涉及工程领域存在较大跨越时，实践成果的评价可能存在流于计算成果数量、比较影响因子、考查发表状态等形式化的风险。这意味着实践成果的评价者应当倾向于选择熟悉当前工程领域、具备相似专业背景和经验的"小同行"，才能充分理解和评价实践成果的技术含量、创新性和可行性。

10.3.3 学位论文或实践成果评价

在卓越工程师培养体系中，学位论文不再作为申请硕士和博士学位的必要条件，学生可以选择使用学位论文或实践成果来申请硕士和博士学位。学位论文或实践成果是卓越工程师培养期间成果的集中体现，是质量评价的主要对象，需要从多维度、全方位进行系统考量。

1. 学位论文或实践成果的主要形式

根据国务院学位办《工程类博士专业学位研究生学位论文与申请学位实践成果基本要求（试行）》和《工程类专业学位类别硕士学位论文基本要求（试行）》，学位论文和实践成果可以考虑以下几种主要形式。

学位论文可围绕工程新技术研究、工程设计与实施、工程应用研发等撰写。

（1）工程新技术研究：应具有明确的应用背景通过综合运用基础理论与专门知识、科学方法和技术手段，开展新技术或新产品的工程应用研究，实现工程领域技术或产品工程创新；

（2）工程设计与实施：应通过综合运用相关专业领域基础理论、专门知识、科学方法、专业技术手段与技术经济知识，融入人文、环境保护和经济可持续发展理念，对具有较高技术含量的重要工程项目、大型设备或装备及其制造工艺等问题开展优化方案设计与项目实施。项目设计方案须经过同行专家论证并实施，且取得显著的实施效果，并具有较好的推广前景；

（3）工程应用研发：应将相关工程领域的应用基础研究成果应用于重要工程项目，或进行软硬件研发、关键部件研发以及对前沿先进软硬件产品的引进吸收与再创新。

实践成果应来源于技术攻关与工程或设备改造、工艺与产品创新、新材料与新设备的研发、前沿技术引进吸收与再创新、工程设计与实施、技术标准的制定与优化、原创性研究成果转化与产业化探索。

实践成果的形式主要包括：

（1）重大装备：依托重要工程项目研制或行业重大发展需求的重大工程装备，通过同行专家的鉴定或评审，并获得实际应用效果；

（2）仪器设备：依托重要工程项目研制的专用仪器设备，通过同行专家的鉴定或评审，获得推广应用；

（3）其他硬件产品：依托行业重大需求，研发的相关硬件产品，包括新装备、新设备、新材料、新药品、新化学品等；通过同行专家的鉴定或评审，获得工程应用，取得良好的经济效益和社会效益；

（4）软件产品：依托行业重大需求，研发的相关应用软件产获得推广应用，取得良好的经济效益和社会效益；

（5）设计方案：依托重大工程项目完成的方案设计，通过同行专家评审，完成项目实施验证，取得预期成效；

（6）技术标准：省部级（或一级行业协会/学会）及以上行业标准研究与制定，并正式发布和推广应用；

（7）其他体现相关专业领域特色的同等水平的实践成果。

2. 学位论文或实践成果的评价要点

结合《中华人民共和国学位法》对硕士和博士学位的授予条件，国家政策对卓越工程师培养的战略需求，行业对卓越工程师培养的工程需求，以及高校的人才培养目标，评价学生的学位论文或实践成果时可以考虑从以下几个评价要点进行考查：

第一，选题。评价学位论文或实践成果时，首先需要考查其研究问题和目标的明确性和重要性。卓越工程师的学位论文或实践成果选题应当切合国家重大战略需求，具有一定的工程实际意义，并能够解决或应对相关领域的难题或挑战。

第二，基础理论与专门知识。基础理论和专门知识的具体要求取决于所在工程领域和研究方向。基础理论为工程研究提供理论基础和分析工具，专门知识为工程应用提供思路、方法和技术保障。从评价角度来看，可以通过学位论文或实践成果内容，考查学生是否了解该领域的前沿进展和研究热点，是否熟悉该领域的理论、原理、方法和技术，以及对相关理论和知识的运用情况，衡量其基础理论是否扎实、宽广，对专门知识的掌握是否系统、深入。

第三，创新性（新颖性）。创新性（新颖性）是学位论文或实践成果的重要评价要素。尤其对于工程类专业博士研究生，在专业实践领域作出创新性成果是获得学位的必要条件。硕士研究生的学位论文或实践成果则应当具备一定的新颖性，通过聚焦核心专业实践成果对行业企业技术升级或产业发展产生的积极推动作用，可以评估学位论文或实践成果的创新性（新颖性）。创新性（新颖性）并不局限于学术理论，也可以是在工业指标上的突破，或者是新方案的提出、新装备的生产、新装置的设计，在评价中重点关注创新成果在工业实践应用中的落地情况与贡献程度。

第四，专业实践能力。卓越工程师的学位论文或实践成果，应当体现出其独立解决工程问题、应对工程挑战和变化的能力。工程能力的评价具体可从技术能力、问题解决能力、项目管理能力和团队合作能力等方面进行评价。通过分析学位论文或实践成果能否熟练运用相关工程领域的思想方法和技术解决科研问题或工程问题，以及工程实现难度、实际应用潜力、行业应用前景和工作量，综合评价学生的工程能力。

第五，规范性。规范性包括学术规范和写作规范两方面。学位论文或实践成果的撰写过程是对学生的写作能力和知识运用能力再锻造的过程。评价学位论文或实践成果的学术规范性，可重点考查其内容是否由本人独立完成，引用他人成果是否严谨、规范，论据是否充分、可靠等。评价学位论文或实践成果的写作规范性，可重点从表述是否清晰，文笔是否流畅，以及书写格式、图表、文字、附件等是否规范等角度进行考查。

卓越工程师培养体系中的学位论文或实践成果质量评价，需要在突出专业实践应用的前提下，重点考查透过学位论文或实践成果体现出的综合能力，通过综合考查选题、基础理论和专门知识、创新能力、工程能力、规范性等评价要素，获得对学位论文或实践成果质量的立体评估，实现对卓越工程师培养对象能力和素养的综合评价。

3. 学位论文或实践成果的学位评定

根据《中华人民共和国学位法》对学位授予条件的规定，专业硕士学位获得者应当在本专业领域掌握坚实的基础理论和系统的专门知识，具有承担专业实践工作的能力。专业博士学位获得者应当在本专业领域掌握坚实全面的基础理论和系统深入的专门知识，具有独立承担专业实践工作的能力，同时在专业实践领域做出创新性成果。基于法律对学位授予的基本要求，结合卓越工程师培养目标，尝试给出卓越工程师学位论文或实践成果的评议要素（评分项），并对每一项评议要素进行分层次评价。

(1) 评议要素的设计

结合《工程类专业学位硕士学位论文基本要求》，卓越工程师的硕士学位论文或实践成果评议要素可考虑采用选题、内容（基础理论、专门知识与科学方法）、成果（可靠性、实用性与新颖性）、规范性五项，结合《工程类博士专业学位研究生学位论文与申请学位实践成果基本要求》，卓越工程师的博士学位论文或实践成果评议项目可考虑选题与综述、专业基础及实践能力、创新性及应用价值、学术规范与写作水平五项每个评议要素的评价结果可划分为不同档次作定性评价，也可设置评分进行定量评价。如果同时设定评价档次与评价分数，则评价档次和评分区间应当建立关联。

以"选题"这一评议项目为例，研究生的学位论文选题尤为重要，可从与重大战略需求的结合度、选题来源和工程应用价值三个方面重点考虑。优秀的学位论文选题,应与国家战略需求紧密结合,来自相关工程领域的重大项目,具有突出的工程应用价值。

(2) 评议要素的权重分配

在对学位评定中,可以结合卓越工程师培养目标,为不同专业学位类别、不同形式的学位论文或实践成果设置不同的评议要素权重分配方案。同时,不同培养层次的卓越工程师培养目标与定位也有较大区别,例如博士层次的卓越工程师对技术创新能力有着更高要求,需要通过提升"创新型及应用价值"要素的配比权重来体现。

学位评定具有达标性,在学位评定中,学位论文或实践成果的评议要素应该由学位授予单位具体制定,并赋予不同权重、设定不同标准。建议各学位授予单位结合本单位的办学定位、特色、条件等实际情况,科学制定具体的学位授予标准。同时,学位论文或实践成果的评议要素及权重应当得到学位授予单位各级评价主体的充分认证、研判并达成共识,方能在学位评定各环节中落地生根、贯彻实施。

4. 优秀学位论文或实践成果评选

学位评定属于绝对性评价,学位申请者达到学位授予单位的学位授予标准即通过评定;而优秀学位论文或实践成果评选属于相对性评价,需要对数篇学位论文或实践成果进行横向比较,挑选出其中的优胜者。因此,相比于学位评定,评优可以对学位论文或实践成果提出更高的要求。

(1) 申报优秀学位论文或实践成果的专业实践支撑成果

学生的专业实践创新成果可以作为优秀学位论文或实践成果评选的支撑。专业实践创新成果不限定具体形式,应该为攻读学位期间获得,且与学位论文或实践成果密切相关且在学位论文或实践成果中充分呈现。专业实践创新成果关注成果本身的质量,采用代表作的方式。

传统的学术型优秀博士学位论文通常使用学术论文、专利等形式的创新成果作为支撑,卓越工程师培养阶段的学生还可以使用科技奖励、技术报告、工程设计、工程装备、仪器设备、硬件产品、软件产品、设计方案、技术标准、科创竞赛获奖、科技成果转化、成果鉴定等多种形式作为评优的支撑。

在申报评选优秀学位论文时,学生可以简明扼要地展示每一项实践成果的工程应用情况,包括工程应用场景、工程应用进展和专业实践成效等,同时可以提供相应的证明材料。例如,博士生 A 的设计方案在国家级重点工程项目中得到应用,对工程项目的提质增效作出了重大贡献,同时项目组为博士生 A 出具了相关鉴定材料。那么,博士生 A 在参加优秀博士学位论文评选时,可以将该设计方案作为攻读学位期间取得的创新成果,同时将项目组出具的鉴定材料作为该创新成果的支撑材料。

(2) 优秀学位论文或实践成果的质量评价

攻读学位期间的创新成果仅作为评优的参考,优秀学位论文评选的关注重点还应当回到学位论文或实践成果质量本身。优秀学位论文或实践成果评选相较学位评定,可以突出"应用价值"在评价中的权重,旨在对卓越工程师攻读学位期间的创新成果在专业实践中的应用情况进行评价,包括工程应用情况、工程实现难度、工程应用潜力、工程应用前景等具体要素。优秀学位论文评选中的评价要素如表 10.3 所列。

表 10.3　优秀学位论文评选中评议项目的评价要素

评议项目	评价要素
论文选题	与国家战略需求紧密结合,选题来自相关工程领域的重大项目,具有突出的工程应用价值
创新性	具有优秀的技术创新能力,研发了新技术、新产品、新装置,创造性地解决了工程技术中的关键问题
工程能力	具有独立解决复杂问题、独立承担专业工作的能力,能用相关工程领域的思想方法、技术独立解决工程问题。工程实现难度大,工作量饱满
工程应用	专业实践成果已应用于国家重大项目并取得良好效果,或对国家战略需求具有重要应用潜力和重大应用价值
基础理论与专门知识	掌握的基础理论坚实宽广,专门知识系统深入
规范性	论文主要内容为本人独立完成,论据可靠充分、逻辑严密、文笔流畅,书写格式及图表、文字、附件、文献的引用符合规范

案例：北航航空发动机研究院博士生专业实践评价

以北航航空发动机研究院某在读博士生为例,该名博士生长期驻扎在中国航空发动机集团有限公司(简称中国航发)下属单位实践一线,致力于解决在研发动机"卡脖子"难题,支撑关键型号排故及改进设计。该名博士生在实践过程中突破关键技术限制,其研究成果直接运用于某关键型号,解决了现有航空发动机中存在的重要技术难点,并获得中国航发所颁发的成果前景应用证明。同时,该研究生所在团队由此获行业总师高度评价,并收到集团感谢信1封,高度肯定该生在实践工作中解决问题的能力。实践期间,该名研究生撰写系列航空发动机相关研究报告,发表EI论文2篇,技术专利7项,其中有3项专利获得成果转化,并已应用于某重要型号。

根据专业实践成果评价标准,该名博士生在专业实践中的关键技术具有高度创新性和领域实用价值,实现了技术突破,推动了相关领域技术进步,获得应用单位认可与肯定,具有专家鉴定意见、学术论文、发明专利、研究报告和产品方案等多种形式的工程实践成果,符合博士生专业实践要求。

案例：北航电磁兼容团队博士生学位论文评价

以北航电磁兼容团队一名电磁兼容与电磁环境专业的博士研究生为例,该名博士生在读期间深入工程一线,在装备发展部、科技部、人民解放军部队、航空航天科技集团和中国电科集团等单位开展深度专业实践。该名博士生在工程实践中针对典型工程难点实现了技术突破,将工程实践成果应用于型号任务、装备预研、国家重点研发计划、国家自然科学基金等国家重大项目,并作为第五完成人获得国防技术发明一等奖;经装备发展部批准发表技术领域内指导性行业标准文件1份,结合项目痛点难点撰写多篇项目研究报告、电磁兼容整改解决方案;此外,该名博士生结合工程实际中的重大战略需求和型号研制关键技术问题,瞄准大国电磁博弈中的卡脖子技术,开展了电磁环境适应性学术研究,发表高水平论文3篇,授权专利12项。

该名博士研究生的学位论文选题切合国家重大战略需求,具有较高的工程实际意义,旨在解决相关领域技术难题。该名博士生在工程实践与学术研究过程中,以核心成员身份为应用单位提供研究报告和解决方案,能够通过专业基础理论和专门知识为工程应用提供思路、方法和技术保障,具备独立解决重大工程问题、承担复杂专业工作的能力,有科技奖励、行业标准、发明专利、学术论文、研究报告、解决方案等多形式的工程实践成果,符合卓越工程师培养中学位论文评价标准里选题、基础理论与专门知识、工程能力和创新性的相关要求,该名博士生能够达到博士学位授予要求,且在优秀学位论文评选中具备较强的竞争实力。

10.4 卓越工程师培养的评价环节

通过依托革新评价导向、更新评价内容和创新评价体系的"三新"根本性变革,形成以创新价值、能力、贡献为导向的工程导向鲜明、指标科学合理的新时代卓越工程师人才评价体系,从入口、过程、出口全面改革学生评价程序。

在开题(可行性论文)、中期考核(进展检查)、预答辩(成果展示或鉴定)等卓越工程师培养的关键过程环节,卓越工程师培养评价将围绕清除唯论文、唯奖项等顽瘴痼疾,打破唯分数、纯学术化、脱离工程实际等评价倾向,突出工程性、实践性和创新性,构建以工程能力和创新贡献为核心的评价导向,邀请企业专家参与,重点评估学生在解决工程实际问题中的创新度。

建议卓越工程师培养的评价环节包括开题报告(可行性论证)、年度工作报告、中期考核(进展检查)、预答辩(成果展示与鉴定)、同行专家评阅、答辩等环节。由校企双方共同商定各环节考核、评审专家组成人员。学位论文或实践成果应由校企双导师(组)共同署名,高校和企业可根据专业领域特色和培养实际,确定学位论文或实践成果工作各阶段的内容、流程及具体要求。

10.4.1　开题(可行性论证)

学生的学位论文或实践成果研究应根据工程技术项目需要,聚焦国家重大战略需求,依托校企在研合作科研项目、企业工程技术需求、企业在研项目组,具有理论深度和先进性,体现学生综合运用科学理论、研究方法和技术手段解决工程技术问题的能力。其中,学位论文或实践成果中拟解决的问题还要有较大的技术难度和饱满的工作量,其研究成果要有重要的实际应用价值和较好的推广价值。

学位论文或实践成果开题报告(可行性论证)是学生开展专业实践研究的基础,是保障卓越工程师培养质量的重要环节;开题报告(可行性论证)的评价主要检查学生运用所学专业知识开展科学研究、解决科学或工程实际问题的能力,检查选题的前沿性、研究方案和研究计划的可行性等。该评价环节可侧重于检查选题来源与意义、国内外研究现状、项目设计实施或产品研发的最新进展、主要研究内容、拟采取的技术路线、项目实施方案、可行性分析、预期成果、工作进度安排以及主要参考文献等章节的完成情况。

学生的开题报告(可行性论证)环节由培养学院和企业共同组织,采用公开答辩形式,同时考核小组中企业专家占半数以上为宜。同时,可探索如将专业实践项目直接作为学位论文或实践成果的题目时开题环节的认定与评价机制。

原则上学生应该在规定的年限内完成开题报告(可行性论证)环节,如学生在前期课程学习和专业实践中表现优异,已具备相应基础理论和专门知识,也可允许其提前开题,形成良性激励机制,充分调动学生夯实基础、投身实践的积极性。

10.4.2　中期考核(进展检查)

中期考核(进展检查)评价由培养学院和企业双方共同组织,以校企导师组为主体,并由相关领域专家参与共同组成评价考核小组。中期考核是校企双方全面了解学生专业实践与技术研究进展,判断其研究计划科学性与可行性的重要环节。

中期考核(进展检查)评价可考虑以学生提交中期考核或进展检查报告、专家组集体评议的形式开展。评价侧重于考查专业实践与技术创新所取得的阶段性成果和学位论文或实践成果工作的进展情况。在开展中期考核(进展检查)评价的同时,也应对阶段性工作中存在的主要问题以及与开题报告或可行性论证报告内容不相符的部分进行说明,并对学生下一阶段的研究内容和工作计划进行指导与帮助。

中期考核(进展检查)也是以评价促培养的重要环节。在评价阶段性工作进展的同时,也可对实践与研究工作进展良好的学生提出进一步指导意见;对难以继续深入研究的学生应及时终止其研究,重新指导其选题和开题;对由于技术创新能力不足,难以取得符合学位申请要求的创新成果的学生,校企导师组应积极给予帮助与指导;对于仍难以完成学业的研究生,应考虑及早提出终止学生培养进程,及早分流。

10.4.3 预答辩(成果展示或鉴定)

预答辩侧重于对学位论文或实践成果核心创新成果的评价,以卓越工程师培养过程中取得的创新成果作为重要支撑,以学位论文或实践成果质量作为评价核心。预答辩是学生即将完成专业实践与既定研究工作、毕业设计报告或学位论文定稿之前的重要环节,对进一步完善学位论文或实践成果内容具有重要的作用。

预答辩(成果展示或鉴定)应由卓越工程师学位评定分委员会组织,由相关专业领域校企双方专家共同参与。评价侧重于考查用于支撑学位论文或实践成果的核心创新成果是否达标,一方面考量其技术创新性是否达到申请学位的要求,另一方面考查创新成果是否已在学位论文或实践成果中充分呈现。顺利通过预答辩(成果展示或鉴定)评价环节标志着学生已基本具备申请相应培养层次学位的资格。

10.4.4 同行专家评阅

同行专家评阅以评价学生学位论文或实践成果质量为核心,是学位评定的重要环节。同行专家评阅多从选题意义、研究创新点和工程能力、专业知识掌握的广度和深度、行文表述的正确和规范等方面的情况进行整体评价,并就专业实践工作是否达到学位标准提出评价意见。

学位评定分委员会负责聘请学位论文评阅人。学生的学位论文或实践成果须由多位相关专业领域具有研究生指导资格或具有高级职称的专家评阅,其中企业专家应占半数以上;评阅人须为责任心强、作风正派,在相应学科领域学术造诣较深,近年来在科学研究或专业实践中有突出成绩的专家。学位论文或实践成果评阅一般限制在一定周期,评阅人应对学位论文或实践成果是否达到学位水平进行认真、细致的评阅,写出详细的学术评语,供答辩委员会参考。

10.4.5 答 辩

学位论文或实践成果答辩是对学位论文或实践成果质量的重要评价环节,能够进一步考查研究生对学位论文或实践成果研究的认知程度和论证问题的能力,同时考查研究生掌握专业知识的深度和专业实践能力、研究创新能力与贡献价值,并就是否建议授予硕士学位或博士学位作出决议。

学位论文或实践成果答辩由高校和合作企业双方联合组织专家开展,答辩委员会须由若干位相关专业领域具有工程类专业学位研究生指导资格或具有高级职称的专家组成,其中企业专家应占半数以上,且答辩委员会主席须具有相应培养层次研究生指导资格,由卓越工程师学位评定分委员会委员参加答辩。申请者的校企指导教师、副校企指导教师不建议成为答辩委员会委员。

学位论文或实践成果答辩评价应当坚持学术标准,坚持实事求是的科学态度,坚持学术民主的原则,以公开方式进行。答辩环节评价应当根据专业领域特色和培养目标要求,回归对学位论文或实践成果的内容本身进行评价,不再将发表学术论文作为申请硕士学位和博士学位的限制性条件,鼓励学生以真实工程项目的论证、设计或实施为背景进行毕业设计或撰写学位论文。

学位论文或实践成果答辩原则上应在培养方案规定的学习年限内开展,如学生在专业实践中表现优异,取得了高水平创新成果,也可提前组织学位论文或实践成果答辩。高水平创新成果并不限于高水平学术论文,也可以是工程项目、国际/国家/行业标准、新型仪器装备等多种形式。同时可以通过提前答辩激励与多元分类评价手段,引导学生瞄准国家战略需求,积极开展学术创新与技术创新。

10.5 卓越工程师培养的质量保障机制

卓越工程师培养的质量保障可围绕研究生培养的关键环节开展,包括学生学位论文或实践成果的质量保障和第三方平台质量监测等。

10.5.1 学位论文或实践成果的质量保障

学位论文或实践成果的质量保障包括对学位论文或实践成果开展的关键环节全过程监测管理,包括从导师、院系、学校层面的内部培养质量监控和从企业、上级部门角度实现的外部培养质量监控。

1. 全过程管理

培养方案针对学生学位论文或实践成果的开题(可行性论证)、中期考核(进展检查)、学位论文或实践成果总结报告撰写、预答辩(成果展示或鉴定)、学术规范检查、学位论文或实践成果的评阅和答辩等重要环节制定了全过程管理要求,有校企导师组、关键领域导师组、卓越工程师学位评定分委员会和校学位委员会为学生学位论文或实践成果的全流程、各环节的质量监测提供稳健保障。

2. 内部质量监控

内部质量监控是高校与合作企业针对学生的学位论文或实践成果的质量情况,内部开展的质量监控措施。主要通过卓越工程师培养质量保障的组织结构中的卓越工程师学院、学校研究生培养职能部门、学校教学督导组、各领域主责学院、院系教学督导组、关键领域校企工作组以及校企导师组在分工的基础上目标一致地实施,积极落实卓越工程师培养质量保障的相关督导制度的规定,对学生的学位论文或实践成果质量进行把关,实现对专业学位学生的培养质量的监督、检查和指导。

3. 外部质量监控

卓越工程师培养质量外部监控是校外组织机构对卓越工程师学位论文或实践成果质量的评价和监控行为。校外评价和监控主体主要有高校合作企业和教育部相关司局等。合作企业以专业实践和产业需求为评价标准，对学生的学位论文或实践成果质量进行准确客观的判断，全面审视研究生的学位论文或实践成果质量与工程实际标准要求存在的差距，明确需要改进和完善的环节。上级部门能够从高校间横向比较、相互学习和借鉴的角度，对学生的学位论文或实践成果质量进行评价，提出富有价值且切实可行的意见和建议，在卓越工程师培养质量的过程监控上起到独一无二的作用。

10.5.2 第三方平台质量监测

卓越工程师培养的质量保障亦可依靠第三方的平台进行监测，包括（不限于）盲审平台、第三方机构和高校自建专家库等。

1. 盲审平台

目前，为了确保学生的培养质量，进一步确立和完善学位授予质量的监督和保障体系，教育部学位中心面向省级教育主管部门和学位授予单位提供学位论文答辩前盲审、抽检和优秀论文评选等服务，可有效增强学位论文评阅的公正性和客观性，为学位论文质量提供保障。然而，平台中现有匿名评阅专家以学术型学位研究生导师为主，这些专家可能无法对硕博士的学位论文作出合理评价。因此，可通过设置工程类专业硕博专用评阅书、建立工程类专业硕博专业专家库、送审时向专家明确培养目标和评价标准等措施，确保学位论文或实践成果获得符合其培养定位的评价。

2. 第三方机构

相对具有独立性、专业性和权威性的第三方机构，对行业发展现状、领域组织模式等有较为清楚、全面的认识，因此其评价结果可作为学生培养质量保障的参考。汇聚高校、企业、科研机构、行业组织等多元主体的卓越工程师培养联合体，能够有效整合并共享多方资源，实现适配卓越工程师培养目标与评价标准的质量监测。卓越工程师培养联合体可组建专家库开展卓越工程师培养质量评估评价工作。在诸如学位论文或实践成果抽检等卓越工程师培养的质量监测环节,来自卓越工程师培养联合体的专家,基于对所在关键领域人才需求和发展特色的深刻认识,能够给出更加精准的评价。具体详见本书第11章卓越工程师培养联合体构建路径。

3. 高校共建专家库

国家卓越工程师学院建设单位的相关高校可以联合共建质量共同体,共同建立质量评价专家库与遴选标准,共建质量保障体系。专家库的构建可设定统一的审核流程与遴选标准,经过质量共同体内基层单位推荐、专家评审、学校审查等多轮次审核,确保入库专家具备较高的学术水平和专业素养,从而为卓越工程师培养质量提供有力保障。

小　结

卓越工程师培养评价与质量保障机制是人才培养的风向标和压舱石,在卓越工程师培养中具有至关重要的地位。质量评价是质量保障机制中的关键要素,本章结合国家战略需求和行业企业工程实际需要,在教育主管部门学位授予基本要求的基础上,搭建卓越工程师培养评价工作体系,形成了以学位评定分委员会为核心的多级联动评价主体、聚焦专业实践能力的动态调整评价标准、突出行业专家参与的全过程管理评价方式共同构建的"三位一体"评价格局。人才培养质量保障体系贯穿人才培养全过程,需要高校、企业、上级部门多元主体共同发力,发挥好内外部过程监控和质量监测作用,运用系统化体系化思维,全面保障卓越工程师培养质量。

第11章

衔接互认体系研究

建设中国特色、世界水平的卓越工程师培养体系，既体现在本书前述章节关于培养过程各环节的探讨中，也蕴含于教育阶段与职业阶段的衔接互通。从全球一体化发展趋势来看，加强认证体系与国际标准对接是增强卓越工程师流动性、推动卓越工程师综合培养体系建设的重要支撑。

卓越工程师培养认证对于评价、保障培养质量发挥了重要作用，也是国际上工程教育外部质量保障的主要手段。在卓越工程师全球流动的大背景下，建立卓越工程师培养与职业资格衔接体系，从制度上打通卓越工程师从接受教育到从业，再到工程职业发展和全球流动的通道，是卓越工程师培养体系的重要价值追求。构建新时代卓越工程师自主培养体系以及推动工程教育与国际标准衔接互认，是全球工程师流动背景下的应有之义。

本章将通过文献分析、国际比较和专家咨询等方法，重点设计由使命和组织、开放与合作、工程师学生的培养、工程师学生的录取、毕业工程师的就业、质量方法和持续改进等六大部分构成的卓越工程师培养认证标准基本框架体系，并针对如何与职业资格衔接问题，提出设立卓越工程师学位/文凭机制，并进一步阐释有效衔接的模式和路径，以期推动形成卓越工程师培养衔接互认的中国范式，并面向世界提出和发布卓越工程师培养国际认证的《北京协议》。

11.1 国际工程教育认证制度的经验与启示

从硕士层次工程教育认证的国际经验来看，在2007年以前国际上大部分国家对工程教育的认证只集中于本科层次，2007年以后才提出了硕士学位的认证标准。美国ABET的EC2000标准、英国的EngC、德国工程教育认证学会（Accreditation Agency for Study Programmes in Engineering, Informatics, Natural Sciences and Mathematics, ASIIN）制定的工程教育认证标准和欧洲EUR-ACE®框架标准都有硕士层面的条款，认证条款的主要特点如表11.1所列。

总体而言，各国硕士层次工程教育认证具有以下六大特征：第一，注重与本科层面认证标准的衔接，欧洲的ENAEE体系和美国ABET的认证体系都强调了这一点,是建立在本科层面认证标准基础上更高层次的认证要求,与本科标准是同一标准体系。第二,认证标准以学生学习成果评价为核心,硕士层面的认证标准更强调工程实践能力的产出。第三,致力于通过专业认证推动专业的规范性建设和持续改进。第四,认证程序以专业自评作为认证基础。第五,为确保"实质等效性"的认证规则,认证程序以同行评审作为主要保证手段。第六,国外工程教育专业认证标准体系为结果导向型,强调产出(output)而非投入(input),对项目产出结果进行约束,不直接介入教学计划的制订,为各培养单位硕士层次工程教育的个性化发展和特色发展留出足够空间。

表 11.1 国外硕士层次工程教育认证的主要特点

国 家	硕士层次工程教育认证条款的特点
美国	鉴于美国注册工程师的最低学历要求基本为本科,美国 ABET 专业认证的核心工作也主要针对本科阶段的学位项目,硕士阶段的认证是附带性的。对硕士层次的认证标准内容上与本科层次的通用标准类似,只是深度和能力上要求更高。ABET 从认证体系的角度考虑本科层次与硕士层次的认证标准的一致性和差异性
英国	英国 QAA 认为,综合型工程硕士(Intergrated MEng)应该被视为一个以荣誉工程学士[BEng with honours(Hons)]为基础,从进入到完成的综合的整体性的工程教育。QAA 关于工程教育的认证基于英国工程委员会颁布的英国职业工程能力文件(UK Standard for Professional Engineering Competence, UK-SPEC),该文件提出,产出标准包括适用于所有类型的项目的通用学习成果的标准和适用于特定专业领域的特殊学习成果的标准两类,在每一类认证项目中,特殊学习成果的标准都会有所区别
德国	德国硕士层次工程教育系统中传统学位项目和新设学位项目并存。获得传统的文凭和学位后,自然被认定取得相应工程师的执业资格,传统学位项目不需要认证。随着博洛尼亚进程的推进,德国新设学士和硕士学位项目,这些新项目则必须通过德国 ASIIN 认证。ASIIN 对各个专业领域的本科层次和硕士层次分别在知识与理解、工程调查、工程分析、工程设计等 5 项水平上制定了具体标准,由于培养目标不同,硕士学位学术成果的范围和要求与学士层次存在差异

11.1.1 国外认证制度的发展

研究生层次工程教育认证组织分为国际性组织和国内组织两种。国际性组织以欧洲 ENAEE 为代表,而典型的工程教育国内组织有美国的 ABET、英国的 IET、德国的 ASIIN 和法国的 CTI 等。

国际性的认证组织由多个国家的相关成员组织签署协议形成。目前,国际上硕士层次工程教育认证影响力较大且正在快速扩大和发展的国际性工程教育与认证组织,是 ENAEE 的"欧洲标签"(EUR-ACE®),欧洲很多工程教育强国都将本国专业认证标准与 EUR-ACE® 标准相衔接。ENAEE 通过运行和维护 EUR-ACE® 体系,实施欧洲工程教育认证制度,包括本科和硕士两个层次。EUR-ACE® 是欧洲工程教育的质量标签,也是一个认证体系和框架。对于已被认证的工程学位项目,由经 ENAEE 授权的认证机构授予项目所属的高等教育机构关于该项目的 EUR-ACE® 标签。硕士层次工程教育的认证标准体系有国际标准和国内标准两种,欧洲 EUR-ACE® 框架标准属于国际标准,经本国法定机构认可,才能将国际标准转化为国内标准。而每个国家的国内标准又包括通用标准、行业领域标准和专业标准 3 个层次。

而各国工程教育认证的国内组织,则是所在国家或地区的权威认证机构,由相关的行业协会组成,具体的认证工作可由相关的行业协会实施。但认证范围可以扩展到国外,如美国 ABET、英国 IET、德国 ASIIN 可以认证本国和本国以外的教育项目,法国 CTI 负责法国工程师学校颁发文凭工程师职衔的认证程序。

11.1.2 我国认证制度的实践探索

在研究生层次工程教育国际互认方面,我国物流工程领域工程硕士培养单位与英国皇家物流与运输学会(The Charted Institute of Logistics and Transport,CILT)开展了专业资质认证合作,项目管理领域工程硕士培养单位与全国工程硕士教育专业指导委员会(SCME)和项目管理协会(Project Management Institute,PMI)开展了国际项目管理专业资质认证合作,为硕士层次工程教育国际互认积累了良好经验。

近年来中国石油大学(北京)在交通运输工程、石油工程的专业学位项目认证为我国工程硕士教育认证工作积累了一定的实践经验。中国石油大学(北京)于 2016 年 12 月发布《石油工程硕士研究生教育认证办法(试行)》,2020年10月发布《石油工程硕士研究生教育认证办法》《石油工程硕士研究生教育认证标准》,首次提出了我国硕士层次工程教育认证标准。该标准充分重视产教融合、校企联合,体现在对学生、培养目标、毕业要求、持续改进、课程体系、专业实践、学位论文、师资队伍、支持条件等9个方面的专业建设的标准要求上。硕士层次工程教育专业认证标准属于评估标准,评估标准可以用来指导培养方案制定,对工程教育培养过程具有引导性。

前述的专业认证标准仅适用于单一领域,相较之下,设备监理方向的工程硕士认证则覆盖了多个领域,目前已有7个工程领域(机械工程、材料工程、冶金工程、化学工程、动力工程、控制工程、交通运输工程)接受了中国工程硕士专业学位教育指导委员会与中国设备监理协会的专业教育认证。

11.2 卓越工程师培养认证的框架构建

11.2.1 卓越工程师培养认证框架构建的总体思路

在构建卓越工程师培养认证标准基本框架的原则方面:第一,要注意与国内已有标准,如工程专业学位通用标准和学位标准,保持较高的一致性,避免与现行标准割裂。第二,在国际站位下,认证标准的设计既要有足够的包容性,以容纳各国研究生层次工程教育的不同情况,又要保证培养标准的最基本要求。第三,认证范围应包括硕士层次和博士层次的工程教育。第四,认证标准应体现结果导向性。在EUR-ACE®硕士层面的工程教育项目认证标准体系中,对项目评估标准的要求体现了明显的结果导向性(如表11.2所列)。

法国工程师教育认证体现出与职业资格"无缝衔接"的特点。法国工程师教育与职业资格一体衔接,2019年,CTI再次获得欧洲高等教育质量保障协会(European Association for Quality Assurance in Higher Education,ENQA)、ENAEE和欧洲高等教育质量保障机构注册处(The European Quality Assurance for Higher Education,EQAR)三大欧洲机构认可,保证了工程师教育实质等效性并获得国际互认。经CTI评估文凭得到法国承认("国家认可")后,接受相关教育的毕业生享有法国"文凭工程师"职衔,还可以为其颁发相当于硕士级别的欧洲工程教育质量标签 EU‐ACE®,保证其在欧洲和国际范围的学历认可度,以便于继续获得博士文凭。"专业工程师文凭"是工程师文凭之后的教育文凭,是继续深造 12~18 个月后获得的职衔,相当于博士文凭。

表 11.2　EUR‐ACE® 认证体系硕士层次工程教育的结果导向要求

条　目	项目评估标准要求
需求、目标和产出	项目产出是否和项目的教育目标保持一致
教育过程	课程是否保证达到了项目产出？被评估学生分别从单个模块获得学习产出和项目产出达到程度的评估方法
资源和伙伴关系	教员是否足够实现项目产出？技术和管理支持员工是否足够实现项目产出？教室是否足够实现项目产出？计算机设施是否足够实现项目产出？实验室、车间和相关设备是否足够实现项目产出？图书馆、相关设备和服务是否足够实现项目产出？财政资源是否足够实现项目产出？高等教育机构和这个项目的伙伴关系是否参与贡献于实现项目产出并促进了学生的流动性
对教育过程的评估	进入这个项目的学生是否拥有正确的知识和态度以在期望的时间内获得项目产出？和学生的职业相关的结果是否证明实现了在期望时间内的项目产出？利益相关者（毕业生、雇主等）是否认可项目教学目标的实现
管理体系	高等教育机构、项目的组织和决策过程是否足够实现项目产出？高等教育机构和项目的质量保障体系是否能有效保证实现项目产出

CTI 在认证过程中强调学校的持续改进,认证标准一般围绕培养（项目）,但也涉及质量维持的因素（制度和合作）,因此标准中也包括管理和组织方面的内容。CTI 认证参考指标共分为六大部分：使命和组织、开放性和合作、工程师学生的教育、工程师学生的录取、毕业工程师的就业、质量方法和持续改进。

11.2.2　基于专家调查法的卓越工程师培养认证标准体系构建

1. 设计思路与调研过程

本书在对 CTI 认证特点系统分析的基础上,采纳 CTI 框架体系,结合我国高校产教融合卓越工程师培养改革以国家重大需求为导向的现实需要,初步构建出体现"中国特色、世界水平"的卓越工程师培养认证标准基本框架。

此外,进一步采用专家调查法对卓越工程师培养认证标准框架进行论证。通过邀请具有丰富行业经验和相关专业知识的企业、科研院所和高校专家,对特定指标进行评估。考虑到人工智能、集成电路、航空发动机、关键软件、工业母机等关键核心技术领域的多样性和领域化差异,调研受邀专家主要来自中国航空工业集团、中国航天科技集团、中国电子科技集团、中国航空发动机集团、中国信息通信科技集团等多个关键核心领域头部企业,共计 22 位,主要涵盖了大型央企国企、民营企业、研究院所和高校等多元化的卓越工程师用人单位和培养单位。同时,所选专家对关键领域卓越工程师的人才需求和培养标准较为熟悉,保证了专家样本的代表性。

数据收集手段主要为编制调查问卷,邀请领域内的专家分别对 6 个认证指标构成维度中的一级指标和二级指标进行打分,依次分为"很好""较好""一般""较差""很差"5 个等级。同时,征求专家对指标的修改意见。

2. 调研结果与体系构建

经专家论证,对于由使命和组织、开放与合作、工程师学生的培养、工程师学生的录取、毕业工程师的就业、质量方法和持续改进 6 个认证指标构成维度的设计,专家总体上反馈结果较好,反映出专家普遍对培养认证标准基本框架设计具有较高的认同度。同时,对专家提出的改进意见进一步讨论,对初步设计的卓越工程师培养认证标准框架进行修改、完善,最终构建出的认证标准框架,如表 11.3 所列。

认证指标 A"使命和组织",包括"战略与身份""服务国家重大需求""培养""组织和管理""形象与宣传""各种资源手段及其使用"6 个一级认证指标,以及一系列二级认证指标。指标 A 强调卓越工程师培养高校(或机构)的主要使命是培养服务国家重大需求的卓越工程师,并具有与之相适配的实体组织、培养战略目标、组织和手段。以习近平新时代中国特色社会主义思想为指导,引领工程师学生积极投身国家重大工程建设,通过学校、社会、具体项目引导学生践行社会主义核心价值观,培养家国情怀和人类命运共同体意识。

表 11.3 卓越工程师培养认证标准基本框架体系构建

认证指标构成	一级认证指标	二级认证指标
A. 使命和组织	A.1 战略与身份	A.1.1 学校身份 A.1.2 战略方向 A.1.3 多元治理
	A.2 服务国家重大需求	A.2.1 重要性 A.2.2 紧迫性 A.2.3 契合度
	A.3 培养	
	A.4 管理和组织	A.4.1 管理机制 A.4.2 学校的组织 A.4.3 学校的运行
	A.5 形象与宣传	
	A.6 各种资源手段及其使用	A.6.1 人力资源 A.6.2 设备和场地 A.6.3 财政
B. 开放与合作	B.1 立足企业	
	B.2 依托科研和创新	B.2.1 依托科研 B.2.2 创新、赋值、技术转化和创业
	B.3 中国特色、世界水平	B.3.1 战略和宣传 B.3.2 学校在组织层面关注国际化趋势,制定鼓励师生国际交换的开放政策 B.3.3 国际合作关系和网络 B.3.4 取得的国际成果
	B.4 立足本国的校际网络政策	
	B.5 立足本地的区域政策	
	B.6 立足本领域的合作政策	

续表 11.3

认证指标构成	一级认证指标	二级认证指标
C. 工程师学生的培养	C.1 按领域培养的总体架构	
	C.2 培养方案的起草和跟踪	C.2.1 与企业界和社会的对话机制 C.2.2 需求分析和方案的可行性
	C.3 课程	C.3.1 课程在强化基础与突出实践能力培养上的协调统一 C.3.2 模块化课程体系在企业、学校分别主导和校企共建下分层次的学分制分配合理性 C.3.3 在产教融合(校企共建)按领域开设课程的方式下,课程教学大纲的具体落实
	C.4 教学计划的实施要素	C.4.1 在校企导师指导下结合课题制订的个性化课程培养计划(校企联合领域基础课、校企联合领域专业课、校企联合前沿技术课和校企联合工程实践课) C.4.2 在校企导师指导下,结合课题制订的个性化专业实践计划(基于具有企业特色的工程创新需求开展专业实践,实施有组织的科研攻关、学位论文/工程报告撰写) C.4.3 创新和创业教育 C.4.4 国际和跨文化培养 C.4.5 可持续发展、社会责任感、家国情怀、伦理和道德
	C.5 教学特色	C.5.1 教学方法 C.5.2 立足实际问题(理论/实践/创新的平衡) C.5.3 理论课/集体学习/个人学习的时间平衡 C.5.4 学生生活
	C.6 学业指导与水平认可	C.6.1 学业跟踪/失败管理 C.6.2 课程学习的学业结果评估 C.6.3 企业一线实践的学业结果评估 C.6.4 与工程师职业资格衔接
	C.7 工程目标实现	

续表 11.3

认证指标构成	一级认证指标	二级认证指标
D. 工程师学生的录取	D.1 录取的战略和目标 D.2 录取组织和方法 D.3 录取领域和专业 D.4 录取条件 D.5 学生某方面的特殊天赋 D.6 新生的适应性 D.7 录取学生在社会阶层和地域上的多样性 D.8 录取学生的上一学历学校层次	
E. 毕业工程师的就业	E.1 针对特定行业/领域劳动力市场的职业需求分析 E.2 就业准备 E.3 初次就业率 E.4 到国家急需的领域/地域就业 E.5 毕业生就业和职业生涯的观察和分析 E.6 职业生活	
F. 质量方法和持续改进	F.1 质量方法的政策和组织 F.2 质量方法的基本模式 F.3 相关人员 F.4 内部质量方法 F.5 CTI 等外部质量认证和评估	

认证指标 B"开放与合作",包括"立足企业""依托科研和创新""中国特色、世界水平""立足本国的校际网络政策""立足本地的区域政策""立足本领域的合作政策"6 个一级认证指标,以及一系列二级认证指标。指标 B 强调卓越工程师培养高校(或机构)切实立足于企业需要,充分认识到这种对外开放是高校能高质量达成其使命的基础,注重产教融合的培养模式,与

企业雇主、其他卓越工程师培养高校、地方、产业园和所在领域建立良好的合作关系,不断推动新思想、新技术、新方法的产生。同时积极融入国家和国际环境,在坚持"中国特色、世界水平"的基础上致力于促进卓越工程师教育融入高等教育"双循环",在开放与合作中强化卓越工程师自主培养体系。

认证指标C"工程师学生的培养",包括"按领域培养的总体架构""培养方案的起草和跟踪""课程""教学计划的实施要素""教学特色""学业指导与水平认可""工程目标实现"7个一级认证指标,以及一系列二级认证指标。对我国卓越工程师能力的定义和共识是能力发展与能力评估的前提,指标C强调卓越工程师培养以学生为中心,学生培养旨在发展新时代卓越工程师"家国情怀与职业素养""工程知识与创新实践能力""领导管理与持续改进能力""终身学习与全球胜任力"四个维度的通用能力。在本书第3章中对卓越工程师应具备的这些通用能力进行了充分讨论,并将其作为培养认证中通用能力认证标准的要求。此外,指标C还强调应发展各工程领域所需要的领域化能力。

这些通用能力和领域化能力贯穿于整个工程师学生的校企共建课程学习、开展基于工程创新需求的专业实践、实施有组织科研攻关和毕业设计的培养过程之中,反映了卓越工程师培养认证的能力标准不仅着眼于毕业时能满足知识点、技能和素质达成的毕业要求,而且要为五年后毕业生在不同工程领域的职业和专业成就达成做准备,以此作为卓越工程师的培养目标。

上述卓越工程师培养目标的实现路径依赖于产教融合、校企联合下的培养要素重塑,关键在于按领域重新设计课程体系。因此,整个核心课程体系凸显出强化基础上突出实践以及汇聚校企优质师资的鲜明特征。课程体系将按照校企联合领域基础课、校企联合领域专业课、校企联合前沿技术课和校企联合工程实践课进行模块化和分层次建设。学生也将在校企导师指导下,结合课题需求制订出个性化的培养计划和专业实践计划,进而全面提升工程师学生的自主学习能力和工程实践能力。

认证指标D"工程师学生的录取",包括"录取的战略和目标""录取组织和方法""录取领域和专业""录取条件""学生某方面的特殊天赋""新生的适应性""录取学生在社会阶层和地域上的多样性""录取学生的上一学历学校层次"8个一级认证指标。该认证指标强调学生的招生录取以符合卓越工程师培养高校(或机构)的教育和就业目标为准绳,关注学生是否具备终身学习的意识和能力,在保证教育的公平性原则和高质量培养的前提下制定学生录取原则和战略,严谨开展录取组织工作,招生名额与实际录取人数之间不能有太大差距。同时,按领域和专业区分的录取标准应根据教育、产业和就业目标进行调整,尤其注重能力标准,应保证录取学生在社会阶层和地域上的多样性,也将考虑录取学生上一学历的学校层次。在录取条件方面,应特别关注申请学生与本领域有关的基础科学水平,对于具有某方面特殊天赋的学生将重点遴选进入培养梯队。对于新生而言,应尽量通过多种方式保证其快速了解和适应学习环境。

认证指标E"毕业工程师的就业",包括"针对特定行业/领域劳动力市场的职业需求分析""就业准备""初次就业率""到国家急需的领域/地域就业""毕业生就业和职业生涯的观察和分析""职业生活"六个一级认证指标。卓越工程师的培养本质是以职业为导向,因而毕业生的就业情况是卓越工程师培养高校(或机构)最关切的问题之一。该认证指标强调卓越工程师培养高校(或机构)需长期了解和长远评估与之相关的行业领域的职业变化和就业状况,引导学生到国家急需的领域和地域就业。通过对职业变化和劳动力市场的分析,以及其在职业生活中的表现,可以全面评估工程师学生在就业过程中的素养和发展情况,而这些评价标准将有助于指导工程教育的培养目标和课程设置,以提高毕业工程师的就业竞争力和职业发展能力。应为学生的工程师职业生涯建立信息沟通的建议机制、就业和生涯发展的观测机制,通过校友会建立起在读生和毕业生的联系沟通机制,以及引导学生关注终身教育机制。不仅要关心学生初次就业情况,更为必要的是,应为学生就业和生涯发展提供指导和准备,也要鼓励学生创业,并在毕业生创业过程中提供帮助。

认证指标F"质量方法和持续改进",包括"质量方法的政策和组织""质量方法的基本模式""相关人员""内部质量方法""CTI等外部质量认证和评估"五个一级认证指标。强调卓越工程师培养高校(或机构)对各项工作的结果都有质量要求和持续改进的需要,尤其关注过程透明和可持续发展的问题。

11.3 国际工程师职业资格衔接体系的典型经验

11.3.1 国外研究生层次工程教育专业认证制度与工程师注册制度衔接的方式

随着现代工业和技术的快速发展,学科的划分界限越来越模糊,工程师的工作界限也更加趋于多学科交叉。由美国工程院(National Academy of Engineering,NAE)与美国自然科学基金委员会(National Science Foundation,NSF)共同组织发起的美国"2020 工程师"计划,于 2005 年制定了《行动报告》,提出工程教育的高层化发展,强调了提升工程职业入门的学术要求与实践经验要求。CTI 在对工程师的职业领域界定中,以工业和服务业为主要领域,也有建筑业,还纳入健康、金融、造型艺术、建筑、设计和人力资源,可见职业领域有逐步扩展的趋势。在公司等组织中,工程师的工作职能多样,CTI 将其主要承担的职能界定为八大类型。随着工程师在职业生涯中的不断进步与提升,通常首先会履行前四类职能(基础和应用研究、开发;设计与工程、咨询、鉴定、创新;生产、开发、维护、测试、质量、安全;信息系统),然后部分工程师承担第五、六类职能(项目管理、客户关系),最后可能到达领导相关的第七类职能(领导、人员管理、经营管理、人力资源),而第八类职能(培训)往往贯穿整个职业生涯。在创业初期或小型企业,工程师往往身兼数职。因此,工程师职业是多技能、多行业、多社会责任、国际化的,是基于问题导向、社会导向和行业导向的。

为了能够胜任工程师的职业,面对飞速发展的科技,工程师应当能够深刻理解社会、社会传统及社会体制,了解不同文化、各种思想体系,以及社会、政治、文化和经济环境。因此,工程师培养应该基于多学科的科学基础,同时强调方法论、工具和职业环境。国际化和语言也是工程师培养的重要组成部分。

新时代产教融合培养卓越工程师改革探索(第2版)

从国际经验来看,工程教育培养工程师可归结为两大模式:一种是直接培养"成品"工程师,典型代表是德国传统的工程师教育以及法国的工程师教育,在受教育阶段完成合格工程师的培养,表现为教育与工程师职业资格"无缝衔接";另一种是培养"毛坯"工程师,毕业后在工程实践中成长为合格的工程师,如美国的工程师教育。从欧美国家工程硕士教育认证制度与工程师职业资格制度的衔接,可以总结出以下四种衔接方式:

第一种方式是以工程教育专业认证制度为前提和中介进行衔接。在美国,获得经 ABET 认证的工程专业学位是申请工程师职业资格的基本条件。美国全国工程和测量考试委员会(National Council of Examiners for Engineering and Surveying, NCEES)规定,成为注册工程师的第一步,是应获得经 ABET 认证的工程专业学位,然后通过 NCEES 组织的工程基础考试(FE),再下一步则需要在工作中积累一定时间的工作经验,最后在通过 NCEES 组织的工程原理与工程实践考试(PE)后才可以申请成为注册工程师。同时,高等工程教育专业认证标准只有符合注册考试的需要,才能使接受过高等工程教育的学生满足工业界的需求。

第二种方式是工程专业认证和注册工程师职业发展的阶段紧密衔接,不同层面的工程师职业资格对应着不同层次和类型的经过认证的教育经历要求。英国工程师职业资格有不同类型,从工程技术员、技术工程师到特许工程师,体现的是英国工程师职业发展道路中的三个阶段。注册为特许工程师需要:经过认证的综合型工程硕士学位(integrated MEng);或者经过认证的工程或技术的荣誉学士学位,即 Bachelors(Honours);此外,需要再加一个被许可的、学会认证的、合适的硕士学位或工程博士学位(EngD)。

第三种方式是工程专业认证能力标准和工程师能力标准衔接,如欧洲工程师认证(FEANI)。FEANI 提出的欧洲工程师六大类能力标准(知识理解、工程分析能力、工程调查研究、工程设计、工程实践和可迁移技能)与 EUR-ACE® 认证体系的毕业生能力产出认证标准一一对应。要获得 FEANI 的"欧洲工程师"(Eur-Ing)头衔,需要达到强制性教育标准。可见 FEANI 的工程师能力标准与 EUR-ACE® 体系的工程教育认证标准紧密衔接。

第四种方式是工程师文凭与职业资格"无缝衔接",如法国和德国。与前三种分步式的衔接方式不同,法国和德国都有坚持培养"成品"工程师的传统。负责授予和监管教育与职业资格衔接的机构分别是 CTI 和 ASIIN,它们对于工程师这个职业并没有行规约束,相关人员只要能承担相应的工作职责则具备从事工程师职业的条件。法国 CTI 工程师教育与职业资格一体衔接,在法国"工程师"既指工程师职业,也可以表示为一个学术文凭。CTI 对工程师职业的定义是:工程师职业需要在一个通常充满竞争机制的组织内,高效地提出、研究和解决复杂问题。总体而言,法国工程师教育相当于我国研究生层次的工程专业学位教育,教育目标的确定和实现离不开职业环境,因此工程师学校是开放的,以达到国内和国际协同促进的目的。由此可见,法国工程师教育的本质为职业导向,学习成果既包括写入由法国能力署管理的国家职业资格认证目录(Repertoire National des Certifications Professionnelles,RNCP)的职业能力,也包括教育参考指标相关的能力(指知识、技能、软技能)。CTI 主张,能力就是顶峰的学习成果,在分析学习成果时须考虑三点:首先应当基于学生们未来要从事的职业需求,其次要考虑学生们职业生涯可能发生的变化,最后不能忘记他们的社会融入度和个人发展。

11.3.2 我国研究生层次工程教育与职业资格衔接的现状

自 20 世纪 50 年代以来,我国一直不断研究、探索建立工程师职业准入制度。参照国际惯例,实行工程师资格的国际多边、双边互认。从 2001 年开始,我国各类注册工程师制度的规划实施工作由全国注册工程师工作领导小组统一协调和指导,分行业逐步建立和推行工程技术各专业领域的执业资格注册制度。同时,参照国际通行做法,坚持执业资格的高标准。我国工程师职业资格制度采用国际通行的第三方认证模式,即由独立于供给方和新需求方的中介组织进行认证,认证评价鉴定机构由政府授权。

我国已在某些工程领域,以工程专业学位教育专业认证为前提和中介,主要采取"免笔试""减费"的形式,建立起了工程专业学位教育与职业资格的有效衔接。第一种方式为获得国外资质,接受国际性职业资格认证组织的专业资质认证,培养单位获得合作许可,认证具备专业资质,进而与职业资格相衔接。如项目管理领域工程硕士培养单位与全国工程硕士教育专业指导委员会(SCME)和项目管理协会(PMI)开展了国际项目管理专业资质认证合作,物流工程领域部分高校与英国皇家物流与运输学会(CILT)开展了专业资质认证合作。第二种方式为接受我国国内组织的专业认证。如设备监理方向的7个工程领域接受工程教指委和中国设备监理协会的专业教育认证。我国还没有统一的工程师注册的通用标准,各工程领域采用不同的工程师注册标准,设备监理方向首次尝试探索对多领域的工程师资格认证,积累了良好的经验。

2020年,为推进工程类专业学位研究生教育与工程师职称评审的衔接,有针对性地提升工程技术人才培养质量,更好地服务国家及区域经济社会发展,浙江工程师学院(浙江大学工程师学院)印发《浙江工程师学院(浙江大学工程师学院)工程类专业学位研究生工程师职称评审条件及实施方案》,在浙江省人力资源和社会保障厅的指导下,学院每年组织一次工程师职称评审工作,是我国高校工程类专业学位研究生在省人力资源管理部门指导下与工程师职业资格衔接的有益尝试。衔接工程师职业的专业类别和领域涉及电子信息(含电子与通信工程、集成电路工程、光学工程、计算机技术等)、机械(含机械工程、控制工程等)、材料与化工(含化学工程等)、能源动力(含动力工程、电气工程等)、土木水利(含建筑学、建筑与土木工程等)、资源与环境、生物与医药、交通运输、工程管理等。

在工程类专业学位研究生工程师职称评审指标设计上,浙江工程师学院(浙江大学工程师学院)的参考指标涵盖了工程实践经历、职业道德、知识掌握、专业技术能力和代表性业绩5个维度,如表11.4所列,参评对象仅限于学院归属的即将毕业和申请学位的工程类专业学位研究生。毕业前累计工作经历不到三年,深入企业实习实践训练时间必须累计达一年及以上,且专业实践训练环节考核成绩达到80分及以上,培养方案中规定的学位课程成绩优良,学位论文选题来源于工程实际或具有明确的工程应用背景,学位论文送审专家总体评价全部达到良好及以上的研究生有资格申报。评审程序包括:个人申报、材料审核、同行专家通讯评审和中评委评审、公示发文、信息报送。

表 11.4　浙江工程师学院工程类专业学位研究生工程师职称评审参考指标

指标构成	一级指标
工程实践经历	1. 参与行业应用性课题研究和解决企业技术难题； 2. 推广应用高水平的新技术、工艺、设备和材料； 3. 参与制定技术标准和规范，编写技术规范； 4. 参与企业项目的研究、设计、施工和调试； 5. 参与重要设备维护、产品研发和技术管理； 6. 规划科学管理方法，参与项目管理； 7. 搜集、整理和汇编情报资料，提出系统报告； 8. 进行技术和市场分析，提出改进方案和验证方法； 9. 参与校企联合实验室的课题研究； 10. 指导助理工程师的工作和学习
职业道德	1. 品德修养； 2. 科学素质； 3. 职业素养
知识掌握	1. 基础及专业知识； 2. 行业知识； 3. 默会性工程知识； 4. 跨专业领域知识
专业技术能力	1. 环境及岗位适应能力； 2. 参与工程建设所需的基本技能； 3. 技术应用创新及工程创新实践能力； 4. 团队协作能力； 5. 工程思维养成； 6. 具有国际视野和跨文化交流、竞争与合作的能力
代表性业绩	1. 公开成果代表作：发表论文、获得专利、获得软件著作权、参与标准规范制定、编写著作、科技成果获奖、完成学位论文等； 2. 其他代表作：课题研究项目、科技成果应用转化推广、企业技术难题解决方案、自主研发产品或样机、技术报告、设计图纸、软课题研究报告、可行性研究报告、规划设计方案、施工或调试报告、工程实验、技术培训教材、行业发展中发挥的作用及取得的经济社会效益等

11.4 卓越工程师培养与职业资格衔接的模式路径

11.4.1 "卓越工程师学位/文凭机制"及有效衔接模式

总体上看,我国工程教育专业认证制度与工程师注册制度两套系统相互割裂分离,未能有效衔接,这主要是因为我国工程教育认证领域是按照高校工程教育的专业来划分的,而我国工程师职业资格是按照相关工程行业的职业领域来划分的,两个系统之间并非一一对应的关系,而是存在复杂的交叉关系。因此,要确定具体某个工程教育认证专业应当与哪个或者哪些工程师职业资格进行衔接。为此,本书建议应重点设立"卓越工程师学位/文凭机制",经过卓越工程师教育培养的学生,以获得硕博士层次相应的学位/文凭为前置条件,而后凭学位/文凭再与职业资格衔接。

在设立"卓越工程师学位/文凭机制"的基础上,参照前期对工程硕士职业资格管理体系的分析研究成果,以及在分析总结我国28个工程硕士联合培养实践示范基地的培养模式的基础上,对职业资格衔接问题展开进一步的讨论,结合基于大工程观的工程专业学位研究生教育与职业衔接机制要点,提出5种卓越工程师培养与职业资格衔接模式,详见表11.5,包括:"完全对接模式""部分考试科目豁免模式""缩短职业资格考试对实践年限要求模式""课程学分豁免模式""准入门槛模式"。这将有利于逐步扫除工程教育专业认证与职业资格衔接的障碍,激励高校更加积极主动地参与卓越工程师培养认证工作。

在模式1"完全对接模式"中,虽不强调工作实践经历要求,但学生可以在工程领域的集成电路工程和软件工程等领域进行实践,并通过实践锻炼和培养工程知识与创新实践能力。

在模式2"部分考试科目豁免模式"中,学生具备职业资格考试条件,通过考试来评估其在工程知识与创新实践能力上的表现。

在模式3"缩短职业资格考试对实践年限要求模式"中,学生获得相应专业学位后具备参加职业资格考试的资格,进一步展示其领导管理与持续改进能力。

模式4"课程学分豁免模式"可以根据学生在职业资格考试中的成绩，豁免相应的课程学分，从而促使学生更加专注于终身学习与全球胜任力的发展。

模式5"准入门槛模式"将获得相应专业学位作为获得工程师职业资格考试的必备条件之一。需要注意的是，这一模式的选取需要综合考虑工程专业学位的占比以及具体专业领域的实际情况。

表11.5 卓越工程师培养与职业资格衔接模式

衔接模式	衔接内容
模式1"完全对接模式"	即所谓的"文凭工程师"模式，这种模式并不强调对工作实践经历的要求，在我国可在集成电路工程、软件工程领域实施
模式2"部分考试科目豁免模式"	具备职业资格考试条件的学生可豁免一定的考试科目，降低一定的考试费用，这是我国在项目管理领域、物流工程领域以及设备监理方向的现行制度
模式3"缩短职业资格考试对实践年限要求模式"	学生如获得相应专业学位，可提前一定时间具备参加职业资格考试的资格，学生培养中大都设有至少半年的工程实践环节，在职人员虽然不设特定的工程实践环节，但其进校不离岗的培养模式保证了其工程实践的时间
模式4"课程学分豁免模式"	在校学生参加国家职业资格考试且通过相应科目的，或入学前已通过国家职业资格考试中相应科目的学生，可视情况豁免一定的课程学分
模式5"准入门槛模式"	将获得相应专业学位作为获得工程师职业资格考试的必备条件之一，是否采用这一模式需要考虑工程专业学位的占比以及具体专业领域的实际情况

从短期来看，在与卓越工程师培养衔接方面，目前我国首批8家卓越工程师学院企业单位仍以职称评审的方式为主。从长期来看，随着卓越工程师培养认证制度的形成和完善，以及"卓越工程师学位/文凭机制"的设立，将以认证制度为前提和中介，通过对工程实践经历、职业道德、知识掌握、专业技术能力和代表性业绩等方面学习成果的培养认证标准和工程师职业能力标准衔接，职称评审范围也扩展为工程师职业资格的多个类型，部分卓越工程师培养单位和专业领域也可能实现"无缝对接"。

11.4.2　卓越工程师培养与职业资格衔接的路径设计

作为一种教育评估方式，工程教育认证的本质是通过与绝对标准比较来评价学生的学业表现，因此属于准则参照。对于工程教育认证的国际协议或架构来说，由于各参与国的工程教育具体情况存在差异，因此，双边或多边协议要考虑国家之间的相似性和差异性，同时，要有一套严格的参考评价体系来衡量对工程教育项目和认证的基本要求。研究生层次工程教育认证的实质等效性，指的是国际协议各缔约方的研究生层次工程专业认证体系及其程序、标准和规则基本等价，各缔约方的毕业生素质标准基本等效于协议中规定的标准。同时，由于持续职业发展是工程师成长的必经途径，这决定了在校学习、实践锻炼、独立执业的整个过程具有发展连续性。因而，工程教育认证中的毕业要求和工程师职业胜任力标准往往具有内在衔接和贯通要求。综合以上分析，从不同角度设计出以下五条卓越工程师培养与职业资格衔接的基本路径。

第一，从长远发展的角度自主构建一个全球范围的卓越工程师教育国际联合体，建设自己的认证品牌，以掌握卓越工程师自主培养的国际话语权。作为国际性认证组织，建立一个由各国工程学位项目认证机构签订的国际性架构，认可正式成员所认证的学位项目的实质等效性。目前，世界范围内还未有针对硕士层面的工程教育认证组织，国际性认证组织中影响最大的为 ENAEE，但 EUR‐ACE® 认证体系的辐射范围仅在欧洲地区。而我国工程教育和工程就业市场的规模具有世界性优势，中国应该考虑在高水平工程教育和认证领域进一步占据主导地位。基于此，可以与国际上主要的工程教育认证组织联合，长远来看，可以建立一个全球范围的硕士层面工程教育认证联盟体系，促进工程教育与职业资格一体衔接；而从现实来看，该条路径短期实现难度较大，可以此作为长远发展目标，先从建立起中国卓越工程师培养的国内联合体着手，将其作为第三方协调机构，进一步整合优势、汇聚资源，加强完善卓越工程师教育治理体系建设。

第二，在卓越工程师教育规范化建设的基础上，与国外职业资格体系对接。此种方式属于以间接方式进入国际上工程教育工程师职业资格认证体系，在厘清国际站位下卓越工程师培养的核心能力标准和卓越工程师培养单位建设标准这些规范化建设的基础上,进一步寻找专业认证标准与工程师资格要求或职业准入标准的交集,有望以间接衔接方式进入美国NCESS体系、英国ECUK(Engineering Council)体系和德国VDI(Verein Deutscher Ingenieure)体系并与之对接。基于职业能力要求设置卓越工程师培养产出框架,并通过设置历程档案(portfolio),形成长期可评估方式。

第三,选择国家卓越工程师学院和研究院进行产教联合试点认证。卓越工程师的跨领域和跨学科是认证中面临的主要挑战,应重点参考CTI等评估过程中针对校企合作的要求,探索工程师培养与资格认证一体化衔接,使得跨学科工程师人才培养"入口""过程""出口"与职业贯通,培养质量获得中国企业共识与国际互认。

第四,相关组织建立协作关系,选择面向国家重大需求,在国内开展注册工程师制度的关键核心技术领域群进行国际互认探索。可以在集成电路领域、关键软件领域试点,与国外工程教育专业认证机构和工程师资格认证机构建立联系。在组织体系完善方面,国外工程管理认证组织和我国工程教育管理机构基本遵循"统筹—组织—审查"三层模式,作为中国大陆地区开展工程教育认证唯一合法组织的中国工程教育认证协会,组织机构分三层:会员大会、认证组织和认证审查。在汤姆森层次模式理论指导下,考虑到我国研究生工程教育认证工作尚处初期,存在行业企业与教育衔接不紧密的缺陷,组织机构应进一步增加指导层,构建质量保障评价体系。

第五,选择与人民生命安全、财产安全和健康安全等紧密相关的公共安全领域群进一步探索,深度参与全球治理。硕士层次工程教育相比本科层次有其特殊性,英国工程委员会的观点认为,一是体现在更大范围和更有深度的专业知识上;二是强调实践训练,参考国内外实践基础,着眼于更真实的研究,在工业环境中开展项目工作,让学生用一年或更长时间解决一个工程中的具体问题,同时与未来就业的实际工作紧密结合;三是团队合作;四是更加广泛深入地考虑与工程和经济、社会、环境的关系;五是强调领导力培养。由此,未来卓越工程师教育肩负重大使命,在全球公共安全领域实现与职业资格衔接和深入国际互认仍然任重道远。

小　结

建立卓越工程师培养衔接互认体系是推动中国工程教育与国际标准衔接互认的重要举措。本章在总结国际工程教育认证制度的发展经验的基础上,提出了卓越工程师培养认证框架,通过专家调研和论证,构建了以使命和组织、开放与合作、工程师学生的培养、工程师学生的录取、毕业工程师的就业以及质量方法和持续改进为主要认证指标的卓越工程师培养认证标准基本框架。通过梳理国内外工程师职业资格衔接体系的典型经验,设计了卓越工程师培养与职业资格衔接的路径。探索建立一个由高校、企业、国家实验室、科研机构和行业协会等多元主体参与的卓越工程师培养联合体,将在推进中国卓越工程师认证体系与国际接轨等方面发挥重要作用。

第12章

卓越工程师培养联合体构建路径探索

随着科学技术的进步,在历次科技革命的推动下,高校、科研机构与生产单位之间的合作愈加紧密,教学、科研、生产一体化体系逐渐形成。目前,我国进入了以培养卓越工程师为核心的工程教育改革新阶段。建设卓越工程师培养联合体是新时代产教融合培养卓越工程师的重点任务之一。

卓越工程师培养联合体是发挥新型举国体制优势,以政产学研深度融合落实教育、科技、人才一体部署、深化卓越工程师培养改革的重要举措,迫切需要集中国家优势力量,推动卓越工程师培养在教育、科技、产业等维度上进行系统性、全方位深度融合,卓越工程师培养联合体的建设和发展正当其时。

本章将从共同目标、协作意愿和交流机制三个核心要素剖析卓越工程师培养联合体构建机理,从构建原则、组织目标、交流机制、组织设计等方面提出卓越工程师培养联合体的构建策略,从建立资源整合共生网络、搭建校企协同育人平台、构建质量保障评价体系、打造公共政策倡导阵地、深化国际交流合作推广等五个方面阐释卓越工程师培养联合体的重点任务。

12.1　卓越工程师培养联合体的建设意义

20世纪50年代,苏联为跻身世界科技前列,将高校与生产、科学研究等单位有机联合,探索教学、科研、生产一体化的组织形式,提出了教学科研生产"联合体"这一概念。我国工程教育在中华人民共和国建立初期主要借鉴苏联模式,探索产学研一体化合作。20世纪50年代初,我国实施第一次全国高校院系调整,由政府部门直接管理行业高校,建立了与经济体制同构的高等教育体系,高校和行业紧密融合,具有天然血缘关系。1958年部分高校提出了以教学为中心的教学、科研、生产三结合模式,这一模式在国内得到普遍推广。国内文献中较早涉及教学、科研、生产联合体这一概念是在1983年,"党的三中全会以来,实行教学、科研与生产劳动相结合"。在此过程中,政府指导在产学研合作中一直发挥着至关重要的作用,政产学研合作不断深化。

时至今日,基于教学、科研、生产合作的联合体尚未形成统一的定义,但可总结为通过政产学研深度融合形成的一种合作组织,这种组织形式推动了创新链、产业链、人才链的共促互进,为我国工程教育改革发挥了重要作用。不同的时代背景和内在需求决定了产学研合作组织的组建模式和发展方向,近年来联合体也衍生出了新的范式。2021年5月28日,习近平总书记在中国科协第十次全国代表大会、中国科学院第二十次院士大会、中国工程院第十五次院士大会上提出了创新联合体理念。创新联合体明确由龙头企业牵头,高校院所支撑,创新主体相互协同,这是一种依托新型举国体制、高效调动全国创新资源向企业汇聚的新型产学研合作研发组织,主要解决创新链与产业链脱节问题,但对工程教育和拔尖创新人才自主培养的关注还不够。

2021年中央人才工作会议上,习近平总书记强调要培养大批卓越工程师,调动好高校和企业两个积极性,实现产学研深度融合。党的二十大将教育、科技、人才统一部署,全面提高拔尖创新人才自主培养质量。2022年,教育部、国务院国资委授牌首批国家卓越工程师学院和国家卓越工程师创新研究院,18家国家卓越工程师学院建设单位联合发布《卓越工程师培养北京宣言》,我国进入了以培养卓越工程师为代表的工程教育改革新阶段。产教融合培养卓越工程师迫切需要发挥新型举国体制优势,推动卓越工程师培养在教育、科技、产业等维度上进行系统性、全方位深度融合,卓越工程师培养联合体的建设和发展正当其时。

12.1.1　以新型举国体制优势推动卓越工程师培养改革

当前,我国已建成世界上规模最大的教育体系,中国制造业也是世界上工业门类最全、工业体系最完整的制造业,但"我国制造业总体上仍处于全球价值链的中低端,许多产业面临工程师数量不足、质量不高问题"。自主培养卓越工程师不但是高等教育的历史使命,也是服务制造强国战略的重要支撑。发挥新型举国体制优势,由政府统筹调配全国资源力量,集中力量、优化机制、协同攻关,可以打破以往高校、企业等"单兵作战"的传统局面,强化有组织的科研和人才培养,这是对我国国情和时代的直接、有效回应,对培养大批卓越工程师至关重要。

12.1.2 以政产学研深度融合落实教育、科技、人才一体部署

党的二十大报告将教育、科技、人才统一部署,教育支撑人才,人才支撑创新,创新服务于社会主义现代化强国建设。要实现教育、科技、人才三位一体,归根结底要源源不断培养大批拔尖创新人才。卓越工程师是科技第一生产力、人才第一资源、创新第一动力的"中枢力量",卓越工程师培养更是建设教育强国、科技强国、人才强国的有力结合点。自主培养卓越工程师,需要进一步将高校、企业、科研机构和行业组织进行实质性联合,实现多元主体优质资源在跨领域、跨行业、跨地域、跨组织层面的融通融合,共同打造政产学研深度融合培养卓越工程师的"生态雨林"。

12.1.3 以卓越工程师培养中国方案为世界工程教育贡献智慧

产教融合培养卓越工程师是国际工程教育界共同关注的挑战,也是我国工程教育要着力解决的难题。我国拥有世界上规模最大的工程教育,要在全球竞争中掌握主动权,从工程教育大国向工程教育强国系统性跃升,发挥中国工程教育对世界工程教育治理体系的支撑引领作用,亟需汇聚多主体多元力量,打造卓越工程师培养改革样板间,建立中国特色、世界水平的卓越工程师培养体系,在世界工程教育界讲好中国故事、唱响中国声音、贡献中国方案,为全面建成世界工程教育强国、积极参与全球治理、服务构建人类命运共同体贡献中国力量。

12.2 卓越工程师培养联合体的构建机理

12.2.1 理论基础

组织是有意识地协调两个或者两个以上人的活动或力量的系统,一个稳定的组织应具有明确的目标,成员间具有高度的合作意愿以达成共同的目标使命,各方认同沟通协调的重要性。社会的各级组织包括军事、宗教、学术、企业等协作系统。组织理论对联盟共同体、联合体等组织具有很好的解释效力。部分学者基于正式组织理论对"一带一路"高校联盟的实践

逻辑和治理体系进行了研究,有学者探索高校与社会非营利组织模式融合的可能性,打造共建平台服务人才培养和社会发展;也有学者从校企共建研究生实践基地的视角,建议通过深化产教融合加强专业学位研究生培养,形成教育和产业融合发展格局;此外,还有学者基于正式组织理论探究社会治理共同体的构建和作用,通过协调政府、企业及社会组织等众多社会主体形成组织化联合体,以适应我国经济结构的转型和社会生活方式的转变,达到共建共治的目标。

该理论认为组织的生成基于三方面要素,即共同的目标、为共同目标而协作的意愿和形成信息交流的机制。共同目标是组织成员根据各自利益诉求所形成的广泛接受或认可的共同追求,一致的目标是达成协作意愿的必要前提。协作意愿是组织成员在一定诱因的驱动下,产生对组织作出贡献、付出努力的愿望,稳定的协作意愿是合作组织建设运行的内生动力和必要保障。信息交流是组织把共同目标和合作意愿转化为现实,高效、顺畅地实现核心任务的设计安排,有效的信息交流能够确保成员间的团队合作,是组织可持续发展的重要基础,对组织的架构设计、规则制定和业务范围都具有重要影响。一个稳定的组织应具有明确的目标,成员间具有高度的合作意愿以达成共同的目标使命,各方认同沟通协调的重要性。

12.2.2 经验启示

本章充分考虑不同区域、不同国家、不同功能等维度,选取美国工程教育协会(ASEE)、加拿大合作教育与产学融合教育协会(CEWIL)、澳大利亚产学合作教育联盟(ACEN)、CTI 和中国工程师联合体(CSE)等 5 个代表性产学研合作组织,如表 12.1 所列,通过检索文献资料、收集宣传报道、实地走访调研等多种形式,梳理、借鉴上述产学研合作组织发展实践,研究其对构建我国卓越工程师培养联合体的参考价值。

ASEE 由 400 多个工程和工程技术院校、50 余家公司以及众多政府机构和专业协会组成,致力于提高工程和工程技术教育各方面的水平。CEWIL 是加拿大工学结合的引领性组织,通过与雇主、政府、高校的密切合作,以高质量的工学结合培养未来学生的能力。ACEN 作为澳洲工学结合的领导性组织,倡导教育工作者、社区、行业和政府各方成为合作和伙伴

表 12.1　工程教育合作组织情况简表

编号	组织名称	英文简称	成立年份	成员构成	目标	核心任务				
						资源集聚	交流对话	质量保障	政策倡导	国际传播
U1	美国工程教育协会	ASEE	1893	工程和工程技术学院和附属机构，领军公司以及众多政府机构和专业协会	推动各个层次工程职业的创新、卓越，提升全社会的工程教育水平，并为其会员提供优质的产品与服务	●	●			●
U2	加拿大合作教育与产学融合教育协会	CEWIL	1973	高等教育机构、企业、政府和合作教育协会	通过高质量的工学结合培养未来学生的能力	●	●	●		
U3	澳大利亚产学合作教育联盟	ACEN	1992	高等教育部门、行业、社区和政府代表的从业者和研究人员	通过奖学金、合作伙伴关系和专业学习来推进协作、高质量和包容性的工学结合	●	●			
U4	法国工程师职衔委员会	CTI	1929	工程师类高校以及其他的联盟协会	引导工程师教育的发展方向，保证工程师教育质量，并保证工程师教育与欧洲及国际的工程师教育保持一致	●	●	●		●
U5	中国工程师联合体	CSE	2021	全国学会、地方工程师学会、企业及高校	提升工程师职业化、国际化水平，促进科技经济融合发展，深度参与工程领域全球治理	●	●	●		●

关系。CTI是欧洲最早的工程师评估和鉴定机构，也是法国工程师专业认证领域最具权威的机构。CSE是在中国科协倡导下发起的，该组织更侧重于工程师的后职业发展阶段，是对内提升工程师职业化水平、对外提升工程师国际化水平，推动工程师资格互认，参与工程领域全球治理的新组织。

通过对U1至U5产学研合作组织的文献研究发现，这些组织大多是基于提升工程技术人才培养质量的迫切需求而建立的网络关系，组织功能主要聚焦人才培养的资源集聚、交流对话、质量保障、政策倡导、国际传播等方面，而这也反映出每个产学研合作组织明确的目标指向。

在全球范围内，尽管产学研合作组织形成与发展的动因各异，组建模式、组织架构和运行机制也各有不同，但大多体现出以下显著特性：

第一，在战略选择上，强调精英导向和追求卓越同向同行。U1至U5产学研合作组织正是基于精英导向和追求卓越的目标，才逐渐建立了各自的引领地位，推动了全球工程教育发展。在组织目标上，都坚持世界眼光、国际标准进行建设。在成员主体上，领军企业、一流高校和顶尖科研机构等精英成员在推动组织目标达成方面发挥了重要支撑作用。在培养对象上，更多地聚焦精英教育，CTI认证的工程师学院定位是培养军政、高科技与工商管理方面的精英人才，只有排名前10%的高中生才有机会考入工程师学院。在建设成效上，具有上述国际影响力和引领性。

第二，在组织构成上，强化多元主体和异质资源协同整合。多元主体的互补性，决定了异质资源的依赖性。异质资源是多元主体互补融合、协同运行的物质基础，组织成员拥有其他成员所不具备的异质性资源越多，彼此通过共享资源深化合作的意愿就越强烈，合作关系也会越牢固。例如，CEWIL、ACEN等都是由众多高校、企业、行业协会等异质性单位构成的，其主体都具有特色化、差异化的资源，通过成员的强强联合，坚持合作共赢、有序竞争，最终实现组织的发展目标。

第三，在机制设计上，强调组织目标和运行机制融通一体。明确的目标和与之相匹配的运行机制是上述产学研合作组织正常运行并不断发展壮大的关键。例如，CTI的目标是"保证工程师教育的质量，并保证工程师教育与欧洲及国际的工程师教育保持一致"。因此，该组织通过统一的人才培养标准认证体系推进工程师学位文凭和资格互认,经 CTI 认证的法国工程师学历证书与欧洲工程师教育认证体系的评估和认证结果互相认可。CSE 致力于推进工程师资格国际互认,推动中国标准走向国际、中国工程师走向世界,服务"一带一路"高质量发展,积极参与工程领域全球治理,逐渐成为具有全球影响力的综合性工程师组织之一。

12.3 卓越工程师培养联合体的构建策略

12.3.1 分析框架

在广泛吸收有关学者有益思想的基础上,本章结合时代背景和国家战略,以正式组织理论为基础,探索提出我国卓越工程师培养联合体(以下简称培养联合体)的内涵:培养联合体是由具有共同愿景目标或利益需求的高校、企业、科研机构、行业组织等多元主体,基于我国产教融合培养卓越工程师的目标,在政府指导下,有组织地进行系统性、全方位、实质性融合,形成的新型政产学研合作组织,是"教育、科技、人才"共同体的一种重要呈现形态。如图 12.1 所示,本章构建了以共同目标、协作意愿和信息交流三

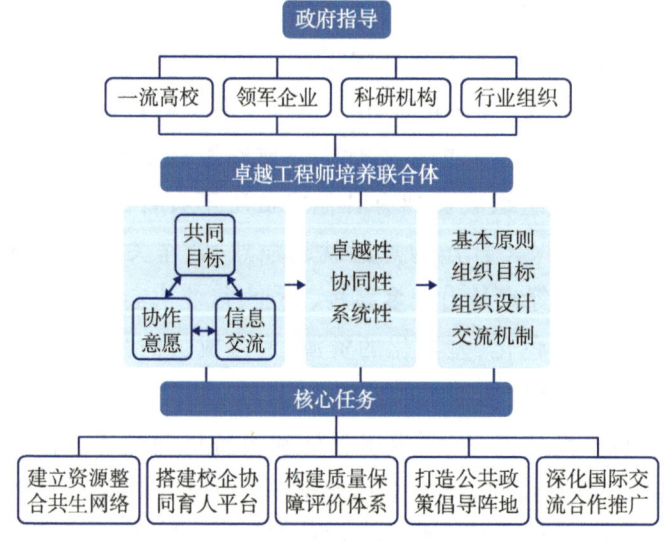

图 12.1 卓越工程师培养联合体建设的分析架构图

要素为核心，以卓越性、协同性和系统性为原则，以建立资源整合共生网络、搭建校企协同育人平台、构建质量保障评价体系、打造公共政策倡导阵地、推进国际交流合作推广为核心任务的联合体建设分析框架。

12.3.2 构建原则

基于培养联合体的创设价值，为了实现产教融合培养卓越工程师的共同目标，培养联合体必须把政产学研一体化落到实处。而这种高度紧密型的关系范式，要求培养联合体建设必须充分体现出卓越性、协同性、系统性的构建原则。

一是突出卓越性，以高质量教育供给服务国家需求。对于培养联合体的建设，在培养目标上，要聚焦国家战略，服务国家需求，依托重大项目和重大工程自主培养卓越工程师，建立中国特色、世界水平的工程师培养体系，为解决我国关键核心技术攻关提供重要人才支撑。在成员选择上，要从产业需求出发，广泛凝聚具有卓越属性的多元主体力量，重点依托国家卓越工程师学院和国家卓越工程师创新研究院相关建设单位，培养拔尖创新人才。在要素配置上，要坚持一流标准、打造一流师资、建设一流课程、搭建一流平台，汇聚优势产教资源和创新要素，构建高品质育人环境。

二是突出协同性，以全要素开放协作实现共通共享。松散型合作组织虽然在一定程度上也能实现资源互补和共享，但存在着产教融合不深不实的固有弊端。而培养联合体的建设将围绕一体化合作组织架构，聚焦产业需求侧与人才培养供给侧的衔接匹配问题，广泛汇聚高校、企业、科研机构、行业组织等多元主体的优质资源，实现深度资源整合与共通共享。培养联合体将着力建立健全校企共同招生、共同培养、共同选题、共享成果和师资互通、课程打通、平台融通、政策畅通的"四共""四通"机制，促进教学、项目、平台、师资、信息等在培养联合体内有序、高效地开放共享。

三是突出系统性，以全方位体制创新引领范式变革。培养联合体的建设，要从国家层面进行制度设计，破除制约卓越工程师培养的体制和政策障碍，推进以育人体制、办学机制、培养方式和激励评价等要素系统性变革，构建有利于政产学研融合的制度和政策环境。要从执行层面充分发挥资源配置能力，支持和鼓励高校、企业、科研机构等多元主体发挥自身优势,通过标准化的组织架构、培养流程、工作布置和评价机制设计,在共同招生、融合课程体系、双导师(组)、工学交替培养等培养全过程开展实质性联合,构建政产学研融合培养体系。

12.3.3 组织目标

契合的共同目标和强烈的合作意愿对培养联合体内成员具有激励和正向引导作用。广义的目标包括愿景、目标和使命三个方面,培养联合体的愿景是致力于推动构筑卓越工程师自主培养新范式、为世界工程教育贡献中国方案。培养联合体的目标是强化政产学研深度融合,培养大批卓越工程师;培养联合体的使命是服务国家战略,深化产教融合育人机制,推动工程教育系统变革,打造政策主导的"教育、科技、人才"共同体。

12.3.4 组织设计

组织设计是为目标达成和组织运行做出的特定组织选择的过程,组织结构的合理设计至关重要,培养联合体组织设计应包括组织架构设计和管理架构设计两个方面。

培养联合体组织架构设计如图12.2所示,自上而下分别是指导层、平台层、成员层和集群层,形成矩阵式结构:平台层是联合体综合管理的中

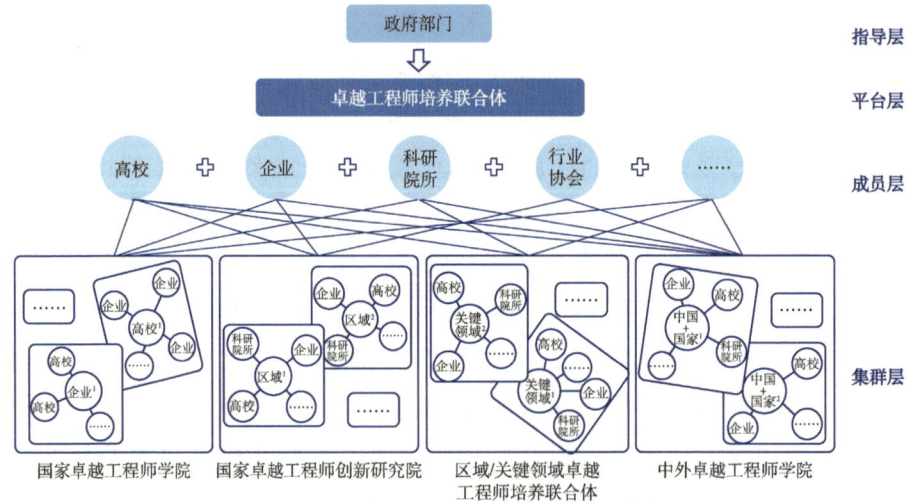

图 12.2 培养联合体组织架构示意图

枢，在顶层进行机制设计、资源调配和沟通协调。成员层是主要参与群体，联合体广泛凝聚与其相关的领军企业、一流高校、国家实验室、行业协会等多方力量，开展实质性联合，共同培养造就大批卓越工程师。集群层主要包括四类新型组织，即国家卓越工程师学院、国家卓越工程师创新研究院、区域/关键领域卓越工程师培养联合体和中外卓越工程师学院四类。其中，国家卓越工程师学院通常由一个高校和若干企业或一个企业和若干高校组成，是新型产学研实体平台；国家卓越工程师创新研究院是立足国内的重要区域/城市，建立由政府主导、产业牵引、高校支撑、市场优化的实体化人才培养和科技产业创新特区；区域/关键领域卓越工程师培养联合体则是在某一具体区域领域下聚合若干相关企业和高校而形成；中外卓越工程师学院是中国有关高校、企业与其他国家高校、企业共同建设的卓越工程师学院。四类组织共同打造了多区域布局、多领域整合、多元主体良性互动的新模式。

培养联合主体由指导单位、专家委员会、理事长单位、成员单位以及秘书处等组成，形成垂直管理层级。指导单位对培养联合体发展具有重要牵引推动作用，培养联合体应积极获取政府在政策、经费和态度立场等方面的指导和支持。专家委员会主要由工程教育和工程实践的一线专家、工程技术人员构成。成员单位分为理事单位与观察员单位，首批加入培养联合体的成员单位一般纳为理事单位。全体理事成员组成理事会，原则上每年召开一次，选举和任免理事长单位、秘书处单位，批准和取消联合体成员资格等。秘书处可下设办公室、认证中心、战略研究中心、交流合作中心等工作机构，具体负责处理培养联合体的日常事务和协调对接分联合体工作。同时，培养联合体应根据核心任务按照卓越工程师培养全流程成立若干工作协作组，以便推动各项工作走细走深走实。

12.3.5 交流机制

第一，轮值治理机制。培养联合体在政府部门的指导下，实行理事会单位负责制，各成员单位选派代表人进入理事会，代表成员单位行使权力。理事会的理事长单位不再采用"终身制"，而是采用轮值制度，全体理事单位轮流担任理事长单位，理事长单位每年轮值一次。轮值制度有利于建立成员单位间实质性平等关系,对提升成员单位的积极性和主动性具有重要意义。培养联合体向分联合体赋予一定的自主权,各分联合体可自主确定理事单位、制定差异化建设方案等。

第二,协商决策机制。培养联合体理事会为最高决策机构,以专家委员会为权威咨询机构,以秘书处为日常事务执行机构。其中,理事会的决策内容包括但不限于制定和修订联合体规程,审定成员资格,选举理事长单位,听取工作报告,审定内部管理条例、财务预决算报告等。秘书处主要负责联合体日常运行和工作协调,推动落实理事会、专家委员会的决策部署等。专家委员会则主要负责提供技术型、专业型的指导,为成员单位之间的教学研究、社会服务、国际交流等具体活动提出科学建议和意见。

第三,评价激励机制。培养联合体为激发内部成员的内生动力,保障联合体活动质量,以促进共同目标的实现,需要在规程中明确成员单位的考核激励机制,建立内部质量监督和评价体系,严格准入准出制度,发挥正向激励和负向约束作用。对卓越工程师培养改革中的难点和重点问题,可通过采取"揭榜挂帅"措施给予一定的激励。如在关键领域核心课程教材建设、实践平台搭建和优秀校企导师选树等方面,激励基础好、机制新、效果佳的成员单位先行先试,并在全国层面予以推广。

12.4　卓越工程师培养联合体的重点任务

培养联合体成员为实现产教融合培养卓越工程师的共同目标,本着互补共建、协同创新、互利共赢、开放引领的建设理念,充分发挥培养联合体交流机制的协调作用,着力开展构筑校企资源共生网络、搭建校企协同育人平台、构建质量保障评价体系、打造公共政策倡导阵地、深化国际交流合作推广等五个方面的重点任务,强化政产学研深度融合,实现卓越工程师培养校企共同招生、共同培养、共同选题、共享成果和师资互通、课程打通、平台融通、政策畅通的"四共""四通"机制。

12.4.1　建立资源整合共生网络

资源共建共享是培养联合体构建政产学研利益共同体的关键环节,能够促进成员单位获得超越自身的更大资源价值。主要包括以下三个方面：

第一，精准识别资源。培养联合体对成员现有资源的有效分类和高效筛选是实现资源共建共享的前提。高校资源侧重于教学理论、教学方法、师资队伍、图书馆资料等教学层面；企业资源侧重于产业需求、工程项目、真实工程场景等工程实践层面。高校更看重企业为卓越工程师培养所带来的"真环境""真问题"等多重资源，企业则更看重高校深谙教育教学规律、知识提炼训练方法等有形或无形资源，校企双方要分别立足各自需求来合理选择。

第二，广泛共享资源。培养联合体以教育数字化战略行动为突破，在成员单位间最大限度地实现"师资互通、课程打通、平台融通、政策畅通"。建立师资互认机制，实现具有丰富工程一线经验的优秀校企导师在成员单位内互聘互认、交流挂职；建设一批高质量的关键领域核心课程、教学案例和数字教材资源，实现工学交替背景下成员单位间的课程互选、教材互通和学分互认；搭建科研资源、课题项目联通平台，实现企业研发需求和高校导师、研究生精准对接；搭建信息数据交互平台，实现卓越工程师培养全周期数据的采集分析和集成运用。为了达到资源最大化共享目标，培养联合体应针对开放内容、开放程度、面向群体等关键性问题，科学合理地设计相应机制和管理办法，为内部资源的有序畅通流动提供机制保障。

第三，优化重组资源。促进优质资源有机融合成为高质量的二次资源，是师资队伍、课程教材、知识产权等卓越工程师培养关键要素的"倍增器"。以共建课程为例，培养联合体可汇聚各成员单位在某一关键领域的理论研究、行业前沿、工程案例、高水平师资等优质资源，共建一批国家级的关键领域核心课程。知识产权共享可以有效拓宽联合体成员合作的深度和广度，更好实现创新创业、专利协同运用、校企合作等深度融合。

12.4.2 搭建校企协同育人平台

校企协同育人是培养联合体深化产教融合的核心内容。主要包括以下三个方面：

第一，创设协同育人新载体。培养联合体着力打造多层次、强交叉、一体化产学研融合平台，囊括国家卓越工程师学院、国家卓越工程师创新研究院、区域/关键领域卓越工程师培养联合体、中外卓越工程师学院。具体来讲，国家卓越工程师学院是卓越工程师培养改革主阵地，偏向于校企协同的载体，国家卓越工程师创新研究院是偏向于不同区域内有机联合高校、企业和政府等机构的载体，区域/关键领域卓越工程师培养联合体和中外卓越工程师学院则分别偏向于某一具体区域/关键领域和国家/地区。

第二，再造协同育人新内容。其核心是推动各成员单位深化卓越工程师培养体系重构和培养要素再造。通过强化政产学研深度融合，推动成员单位改变传统学科化、院系制的培养模式，开展实质性校企联合培养，并把产教融合贯穿于联合招生、核心课程教材建设、工学交替培养、导师队伍重构、工程师技术中心建设、组团式国际交流、学生管理服务创新等培养全过程，夯实卓越工程师培养的根基。

第三，强化协同育人学术交流。培养联合体通过定期举办院长论坛、高峰论坛、研讨会、国际会议、校企导师研修班等活动，汇聚校企合力，共同研究卓越工程师培养改革的重点、难点、热点问题，共同协调促进产教供需双向对接，共同建立关注工程人才成长、引领卓越工程师发展的良好氛围。

案例：中国卓越工程师培养联合体1＋M＋N协同育人交流机制

中国卓越工程师培养联合体（Chinese Union for Training Excellent Engineers，UTE）探索建立1＋M＋N协同育人交流机制。其中，1是聚焦产教融合培养卓越工程师核心目标，M是覆盖不同行业领域，N是面向核心培养要素机制，每年交替循环举办高峰论坛、研讨会与国际会议，开展系统性交流探讨，具体如图12.3所示。

2022年9月27日，首届卓越工程师培养高峰论坛成功举办。高峰论坛由清华大学和北京航空航天大学主办。论坛组委会为清华大学、北京航空航天大学、浙江大学、中国航空工业集团公司、中国电子科技集团公司、华为技术有限公司、中国工程师联合体、中关村实验室。高峰论坛设置1个主论坛、6个分论坛。来自国家部委、地方政府、高等学校、行业企业、国家实验室和协会组织等100余家单位的1000余人参与，为持续深化工程教育改革搭建了广阔的交流空间，为加快形成中国特色、世界水平的卓越工程师培养体系提供理论支撑和决策参考。表12.2所列为首届卓越工程师培养高峰论坛分论坛设置情况。

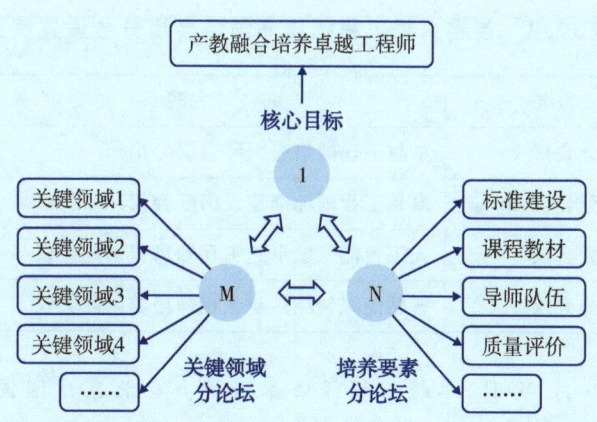

图 12.3　卓越工程师培养联合体 1＋M＋N 协同育人交流机制示意图

表 12.2　首届卓越工程师培养高峰论坛分论坛设置情况

场次	主题
分论坛 1	卓越工程师培养产教联盟建设
分论坛 2	国家卓越工程师学院建设
分论坛 3	卓越工程师培养与评价
分论坛 4	卓越工程师国际化培养
分论坛 5	航空领域卓越工程师培养
分论坛 6	集成电路领域卓越工程师培养

2023 年 9 月 27 日，首届卓越工程师培养国际会议成功举办。会议由中国卓越工程师培养联合体主办，由北京航空航天大学、哈尔滨工业大学、浙江大学、重庆大学、同济大学等共同承办。国际会议设置 1 个主会议、4 个分会议。来自法国、德国、加拿大、日本等 20 余个国家和地区的卓越工程师培养单位的有关领导、教育管理者、专家学者等代表参加会议。会议旨在交流卓越工程师培养经验，共同探讨产教融合培养工程师的挑战与难题，为进一步深化卓越工程师培养改革、推动世界高等工程教育变革提供智力支撑。表 12.3 所列为首届卓越工程师培养国际会议分会设置情况。

表 12.3　首届卓越工程师培养国际会议分会设置情况

场次	主题
分会议 1	卓越工程师培养国际会议分论坛
分会议 2	卓越工程师标准建设国际会议
分会议 3	人工智能领域卓越工程师培养国际会议
分会议 4	智慧能源领域卓越工程师培养国际会议

2024 年 9 月 28 日,卓越工程师培养研讨会在北京建国国际会议中心举办。研讨会由中国卓越工程师培养联合体主办,由北京科技大学、东南大学、清华大学、北京航空航天大学、中国石油大学(北京)、中国石油天然气集团有限公司、中国移动通信集团有限公司、中国航天科工集团有限公司、矿冶科技集团有限公司、中国电子科技集团有限公司共同承办。研讨会设置 1 场全体会议和 4 场平行会议。来自国家部委、地方政府、高校、企业、科研机构、协会组织等 100 余家单位代表参会,会议旨在分析研究关键问题,交流推广先进经验,加快构建中国特色、世界水平卓越工程师培养体系,服务教育强国建设。表 12.4 所列为卓越工程师培养研讨会平行会议设置情况。

表 12.4　卓越工程师培养研讨会平行会议设置情况

场次	主题
平行会议 1	新一代信息通信技术卓越工程师培养
平行会议 2	关键软件卓越工程师培养
平行会议 3	卓越工程师培养过程
平行会议 4	卓越工程师培养标准

12.4.3　构建质量保障评价体系

标准化、体系化的质量保障评价体系是培养联合体强化高质量建设的

"生命线",主要包括以下三个方面:

第一,推动建立能力标准、培养标准、认证标准到职称评价标准的一体化标准体系。标准是人才培养质量的基石。能力标准主要聚焦家国情怀与职业素养、工程知识与创新实践能力、领导管理与持续改进能力、终身学习与全球胜任力等维度,体现不同培养层次的衔接与递进,实现通用与特色相辅相成。培养标准要形成覆盖企业课题库、校企导师队伍、联合招生、核心课程、工程师技术中心、入企专业实践、国际交流与合作、毕业与学位、知识产权分配、就业与职业发展、职业资格衔接等全过程培养工作指南。认证标准要以卓越为导向,建立覆盖卓越工程师学院和卓越工程师创新研究院的标准体系。同时,相关标准要与职称评价标准相衔接,形成系统性的卓越工程师标准体系。

第二,开展卓越工程师培养认证。为确保卓越工程师培养改革能够适配国家需求,培养联合体在建立标准体系的基础上,应稳步开展国家卓越工程师学院和卓越工程师创新研究院的认证工作。在标准建设上,要突出中国特色、世界水平,以一流标准保障高质量教育供给,在组织定位、资源投入、招生选拔、队伍建设、培养过程管理、就业与职业发展等各方面高标准严要求。在评估方式上,可依托培养联合体专家委员会开展评估,以学院和创新研究院为基本认证单元,找准卓越工程师培养改革的痛点、切入点和关键点,系统推进体系重构、流程再造、能力重塑、评价重建,高质量构建卓越工程师培养的"四共""四通"机制。

第三,推动工程教育与工程师评价标准衔接。培养联合体应在遵循卓越工程师培养规律的基础上,探索建立工程教育认证与工程师制度的衔接机制,促进工程教育与工程实践紧密结合,探索建立职业资格认证和与国际工程师标准互认体系,促进卓越工程师的全球认可度和流动性,引领工程教育评价标准变革。

12.4.4 打造公共政策倡导阵地

公共政策倡导是培养联合体推动卓越工程师培养治理体系创新和工

程师文化传播的重要智库,主要包括以下三个方面:

第一,开展培养改革关键问题调研和跟踪研究。培养联合体聚焦卓越工程师培养改革的痛点难点问题,深入培养一线开展调查研究工作;同时,强化情报分析工作,开展国内外工程教育发展情报研究,定期发布卓越工程师培养改革发展相关研究报告,对各成员单位卓越工程师培养改革进展进行跟踪研究。

第二,开展重要理论实践研究与政策倡导。培养联合体应充分发挥专家智库优势,积极创办卓越工程师培养改革期刊,开展工程教育前沿发展、重大决策、热点问题等战略研究,推动将研究成果用于改革实践,定期向相关部门报送政策参考报告,积极为卓越工程师培养改革献计献策。培养联合体可开展卓越工程师培养改革典型案例选树,建立典型案例库,发掘成员单位可复制可推广的创新做法和有效模式,为卓越工程师培养改革提供可操作性的意见建议。

第三,搭建工程师文化传播平台。培养联合体应通过举办各类文化推广活动,选树优秀校企导师组和优秀工程硕博士,厚植工程人才成长的肥沃土壤。同时,积极开展社会责任培育、工程伦理教育、工程美学熏陶等宣传教育活动,传播工程师文化,营造尊重工程技术人才的社会氛围。

12.4.5 深化国际交流合作推广

国际交流合作推广是培养联合体增强国际影响力的有效途径。主要包括以下三个方面:

第一,开展"强强合作"。培养联合体通过"请进来"与"走出去"有机结合的方式,建立稳定的国际合作伙伴关系,开展实质性开放合作。"请进来"即积极学习和借鉴来自不同国家的先进工程教育理念体系,组织开展与世界知名高校、企业的交流合作,创办卓越工程师培养国际会议。"走出去"即开展师生跨国交流项目,加大学生国际访学力度,鼓励高校教师前往国外一流高校和企业交流学习,切实提升我国工程教育国际交流与合作的质量。

第二,促进国际接轨。培养联合体应团结工程教育的国际力量,积极融入全球创新网络，以更加开放的姿态加强国际工程教育交流合作，主动建立并推广卓越工程师培养国际标准，签订国际互认协议，推动中国工程师培养与国际接轨。

第三，打造国际工程教育共同体。积极推动建设国际卓越工程师培养合作组织。一方面与世界知名企业进行战略合作，并有计划、有步骤地吸纳国外知名高校和企业加入合作组织，另一方面同步推动卓越工程师培养国际互认协议的签订和中外卓越工程师学院建设，推动卓越工程师培养标准和学院建设"双出海"，以中国方案为世界工程教育贡献智慧和力量。

小　结

构建卓越工程师培养联合体是深化卓越工程师产教融合培养改革的重要载体。本章基于组织理论的共同目标、协作意愿和信息交流的三个要素，充分借鉴世界代表性工程教育合作组织建设经验，提出了卓越工程师培养联合体的构建原则、组织目标、交流机制和组织设计，明确了建立资源整合共生网络、搭建校企协同育人平台、构建质量保障评价体系、打造公共政策倡导阵地和深化国际交流合作推广的五项核心任务。卓越工程师培养联合体将广泛汇聚卓越工程师培养改革的最大合力，以政产学研深度融合打造"教育、科技、人才"共同体，为世界工程教育贡献中国智慧。

参考文献

[1] 中央宣传部,中央党史和文献研究院,中国外文局.习近平谈治国理政：第四卷[M].北京:外文出版社,2022:44-45.

[2] 习近平.扎实推动教育强国建设[J].求是,2023(18):4-9.

[3] 习近平.加强基础研究实现高水平科技自立自强[J].求是,2023(15):4-9.

[4] 习近平.努力成为可堪大用能担重任的栋梁之才[J].求是,2022(3):4-15.

[5] 习近平.深入实施新时代人才强国战略 加快建设世界重要人才中心和创新高地[J].求是,2021(24):4-15.

[6] 习近平.努力成为世界主要科学中心和创新高地[J].求是,2021(6):4-11.

[7] 《中共中央关于党的百年奋斗重大成就和历史经验的决议》编写组.《中共中央关于党的百年奋斗重大成就和历史经验的决议》辅导读本[M].北京:人民出版社,2021:104.

[8] 习近平.在中国科学院第二十次院士大会、中国工程院第十五次院士大会、中国科协第十次全国代表大会上的讲话[N].人民日报,2021-05-29(2).

[9] 习近平.高举中国特色社会主义伟大旗帜 为全面建设社会主义现代化国家而团结奋斗[M].北京:人民出版社,2022.

[10] 中央组织部人才工作局.深入实施新时代人才强国战略[N].人民日报,2022-07-21(15).

[11] 中华人民共和国国务院.教育强国建设规划纲要（2024－2035年）[EB/OL].（2025-01-19）[2025-03-31]. https://www.gov.cn/zhengce/202501/content_6999913.htm.

[12] 中华人民共和国国务院.中华人民共和国学位法[EB/OL].（2024-04-26）[2025-03-31]. https://www.gov.cn/yaowen/liebiao/202404/content_6947841.htm.

[13] 教育部,中共中央组织部,科技部,等.教育部等八部门关于印发《普

通本科高校产业兼职教师管理办法》的通知[EB/OL].教师〔2025〕2号.（2025-02-08）[2025-03-31]. https://www.gov.cn/zhengce/zhengceku/202502/content_7004706.htm.

[14] 人民网.加快建设规模宏大的卓越工程师队伍[N/OL].（2024-01-20）[2025-03-31]. http://dangjian.people.com.cn/n1/2024/0122/c117092-40163658.html.

[15] 怀进鹏.加快推进教育高质量发展,奋力谱写贯彻落实党的二十大精神教育华章[N].学习时报,2023-01-02.

[16] 怀进鹏.为全面建设社会主义现代化国家贡献强大教育力量[J].教学管理与教育研究,2023,8(2):3.

[17] 教育部.中国工程教育规模居世界第一[N].北京商报,2022-09-09.

[18] 教育部.产教融合改革有了新路径[N].光明日报,2019-10-11.

[19] 赵长禄.加快培养新时代卓越工程师 服务建设世界重要人才中心和创新高地[J].中国高等教育,2022(20):13-15.

[20] 王云鹏.走好科教融汇育人路 加强拔尖创新人才自主培养[J].中国高等教育,2023(Z2):16-19.

[21] 王云鹏.构建中国特色卓越工程师自主培养体系[J].中国高等教育,2024(10).

[22] 赵巍胜.以"三个有组织"推进卓越工程师产教融合培养改革[J].中国高等教育,2024,(22):29-33.

[23] Bertrand Raquet, Hubert Jäger,赵巍胜,等.推进产教融合培养卓越工程师(笔谈)[J].中国高教研究,2023(11):17-25.

[24] 王扬,马骏,赵巍胜."两协同三变革"产教融合自主培养新时代卓越工程师的探索实践[J].学位与研究生教育,2023,366(5):1-6.

[25] 严建华,包刚,薄拯,等.基于"工程师学院"破零散、破壁垒、破同质化的专业学位研究生培养实践[J].学位与研究生教育,2024,(03):17-23.

[26] 姜培学.开辟高质量培养卓越工程师的新路径——以清华大学的探索为例[J].中国高等教育,2024,(10):28-32.

[27] 郑庆华.打造产教融合、科教融汇卓越工程人才培养新生态[J].中国

高等教育,2023,(21):22-25.

[28] 吴小林.守正创新构建新时代卓越工程师教育培养体系[J].中国高等教育,2023,(19):32-35.

[29] 尤政."三位一体"推动高水平大学建设[J].中国高等教育,2023,(10):9-12.

[30] 王进富,崔译方.国家卓越工程师学院建设:总结比较与创新建议[J].学位与研究生教育,2024,(5):1-9.

[31] 赵沁平,马永红,别敦荣,等.面向新时代的研究生教育和研究生教育研究(笔谈)[J].学位与研究生教育,2022(10):1-11.

[32] 韩杰才.响应时代需求 推进卓越工程师培养的供给侧改革[J].学位与研究生教育,2022(11):1-8.

[33] 雷庆.中国工程教育发展报告 2016[M].北京:高等教育出版社,2016.

[34] 沈黎勇,齐书宇,费兰兰.高校产教融合背景下人才培育困境化解:基于 MIT 工程人才培养模式研究[J].高等工程教育研究,2021(6):146-151.

[35] 张炜,王良,林永春.中国特色工程教育体系的演进历程、内涵特征及未来进路[J].新疆师范大学学报(哲学社会科学版),2003,45(1):1-9.

[36] 林健.卓越工程师培养——工程教育系统性改革研究[M].北京:清华大学出版社,2013:275.

[37] 严建华,包刚,王家平,等.浙江大学高水平产教融合培养卓越工程师的实践与探索[J].学位与研究生教育,2022(7):13-18.

[38] 王扬,刘景超,赵沁平.卓越工程师培养联合体的构建思路与实现路径[J].中国高教研究,2023(11):26-31+38.

[39] 王孙禺,刘继青.从历史走向未来:新中国工程教育 60 年[J].高等工程教育研究,2010(4):30-42.

[40] 蔡劲松,刘建新.产教融合培养卓越工程师的价值意涵与实践逻辑[J].中国高等教育,2022(22):38-40.

[41] 熊璋,于黎明,陈辉.国际通用工程师培养模式探索实践——以北航中

法工程师学院为例[J].中国大学教学,2012(11):21-23.

[42] 洪冠新,张巍,殷传涛.中法工程师教育改革发展纪实——北航印记[M].北京:光明日报出版社,2022.

[43] 马永红,刘润泽,于苗苗.我国产教融合培养专业学位研究生:内涵、类型及发展状况[J].学位与研究生教育,2021(7):12-18.

[44] 吴月.产教融合提高学生创新与实践能力[N].人民日报,2022-12-04(5).

[45] 叶民,叶伟巍.美国工程教育演进史初探[J].高等工程教育研究,2013(2):109-114.

[46] 赵长林,常荷丽.大众化时期的高等教育危机——对1968年法国学生运动的反思[J].现代大学教育,2007(5):77-81.

[47] 范立民.外国高等教育政策研究[M].天津:天津人民出版社,2013.

[48] Grayson Lawrence. A Brief History of Engineering Education in the United States[J]. IEEE Transactions on Aerospace & Electronic Systems,2007,AES-16(3):373-392.

[49] Crawley E F,Malmqvist J,Stlund S,et al. Rethinking Engineering Education:The CDIO Approach[C]. New York:Springer US,2007.

[50] Wolfgang König. Education and Social Standing:German Engineers,1870-1930[J]. Quaderns d'Història de l'Enginyeria,2016(15):113-121.

[51] 夏国萍.昆士兰大学工程教育课程改革特色探究——以项目中心型课程为例[J].高教探索,2018,182(6):62-66+107.

[52] 张惠,刘宝存.法国建设世界一流大学的战略及实践——以巴黎-萨克雷大学为例[J].清华大学教育研究,2015,36(6):23-31.

[53] 谷贤林,王丽媛.法国一流大学如何培养博士——以巴黎-萨克雷大学为例[J].学位与研究生教育,2021(3):73-78.

[54] 于述胜.中国教育制度通史:第7卷[M].济南:山东教育出版社,2000.

[55] 何静,秦安安,王磊,等.卓越工程师培养要素再造的实施路径探索[J].学位与研究生教育,2024,(10):61-68.

[56] 吴伟,邹晓东,吕旭峰.德国研究型大学向创业型大学转型的改革——基于慕尼黑工业大学的分析[J].教育发展研究,2010,30(Z1):100-104.

[57] 马廷奇,郑政捷.从"重点"到"一流":历史制度主义视角下我国学科建设制度的变迁逻辑[J].高校教育管理,2022,16(2):47-58.

[58] 王树国.新领域 新赛道 新征程 为全面建设社会主义现代化国家贡献教育力量[J].国家教育行政学院学报,2023(5):3-8+37.

[59] 李志峰,陈莉.我国工程教育转型:历史变迁与当代实践逻辑[J].高校教育管理,2019,13(4):91-98.

[60] 李志义,赵卫兵.我国工程教育认证的最新进展[J].高等工程教育研究,2021,190(5):39-43.

[61] 学术型硕士研究生应具备的能力标准和测试体系研究课题组.学术型硕士研究生应具备的能力标准和测试体系研究[M].北京:高等教育出版社,2016.

[62] 马永红,曲玥,于妍.乌卡时代卓越工程师工程博士生校企协同培养:本质特征、关键问题及其路径选择[J].学位与研究生教育,2024(9).

[63] 张婷婷,李冲.关系与路径:产教融合培养卓越工程师的行动逻辑研究[J].中国高教研究,2023(5):48-54.

[64] 朱伟文,李亚东.MIT"项目中心课程"人才培养模式解析及启示[J].高等工程教育研究,2019,174(1):158-164.

[65] 刘进,王璐瑶,施亮星,等.麻省理工学院新工程教育改革课程体系研究[J].高等工程教育研究,2021,191(6):140-145.

[66] 夏瑜,周蓓,周立凡.项目中心课程模式研究与探索[J].高等工程教育研究,2022,197(6):121-125.

[67] 杜江峰.产教融合再造卓越工程师培养课程体系的思考与实践[J].中国高等教育,2024,(22):24-28.

[68] 陈扬,金石,刘志远,等.工程硕博士培养范式中双导师制建设的现实路径[J].中国高等教育,2024,(22):34-38.

[69] 郑丽娜,姜子娇,雷庆.新时代卓越工程师核心能力:基于扎根理论的探索性研究[J].中国高教研究,2022(9):38-45.

[70] 张炜,陆维康,高雅佩.面向现代化产业体系的卓越工程师培养暨第十七届科教发展战略国际研讨会综述[J].高等工程教育研究,2023(3):196-200.

[71] 刘莹,杨淑萍.大数据背景下的智能型自适应在线学习行为研究[J].继续教育研究,2023(6):58-62.

[72] 王扬,于靖军.基于STEP工程教育理念的卓越工程师培养模式[J].北京航空航天大学学报(社会科学版),2023,36(6):194-199.

[73] 王超,李冰冰,晋媛媛.卓越工程师培养机制中"实践不实"现象的诱发因素研究——基于参与者视角的扎根理论分析[J].中国高教研究,2022(9):46-52.

[74] 宋强,胡亚茹,杨媛,等."新工科＋工程认证＋双一流"背景下地方高校材料卓越工程师培养实践教学体系构建[J].高教学刊,2022,8(25):6-9＋13.

[75] 项聪.回归工程设计:美国高等工程教育改革的重要动向[J].高教探索,2015(8):51-55＋75.

[76] 吴伟,邹晓东,吕旭峰.德国研究型大学向创业型大学转型的改革——基于慕尼黑工业大学的分析[J].教育发展研究,2010,30(Z1):100-104.

[77] 马万里."课程—项目"工程人才培养研究——以麻省理工学院、欧林工学院为例[J].北京航空航天大学学报(社会科学版),2021,34(6):148-155.

[78] 杨斌.促产教深度融合让"专业更专业"加快建设中国特色、世界水平的卓越工程师培养体系[J].学位与研究生教育,2022(9):1-8.

[79] 林健.校企全程合作培养卓越工程师[J].高等工程教育研究,2012(3):7-23.

[80] 刘娟,张炼.英国三明治教育发展历程及其政策举措分析[J].现代教育科学,2012,334(1):35-39.

[81] 金长义,陈江波.德、美、澳、中校企合作人才培养模式的比较研究[J].教育与职业,2008,585(17):27-29.

[82] Rosanna K, Parnian J, Amanda C, et al. Realizing Your Potential:

Uncovering Leadership Opportunities. Engineering Leadership Review,2010,1(1):15-27.

[83] 秦璐,董羽.新工科背景下工程教育人才培养模式的创新性研究[J].江苏高教,2022(12):90-94.

[84] 苗建明,霍国庆.领导力五力模型研究[J].领导科学,2006(9):20-23.

[85] 续智丹,林健,黄海燕.面向新工科的工程领导力教育研究[J].高等工程教育研究,2019(5):30-40.

[86] 顾秉林.关于加快高等工程教育专业认证制度与工程师注册制度衔接问题的研究[R].北京:中国工程院,2014.

[87] 黄瑶,马永红,王铭.组织管理视域下我国研究生工程教育认证组织体系设计研究[J].高等工程教育研究,2016(3):157-161+200.

[88] 郭哲,逄丹丹,徐杨巧,等.我国卓越工程师资质认证制度建构的现实挑战与未来进路[J].中国高等教育,2024,(22):39-43.

[89] 马永红,杨晓波,郑晓齐.研究生层次工程教育专业鉴定的国际比较研究[J].高等工程教育研究,2010(4):60-63.

[90] 杨希钺.苏联高校的教学、科研、生产一体化[J].苏联问题参考资料,1984(4):10-15.

[91] 孙震.关于大学建立教学科研生产固定联合体的几个问题[J].东北师范大学学报,1983(5):61-69.

[92] 李辉."创新联合体"是什么？怎么建？[J].华东科技,2022(5):40-45.

[93] 朱以财,刘志民."一带一路"高校战略联盟运行何以长效——基于组织学视角的分析[J].比较教育研究,2022,44(12):26-34.

[94] 孙菲,徐乾诚,赵兴冉.高校与社会非营利组织管理模式融合探索——基于巴纳德组织理论[J].当代教育实践与教学研究,2018(4):103-104.

[95] 胡祖辉,朱俐.基于巴纳德组织理论的专业学位研究生实践基地建设对策研究[J].现代教育科学,2019(11):53-57+64.

[96] 高明,郭施宏.基于巴纳德系统组织理论的区域协同治理模式探究[J].太原理工大学学报(社会科学版),2014,32(4):14-17+68.

[97] 郝莉,康国政,何诣寒,等.新时代工程教育改革:挑战与模式设计[J].高等工程教育研究,2023(3):16-30+41.

[98] 王广义,张宽.抗战时期的中国高等工程教育发展及其历史启示[J].高等工程教育研究,2017,167(6):195-200.

[99] 吴爱华,侯永峰,杨秋波,等.加快发展和建设新工科主动适应和引领新经济[J].高等工程教育研究,2017(1):1-9.

[100] 林健.培养大批堪当民族复兴重任的新时代卓越工程师[J].中国高教研究,2022(6):41-49.

[101] 潘和平,孙道胜.工科院校"工程化"师资队伍的培养——基于产业技术创新战略联盟平台[J].高等工程教育研究,2011(5):130-133.

[102] 胡戬,金向红.我国产教融合型师资队伍研究现状、热点及建议——基于CiteSpace的文献计量分析[J].教育理论与实践,2022,42(15):34-38.

[103] 宋军.应用技术型本科院校双师型教师队伍建设策略探析[J].教育与职业,2014(36):63-65.

[104] 顾志祥.产教融合背景下高职院校"双师型"教师队伍建设路径研究[J].职教论坛,2019(2):99-102.

[105] 朱正伟,马一丹,周红坊,等.高校工科教师工程实践能力现状与提升建议[J].高等工程教育研究,2020(4):88-93+148.

[106] 王永生.高水平特色大学卓越工程人才培养模式的研究与实践[J].中国高等教育,2011(6):15-18.

[107] 熊璋.法国工程师教育[M].北京:科学出版社,2012.

[108] 林健.胜任卓越工程师培养的工科教师队伍建设[J].高等工程教育研究,2012(1):1-14.

[109] 陈立章,刘光连,宋招权.工程硕士师资队伍现状分析及建设探讨——以中南大学工程硕士师资队伍建设为例[J].学位与研究生教育,2011(9):51-54.

[110] 沈家军,凌代俭,邓社军.面向"卓越工程师"培养的校企合作探索[J].教育教学论坛,2013(2):3.

[111] 林健,耿乐乐.现代产业学院建设:培养新时代卓越工程师和促进产

业发展的新途径[J].高等工程教育研究,2023(1):6-13.

[112] 江爱华,施大宁,易洋,等.新工科背景下的教师跨界发展:概念模型、工作机制和实施路径[J].高等工程教育研究,2019(4):46-51.

[113] 陆国栋,赵燕,赵春鱼.基于扎根理论的工科人才培养路径研究——40所高校的卓越工程师培养报告文本分析[J].高等工程教育研究,2018(5):58-64.

[114] 李宪印,王凤芹,杨博旭,等.人力资本、政府科技投入与区域创新[J].中国软科学,2022,383(11):181-192.

[115] 严俊.机制设计理论:基于社会互动的一种理解[J].经济学家,2008(4):103-109.

[116] 利奥尼德·赫维茨,斯坦利·瑞特.经济机制设计[M].田国强,译.上海:格致出版社,2014.

[117] 彭晓娟,黄晓玲.基于"双协同育人"理念的外贸外语专业现代产业学院建设与实践[J].实验室研究与探索,2022,41(6):266-271.

[118] 卢倩,葛友华,周海,等.基于卓越计划的产学研合作教育改革初探——以盐城工学院机械工程专业"卓越工程师班"教改为例[J].教学研究,2013,36(5):101-105.

[119] 曹庆华,马烁然,周游,等.新时代卓越工程师校企导师队伍建设的推进策略及实践探索——以北京航空航天大学国家卓越工程师学院为例.大学与学科,2024(4).

[120] 易丽,夏建国,王娟.新工科"双师"队伍建设的诉求与探索[J].高等工程教育研究,2020(4):61-65.

[121] 查建中.研究型大学必须改革本科教育以培养大批创新人才——兼谈"创新国家"的人力资源建设[J].高等工程教育研究,2010(3):14-25.

[122] 孙长智,阮蓁蓁.荷兰世界一流大学学科发展布局与特征研究——基于13所荷兰高校的案例研究[J].南通大学学报(社会科学版),2019,35(1):131-140.

[123] 陈新忠,王方洲.荷兰高校创新创业教育现状与特点——以埃因霍温理工大学为例[J].高教探索,2019(4):79-85.

[124] 白逸仙,郭丹.欧林工学院产教融合模式研究及启示[J].中国高校科技,2015(10):66-68.

[125] 梁延德.我国高校工程训练中心的建设与发展[J].实验技术与管理,2013,30(6):6-8.

[126] 杨院,席静.美国工程博士培养模式的特点及启示——以密歇根大学、加州大学伯克利分校、麻省理工学院为例[J].职业技术教育,2019,40(36):67-72.

[127] 杨赫然,孙兴伟,张幼军,等.基于协同创新的卓越工程师培养模式探索[J].教育教学论坛,2020(19):145-146.

[128] 徐坤.建构行业特色鲜明的卓越工程师培养体系 服务网络强国战略和数字经济发展[J].学位与研究生教育,2022(7):6-12.

[129] 杨卫民,鉴冉冉,谭晶.面向研究生工程领导力培养的实践教学改革[J].北京化工大学学报(社会科学版),2016(3):88-91.

[130] 李鹏虎,王梦文.世界一流大学如何实施跨学科组织改革——基于领导力视角的分析[J].高等工程教育研究,2022(1):98-103.

[131] 王辉.我国工程硕士专业学位研究生能力素质培养研究[D].合肥:中国科学技术大学,2020.

[132] 范桂梅.中国工程教育改革研究[D].北京:北京交通大学,2011.

[133] 彭乾刚.新加坡高等工程教育人才培养模式研究[D].天津:天津大学,2019.

[134] 张静如.工科学生工程领导力培养现状研究[D].上海:华东理工大学,2020.

[135] 成名婵.工程领导力开发的创新模式研究[D].杭州:浙江大学,2011.

[136] 韦瑞瑞.佐治亚理工学院工程领导力教育研究[D].广州:华南理工大学,2021.

[137] 胡德鑫,刘晓蝶.面向新工科的工程伦理教育:意义、矛盾与重构[J].自然辩证法研究,2025,41(1):132-138.

[138] 李正风等.工程伦理[M].2版.北京:清华大学出版社,2019:6.

[139] 张恒力,南铭琪.工程伦理教育综合实验平台设计探析[J].自然辩证

法研究,2024,40(3):138-144.[140] 周佑勇.法治视野下学位授予权的性质界定及其制度完善——兼述《学位条例》修订[J].学位与研究生教育,2018(11):1-9.

[141] 王战军,李旖旎.研究生教育分类发展的关键问题与推进策略[J].中国高等教育,2024,(5):30-34.

[142] 林健.国家高等教育质量标准体系及其构建[J].中国高等教育,2014(6):8-11+19.

[143] 张兄武,沈耀良,吴红耘.与人才培养目标相一致的学士学位质量标准构建研究[J].教育探索,2022(7):30-34.

[144] 高喜军.新知识生产视角下卓越工程师教育培养计划探析[J].国家教育行政学院学报,2016(2):16-20.

[145] 安丽桥.工程项目创新实践教程[M].上海:上海交通大学出版社,2010.

[146] 张乐平,温馨,陈小平.全日制专业硕士学位论文的形式与标准[J].学位与研究生教育,2014(5):15-19.

[147] 王孙禺,乔伟峰,徐立辉,等.基于大工程观的工程专业学位研究生培养[M].北京:清华大学出版社,2022.

[148] 安孟长,王家胜,潘坚.关于科研生产联合体概念的解读[J].航天工业管理,2010(3):9-12.

[149] 方盛举.现代组织理论视域中的社会治理共同体[J].思想战线,2022,48(6):50-58.

[150] 切斯特·巴纳德.经理人员的职能[M].王永贵,译.北京:机械工业出版社,2007:56.

[151] 杨晓智.组织行为学[M].哈尔滨:黑龙江教育出版社,2006:157.

[152] 杨卫,王孙禺,吴小林,等.改革工科研究生教育 着力培养卓越工程师[J].学位与研究生教育,2023(1):1-15.

[153] 黄福涛.外国高等教育史[M].北京:北京大学出版社,2021.

[154] 张安富.中国高等工程教育转型发展研究[M].北京:科学出版社,2021.

[155] 孟艳.《斯坦福大学2025计划》:高等教育人才培养模式的革命式变

革[J].现代教育管理,2019,356(11):124-128.

[156] 张凌云,曹露.德国精英高等工程人才培养的继承与超越——以巴伐利亚州软件工程精英硕士项目为例[J].高教发展与评估,2019,35(1):72-81+2-3.

[157] 王孙禺,刘继青.中国工程教育:国家现代化进程中的发展史[M].北京:社会科学文献出版社,2013.

[158] 融冰.新中国成立后部分高校西迁[J].党史博览,2022,332(2):2+65.

[159] 沈洁,徐守坤,谢雯.我国高等教育产教融合政策的逻辑思路、实施困境与路径突破[J].高教探索,2021,219(7):11-18.

[160] 陈威,殷传涛.新时期工程教育国际化培养模式实践与思考[J].教育现代化,2020,7(42):187-190.

[161] 朱正伟,李茂国.实施卓越工程师教育培养计划2.0的思考[J].工程教育研究,2018,168(1):46-53.

[162] 王昕红.美国工程教育专业认证研究[M].西安:西安交通大学出版社,2011.

[163] Volkwein J F, Lattuca L R, Harper B J, et al. Measuring the impact of professional accreditation on student experiences and learning outcomes[J]. Research in Higher Education,2007,48:251-282.

[164] 余天佐,刘少雪.从外部评估转向自我改进——美国工程教育专业认证标准EC2000的变革及启示[J].高等工程教育研究,2014(6):28-34.

[165] 乔伟峰,王玉佳,王孙禺.基于共同体准则的治理:工程教育认证的理论源流与实践走向[J].华东师范大学学报(教育科学版),2022,40(8):9-18.

[166] 刘贤伟,高飞,邹洋.我国联合培养博士生的演进、向度与展望——基于巴斯德象限的视角[J].中国高教研究,2021,329(1):89-95.

[167] National Academy of Sciences. Industry-university Research Collaborations:Report of a Workshop[M]. Washington D. C. : National Academy Press,1997.

[168] Van Gils M J. The Organization of Industry-science Collaboration in the

Dutch Chemical Industry[D]. Nijmegen:University Nijmegen,2012.

[169] Salimi N, Bekkers R, Frenken K. Governance and Success of University-industry Collaborations on the Basis of Ph. D. Projects: An Explorative Study[J]. ECIS Working Paper,2013(5):25.

[170] 刘贤伟,马永红,马星.校所联合培养博士生项目目标定位及其影响因素模型构建——基于扎根方法[J].高等工程教育研究,2016(2):126-131.

[171] 马永红,张乐,高彦芳,等.我国工程硕士联合培养实践基地状况分析——基于28个工程硕士示范基地[J].学位与研究生教育,2016(4):7-11.

[172] 李敏,陈洪捷.高校与工程科研院所联合培养博士生项目质量评估指标体系研究[J].研究生教育研究,2016(4):60-66.

[173] 杨飒.卓越工程师培养有实招、见真章[N].光明日报,2023-10-10(14).

[174] 尹西明,孙冰梅,袁磊,等.科技自立自强视角下企业共建创新联合体的机制研究[J/OL].科学学与科学技术管理:1-20[2023-06-14]. http://kns.cnki.net/kcms/detail/12.1117.G3.20230613.1808.002.html.

[175] 马万里.关键核心技术领域高层次人才培养的困境与进路——基于校企共生视角[J].中国高教研究,2023(7).

[176] 池春阳.利益相关者视角下高职教育产教融合长效机制研究[J].教育理论与实践,2021(33).

[177] 邓小华,王晞.现代产业学院的基本职能与运行机制[J].职教论坛,2022(7)

[178] 阎琨,吴菡,张雨颀.构建中国拔尖人才培养体系:现状、方向和路径[J].中国高教研究,2023(5).

[179] 徐永波.企业跨界联盟资源整合机制框架研究——基于共享经济视角[J].商业经济研究,2019(1)

[180] 刘贤伟,马永红.高校与科研院所联合培养研究生的合作方式研究——基于战略联盟的视角[J].研究生教育研究,2015(2).

[181] 齐旭高,杨烨,杨勇.新时代职业院校产教融合能力的关键维度、现代意蕴及提升策略[J].教育与职业,2023(13)

[182] 刘理,余三定.论"协同共治"的高校人才培养质量保证范式[J].中国高教研究,2013(10).

[183] 唐广军,唐继卫."特需项目"高校工程硕士人才培养特色调查[J].学位与研究生教育,2016(4).

[184] 贺书霞,冀涛.基于共享发展理念的职业教育产教融合共同体建构[J].职业技术教育,2021(4).

[185] 孔德琳.共同利益界定、权力配置与制度设计——高校联盟内部治理结构探析[J].高教探索,2018(6).

[186] 严蔚刚,孙素敏.东北地区高校联盟建设的现状、问题与优化——基于组织协作理论的视角[J].国家教育行政学院学报,2023(5).